JN026547

令和４年版

# 水　産　白　書

水産庁　編

# 令和３年度
# 水産の動向

# 令和４年度
# 水産施策

第208回国会（常会）提出

この文書は、水産基本法（平成13年法律第89号）第10条第１項の規定に基づく令和３年度の水産の動向及び講じた施策並びに同条第２項の規定に基づく令和４年度において講じようとする水産施策について報告を行うものである。

# 令和 3 年度
# 水 産 の 動 向

第208回国会（常会）提出

# 第1部

# 目　次

## 令和３年度　水産の動向

## 令和２年度以降の我が国水産の動向

# 事例・コラム目次

**特集2**



**第1章**



**第2章**



**第3章**



**第5章**



注：本資料に掲載した地図は、必ずしも、我が国の領土を包括的に示すものではありません。

SUSTAINABLE DEVELOPMENT GOALS

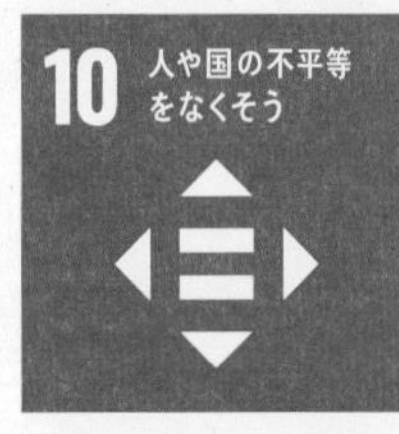

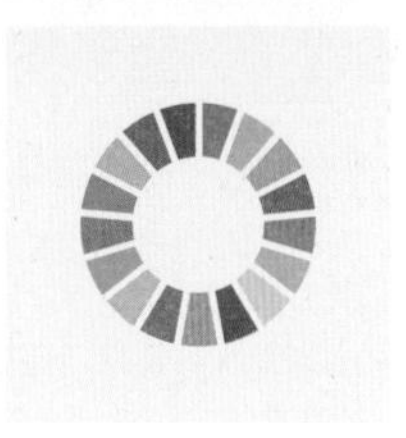

水産とSDGsの関わりを示すため、特に関連の深い目標のアイコンを付けています。（関連する目標全てを付けている訳ではありません。）

QRコード：https://www.jfa.maff.go.jp/j/kikaku/wpaper/

**※掲載のQRコードは、令和４（2022）年４月末時点のURLで作成しています。**

# 第2部

# 令和3年度　水産施策
# 令和3年度に講じた施策

## 目　次

# 第1部

# 令和3年度　水産の動向

有明海のノリ養殖

# はじめに

四面を海に囲まれている我が国では、多種多様な水産物に恵まれ、古くから水産物は国民の重要な食料として利用されてきており、地域ごとに特色のある料理や加工品といった豊かな魚食文化が形成され、現在まで継承されてきています。

水産業は、国民の健康を支える水産物を供給する機能を有するとともに、水産加工業や高鮮度な水産物を国民に供給するために発達した流通業も含め、地域経済の発展に寄与している重要な産業です。

しかしながら、水産資源の減少による漁業・養殖業生産量の長期的な減少傾向や漁業者の減少という課題に直面していることから、水産資源の適切な管理と水産業の成長産業化を両立させ、漁業者の所得向上と年齢バランスの取れた漁業就労構造の確立を図るため、「水産政策の改革」に取り組んできました。

さらに、近年顕在化してきた海洋環境の変化、少子・高齢化や人口減少、持続可能な開発目標（SDGs）やカーボンニュートラルの取組の広がり、デジタル化の進展等、自然環境や社会経済に変化が生じつつあります。

このような情勢の変化を踏まえて、水産基本法（平成13(2001)年法律第89号）に掲げる水産物の安定供給の確保と水産業の健全な発展という基本理念を実現するため、令和４(2022)年３月に新たな水産基本計画が閣議決定されました。本報告書では、この「新たな水産基本計画」を特集の一つのテーマとし、これまでに策定した水産基本計画を概観した上で、新たな水産基本計画について記述しています。

また、新型コロナウイルス感染症が世界的な大流行となり、世界の経済・社会に多大な影響を及ぼし続けています。我が国においても、外出や密集を避ける生活様式が常態化し、外食から内食へと食の需要が変化する中で、水産物の需要も大きく影響を受けています。他方で、水産物の流通・販売における新たな動きも見られています。これらのことから、「新型コロナウイルス感染症による水産業への影響と対応」をもう一つの特集のテーマとして、記録・分析しています。

特集に続いては、「我が国の水産物の需給・消費をめぐる動き」、「我が国の水産業をめぐる動き」、「水産資源及び漁場環境をめぐる動き」、「水産業をめぐる国際情勢」、「安全で活力ある漁村づくり」、「東日本大震災からの復興」の章を設けています。

また、本年度から新たに、各所にQRコードを掲載し、関連する農林水産省Webサイト等を参照できるようにしています。

本書を通じて、水産業についての国民の関心がより高まるとともに、我が国の水産業への理解が一層深まることとなれば幸いです。

# 特集1

## 新たな水産基本計画

水産基本計画は、「水産基本法」に基づく水産に関する施策を総合的かつ計画的に推進するための中期的な指針です。本特集では、平成14（2002）年以降に策定した水産基本計画を概観した上で、令和４（2022）年３月に閣議決定された新たな水産基本計画について記述します。

本特集の概要は、以下のとおりです。

### 特集１の概要

#### （1）これまでの水産基本計画

**ア　水産基本計画とは**

水産基本法の基本理念、水産基本計画、水産物の自給率について

**イ　各基本計画の概要**

| 策定年 | 情　勢 | 施　策 |
|---|---|---|
| 平成14（2002）年 | 200海里体制、漁業生産の減少、自給率の低下等 | 資源回復計画の推進、HACCP の導入、漁業協同組合の合併等 |
| 平成19（2007）年 | 漁業生産構造の脆弱化、魚離れ、買い負け、多面的機能等 | 漁船漁業構造改革対策、新しい経営安定対策、多面的機能発揮対策等 |
| 平成24（2012）年 | 東日本大震災、資源管理の推進と漁業経営の安定確保の両立等 | 東日本大震災からの復興、資源管理・漁業所得補償対策、６次産業化等 |
| 平成29（2017）年 | 水産物の生産体制の脆弱化、魚離れ等 | 漁業の成長産業化、浜の活力再生プラン、資源管理の高度化等 |

#### （2）新たな水産基本計画

| 策定年 | 情　勢 | 施　策 |
|---|---|---|
| 令和４（2022）年 | 水産政策の改革、海洋環境の変化、持続的な社会等 | 新たな資源管理、水産業の成長産業化、海業等による漁村の活性化等 |

## （1）これまでの水産基本計画

### ア　水産基本計画とは

〈水産基本法と水産基本計画〉

平成13（2001）年６月に、水産に関する施策の基本理念及びその実現を図るのに基本となる事項を定めた「水産基本法[*1]」（以下「基本法」といいます。）が施行され、以降、基本法が掲げる「水産物の安定供給の確保」と「水産業の健全な発展」という二つの基本理念（図表特－１－１）の実現を図るための施策を推進してきました。

**図表特－1－1　水産基本法の基本理念**

第２条　水産物の安定供給の確保

○　将来にわたって、良質な水産物が合理的な価格で安定的に供給する

○　水産資源の持続的な利用を確保するため、水産資源の適切な保存及び管理とともに、環境との調和に配慮しつつ、水産動植物の増殖及び養殖を推進する

○　水産物の安定的な供給は、我が国の漁業生産の増大を図ることを基本とし、輸入を適切に組み合わせる

第３条　水産業の健全な発展

○　水産資源を持続的に利用しつつ、高度化し、かつ、多様化する国民の需要に即した漁業生産、水産物の加工・流通が行われるよう、水産業の健全な発展を図る

○　生活環境の整備その他の福祉の向上により、漁村の振興を図る

水産基本計画（以下「基本計画」といいます。）は、基本法が掲げる基本理念の実現に向けて、10年程度先を見通し、水産に関する施策の総合的かつ計画的な推進を図るために策定する計画であり、水産をめぐる情勢の変化や施策の効果に関する評価を踏まえ、おおむね５年ごとに変更することとしています。

また、基本法第11条第３項において、「水産物の自給率の目標は、その向上を図ることを旨とし、我が国の漁業生産及び水産物の消費に関する指針として、漁業者その他の関係者が取り組むべき課題を明らかにして定める」こととされており、基本計画では食用魚介類、魚介類全体（食用魚介類に飼肥料向け魚介類を加えたもの）及び海藻類の自給率の目標を設定しています。

＊１　平成13（2001）年法律第89号

### イ　各基本計画の概要

〈平成14（2002）年策定の基本計画〉

最初の基本計画は、平成６（1994）年の国連海洋法条約の発効による本格的な200海里体制への移行、我が国の漁業生産の減少、漁業の担い手の減少と高齢化の進行、水産物の自給率の低下等、水産をめぐる状況が大きく変化してきたことを背景に制定された基本法に基づき、平成14（2002）年に策定されました。

本基本計画では、漁業生産及び水産物消費の面において、関係者が取り組むべき具体的な課題を明らかにした上で、これらの課題が解決された場合に実現可能な漁業生産量[*1]及び消費量の水準を、それぞれ「持続的生産目標」と「望ましい水産物消費の姿」として明示し、平成24（2012）年度の水産物の自給率目標を設定しました。そして、その目標の達成に向けて、適切な国際漁業管理のために必要な体制の構築と運営、資源回復計画[*2]の推進、HACCP[*3]の導入等の水産物の安定供給の確保に関する施策、水産基盤の一体的な整備の推進等の水産業の健全な発展に関する施策、漁業協同組合（以下「漁協」といいます。）の合併等の団体の再編整備に関する施策を展開することとしました（図表特－１－２）。

**図表特－1－2　平成14（2002）年策定の基本計画の概要**

日程：3月26日（火曜日）閣議決定・国会報告　3月29日（金曜日）公表
水産基本計画は、平成13年6月に制定された水産基本法に基づき、政府が今後10年程度を見通して定める施策推進の中期的な指針

**第1 水産に関する施策についての基本的な方針**

「水産物の安定供給の確保」及び「水産業の健全な発展」という水産基本法に掲げる二つの理念の実現を図るための施策展開の基本的な方針を記載。

**第2 水産物の自給率の目標**

漁業生産の面及び水産物消費の面において、関係者が取り組むべき具体的な課題を明らかにした上で、これらの課題が解決された場合に実現可能な漁業生産量及び消費量の水準を、それぞれ「持続的生産目標」と「望ましい水産物消費の姿」として明示。
これらを踏まえ、10年後の平成24年における「水産物の自給率目標」を設定。

**第3 水産に関し総合的かつ計画的に講ずべき施策**

施策についての基本的方針に従い、水産物の自給率目標の達成に向けて、各般の施策を展開。

**（1）水産物の安定供給の確保に関する施策**
水産物の安全性の確保及び品質の改善、水産資源の適切な保存管理、水産動植物の増養殖の推進、水産動植物の生育環境の保全改善、海外漁場の維持開発 等

**（2）水産業の健全な発展に関する施策**
効率的かつ安定的な漁業経営の育成、漁場の利用の合理化の促進、水産加工・流通業の健全な発展、水産業の基盤の整備、漁村の総合的な振興、都市漁村交流、多面的機能に関する施策の充実 等

**（3）団体の再編整備に関する施策**
漁業協同組合の合併による再編整備の推進 等

**第4 水産に関する施策を総合的かつ計画的に推進するために必要な事項**

水産基本計画は、水産をめぐる情勢の変化及び施策の効果に関する評価を踏まえ、おおむね5年ごとに見直し 等

---

＊１　漁業・養殖業の生産量のこと。

＊２　資源の回復を図ることが必要な魚種や漁業種類を対象として、減船、休漁等の漁獲努力量の削減をはじめ、積極的な資源培養、漁場環境の保全等の措置を総合的に行い、資源を回復することを目的とする計画。平成23（2011）年度終了。

＊３　Hazard Analysis and Critical Control Point：危害要因分析・重要管理点。原材料の受入れから最終製品に至るまでの工程ごとに、微生物による汚染や金属の混入等の食品の製造工程で発生するおそれのある危害要因をあらかじめ分析（HA）し、危害の防止につながる特に重要な工程を重要管理点（CCP）として継続的に監視・記録する工程管理システム。国際連合食糧農業機関（FAO）と世界保健機関（WHO）の合同機関である食品規格（コーデックス）委員会がガイドラインを策定して各国にその採用を推奨している。91ページ参照。

## 〈平成19（2007）年策定の基本計画〉

平成14（2002）年の基本計画策定以降、漁業就業者の高齢化や漁船の高船齢化等の漁業生産構造の脆弱（ぜいじゃく）化、資源状況の悪化、急速な「魚離れ」や消費流通構造の変化、水産物の世界的需要の高まりによる「買い負け」等が起こりました。一方、栄養バランスの優れた「日本型食生活」の実現を図る上での水産物の重要性が再認識されるとともに、自然環境や生態系の保全、国民の生命・財産の保全、居住や交流の場の提供等、水産業・漁村が有する多面的機能に対する国民の期待が高まりました。

このような情勢の変化を踏まえ、平成19(2007)年の基本計画では、生産構造の脆弱化に対応するため、収益性重視の操業・生産体制の導入や改革型漁船の取得等による経営転換を促進するための漁船漁業構造改革対策に加え、新しい経営安定対策等により、国際競争力のある経営体の育成・確保を図ることとしました。さらに、低位水準にとどまっている水産資源の回復・管理の推進のほか、国産水産物の競争力の強化を目的としたロットや規格を揃えた水産物の流通拠点の整備や水産物の輸出戦略の積極的な展開、水産業・漁村の多面的機能の発揮等の施策を講ずることとし、関係法令の改正に取り組むこととしました（図表特－１－３）。

**図表特－1－3　平成19（2007）年策定の基本計画の概要**

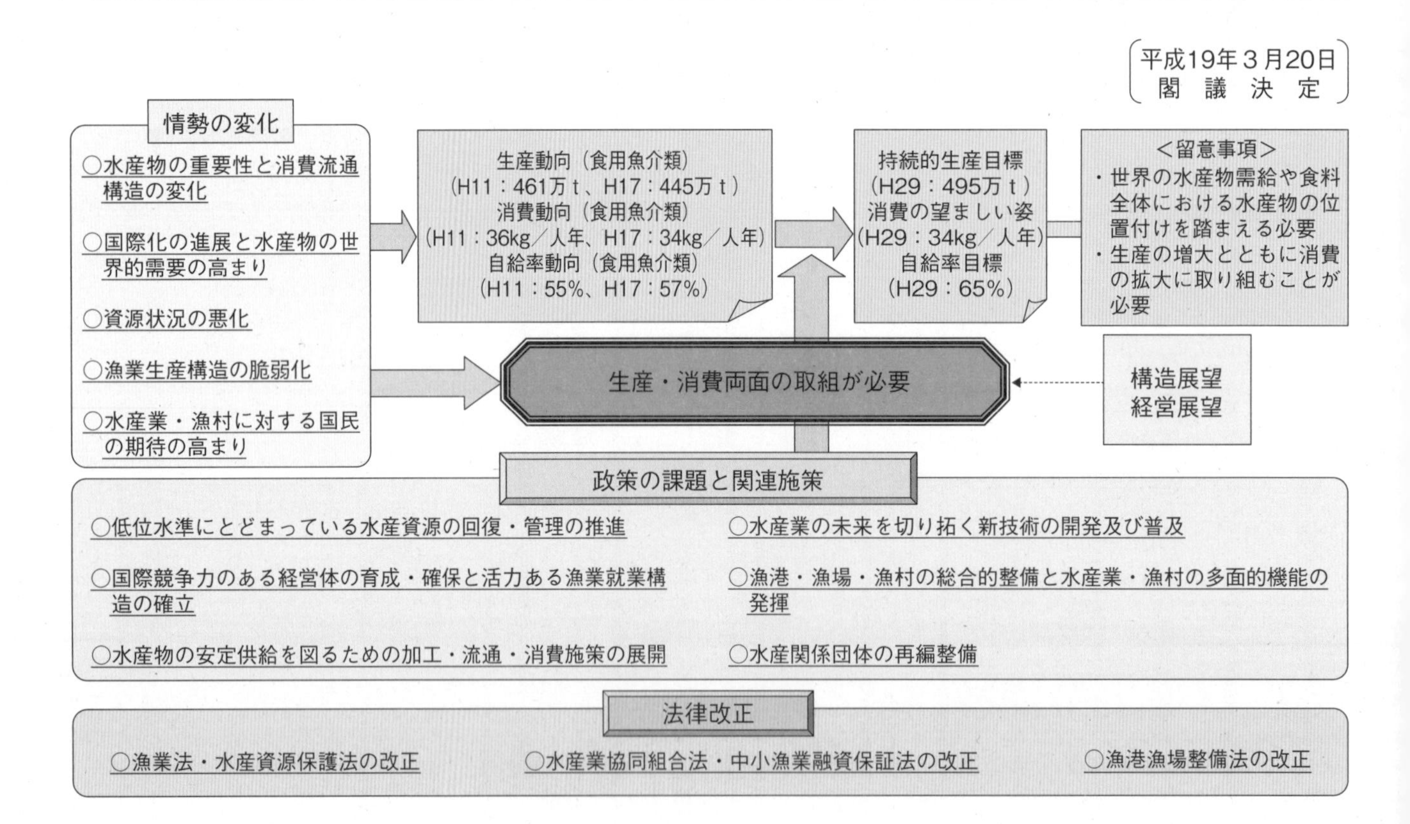

### 〈平成24（2012）年策定の基本計画〉

平成19（2007）年の基本計画策定後の大きな情勢の変化としては、平成23（2011）年に発生した東日本大震災が挙げられ、同震災により我が国の漁業の一大生産拠点である太平洋沿岸をはじめとする全国の漁業地域は甚大な被害を受けました。また、我が国周辺水域の水産資源で低位水準のものが少なくなるなど資源管理に一定の成果が見られる一方、水産物の生産体制の脆弱化が進んでいること等から、資源管理の一層の推進と漁業経営の安定確保の両立を図るため、平成23（2011）年度に資源管理指針と資源管理計画に基づく資源管理・漁業所得補償対策を導入しました[*1]。

これらを受けて、平成24（2012）年策定の基本計画では、東日本大震災からの復興を大きなテーマとし、東日本大震災からの復興の基本方針、水産復興マスタープラン等で示し実施してきた水産復興の方針を改めて基本計画に位置付けました。

また、資源管理・漁業所得補償対策を中核施策として明記し、我が国にとって「身近な自然の恵み」である周辺水域を中心とする水産資源の活用を図ることとしました。

このほか、加工・流通・消費に関して、６次産業化の取組の加速、HACCP等衛生管理の高度化、水産物流通ルートの多様化、魚食普及、輸出等を推進するとともに、安全な漁村づくりと水産業・漁村の多面的機能の発揮に向けた施策や漁船漁業の安全対策の強化等に取り組むこととし、漁業生産や水産物消費の回復を目指しました（図表特－１－４）。

**図表特－1－4　平成24（2012）年策定の基本計画の概要**

**第1　水産に関する施策についての基本的な方針**

1 東日本大震災からの復興

2 資源管理やつくり育てる漁業による水産資源のフル活用

3「安全・安心」「品質」等消費者の関心に応え得る水産物の供給や食育の推進による消費拡大

4 安全で活力ある漁村づくり

**第2　水産に関し総合的かつ計画的に講ずべき施策**

1 東日本大震災からの復興

2 新たな資源管理体制下での水産資源管理の強化

3 意欲ある漁業者の経営安定の実現

4 多様な経営発展による活力ある生産構造の確立

5 漁船漁業の安全対策の強化

6 水産物の消費拡大と加工・流通業の持続的発展による安全な水産物の安定供給

7 安全で活力ある漁村づくり

8 水産業を支える調査・研究、技術開発の充実

9 水産関係団体の再編整備等

**第3　水産物の自給率の目標**

※生産量・消費量の単位は万t

| 魚介類(食用) | H22 | H34すう勢 | H34目標 | 魚介類(全体) | H22 | H34すう勢 | H34目標 | 海藻類 | H22 | H34すう勢 | H34目標 |
|---|---|---|---|---|---|---|---|---|---|---|---|
| 生産量 | 409 | 384 | 449 | 生産量 | 474 | 440 | 515 | 生産量 | 53 | 47 | 53 |
| 消費量 | 680（29.5kg/人年） | 509（23.3kg/人年） | 646（29.5kg/人年） | 消費量 | 886 | 716 | 853 | 消費量 | 76（1.0kg/人年） | 65（0.8kg/人年） | 73（1.0kg/人年） |
| 自給率 | 60% | － | 70% | 自給率 | 54% | － | 60% | 自給率 | 70% | － | 73% |

＊1　資源管理指針及び資源管理計画については、108ページ参照。

## 〈平成29（2017）年策定の基本計画〉

平成29（2017）年策定の基本計画では、平成14（2002）年に基本計画が初めて策定されて以来、世界的に水産物の需要が増大し、我が国周辺の豊かな水産資源を適切に管理し、国民に安定的に水産物を供給していくことの重要性が高まっている反面、漁船の高船齢化や漁業者の減少・高齢化等による水産物の生産体制の脆弱化や国民の魚離れが進行していることを受けて、水産資源を持続的な形でフル活用することを図るとともに、産業としての生産性の向上と所得の増大による漁業の成長産業化、また、その前提となる資源管理の高度化を図ることとしました。

具体的には、1）国際競争力のある漁業経営体の育成、2）所得向上に向けた浜の活力再生プラン・浜の活力再生広域プラン[*1]（以下それぞれ「浜プラン」・「広域浜プラン」といいます。）の着実な実施、3）海技資格の早期取得のための新たな仕組みの構築を含めた海技士等の人材の育成・確保、4）魚類・貝類養殖業等への企業の参入、5）資源管理目標や数量管理等による資源管理の充実と沖合漁業等の規制緩和、6）持続可能な漁業・養殖業の確立、7）産地卸売市場の改革、8）多面的機能の発揮の促進、等について、重点的に取り組むこととしました。さらに、数量管理等による資源管理の充実や漁業の成長産業化等を強力に進めるために必要な施策について、関係法令の見直しも含め、引き続き検討していくこととしました（図表特－1－5）。

### 図表特－1－5　平成29（2017）年策定の基本計画の概要

①産業としての生産性の向上と所得の増大による漁業の成長産業化
②前提となる資源管理の高度化
等を図るために必要な施策の総合的かつ計画的な実施

水産資源の持続可能な形でのフル活用による
国民に対する水産物の安定的な供給と漁村地域の維持発展

**第1　水産に関する施策についての基本的な方針**

○ 産業としての生産性向上と所得の増大
○ 水産資源とそれを育む漁場環境の適切な保全・管理
○ 水産業・漁村の持つ多面的機能の十全な発揮

○ 漁業者の取組を促進するために必要な措置の実施
○ 国内の資源管理の高度化と国際的な資源管理の推進
○ 多様なニーズに対応する加工・流通・消費・輸出に関する施策の展開
○ 東日本大震災からの復興

**第2　水産に関し総合的かつ計画的に講ずべき施策**

1 国際競争力のある漁業経営体の育成
2 浜プラン・広域浜プラン
3 新規就業者の育成・確保
4 海技士等の人材の育成・確保、水産教育の充実
5 外国人材受入れの必要性
6 魚類・貝類養殖業等への企業の参入
7 資源管理の基本的な方向性
8 数量管理等による資源管理の充実と沖合漁業等の規制緩和
9 捕鯨政策の推進
10 持続可能な漁業・養殖業の確立（総論）
11 新技術・新物流体制の導入等による産地卸売市場の改革と生産者・消費者への利益の還元
12 多面的機能の発揮の促進
13（まとめ）
・数量管理等による資源管理の充実や漁業の成長産業化等を強力に進めるために必要な施策について、関係法律の見直しを含め、引き続き検討を行う。

**第3　水産物の自給率目標**

| | H26 | H27概算 | H39目標 |
|---|---|---|---|
| 食用魚介類 | 60% | 59% | 70% |
| 魚介類全体 | 55% | 54% | 64% |
| 海藻類 | 67% | 70% | 74% |

＊1　浜の活力再生プラン及び浜の活力再生広域プランについては、70ページ参照。

## （2）新たな水産基本計画

### 〈水産に関する施策についての基本的な方針〉

新たな基本計画は、これまでの施策の評価及び水産をめぐる情勢の変化と課題を踏まえて、令和４（2022）年３月に策定されました。

水産をめぐる情勢の変化としては、平成29（2017）年策定の基本計画以降、水産庁が、平成30（2018）年12月に成立した「漁業法等の一部を改正する等の法律[＊1]」や令和２（2020）年９月に策定した「新たな資源管理の推進に向けたロードマップ[＊2]」（以下「ロードマップ」といいます。）等に基づき、新たな資源管理システムの構築、生産性の向上に資する漁業許可制度の見直し、海面利用制度の見直し等の「水産政策の改革」（以下「水産改革」といいます。）に取り組んできたことが挙げられます。

さらに、水産庁は、令和２（2020）年７月に策定（令和３（2021）年７月改訂）した「養殖業成長産業化総合戦略」（以下「養殖戦略」といいます。）に基づき、国内外の需要を見据えて、生産から販売・輸出に至る総合戦略によるマーケットイン型養殖業への転換に取り組んできました。特に、ぶり、たい、ホタテ貝及び真珠については、令和２（2020）年12月に策定された「農林水産物・食品の輸出拡大実行戦略[＊3]」（以下「輸出戦略」といいます。）において輸出重点品目として位置付け、令和12（2030）年までに農林水産物・食品の輸出額を５兆円とする目標の達成に向けて輸出促進に取り組んできました。

このような取組により、漁船漁業の構造改革や養殖業における大規模化が進展するとともに、水産物の輸出が拡大してきています。また、漁港施設の再編整備や「海や漁村の地域資源の価値や魅力を活用する事業」（以下「海業（うみぎょう）[＊4]」といいます。）の広がり等の明るい動きが見えてきています。

しかしながら、近年顕在化してきた海洋環境の変化をはじめとした地球規模の環境変化を背景に、我が国の主要な魚種の不漁等、我が国水産業にとって厳しい状況が続いています。

また、社会経済全体では、我が国において、少子・高齢化と人口減少による経済の停滞、地方の衰退、労働力不足等が懸念され、さらには、新型コロナウイルス感染症拡大により社会経済活動の制限、個人の行動様式の変化等の影響が生じています。加えて、持続的な社会の実現に向け、持続可能な開発目標（SDGs）やカーボンニュートラルをはじめとした様々な環境問題への国際的な取組の広がりやデジタル化の進展が人々の意識や行動を大きく変えつつあります。

このような情勢を踏まえると、水産物を安定的に供給するため、沿岸・沖合・遠洋漁業や養殖業、加工・流通業の形態が果たす役割の重要性を再認識し、資源評価の高度化を図りながら、海洋環境の変化への対応や漁獲量の増大と漁業者の所得向上に向け、資源管理を着実に実施していく必要があります。

また、長期的な社会・経済・環境等の変化を見通した上で、実態に合わなくなった制度やシステムを見直し、新たな人材・組織や資金を呼び込み、新技術を活用し、水産業を成長産業へ転換させ、漁村の活性化を図っていく必要があります。

---

＊１　平成30（2018）年法律第95号
＊２　新たな資源管理の推進に向けたロードマップについては、103ページ参照。
＊３　農林水産物・食品の輸出拡大実行戦略については、55ページ参照。
＊４　海業については、160ページ参照。

このような考え方の下、水産に関する施策についての基本的な方針として、１）海洋環境の変化も踏まえた水産資源管理の着実な実施、２）増大するリスクも踏まえた水産業の成長産業化の実現、３）地域を支える漁村の活性化の推進、の３本の柱を中心に施策を展開することとしました。基本的な方針の概要は以下のとおりです（図表特－１－６）。

１）海洋環境の変化も踏まえた水産資源管理の着実な実施

水産改革に基づく新たな水産資源管理の着実な実施を図るため、ロードマップに従い、資源調査・評価体制の整備を進めるとともに、漁業者をはじめとした関係者の理解と協力を得た上で、科学的知見に基づいて新たな資源管理を推進する。その際、地球温暖化等を要因とした海洋環境の変化が水産業へ及ぼす影響や原因を把握し、変化に応じた具体的な取組を進めていく。

２）増大するリスクも踏まえた水産業の成長産業化の実現

（ア）漁船漁業の成長産業化

漁業現場に合わせたスマート水産技術の開発・現場実装を図るとともに、資源変動等の変化に適応した弾力性のある経営体の育成や漁船の脱炭素化等、漁船漁業の持続的な成長に向け、沿岸、沖合、遠洋漁業ごとの課題に対応した具体的な取組を進めていく。また、不足する漁業人材を確保するため、水産教育の充実と若者に魅力ある就業環境等を整備するとともに、外国人材の受入環境の整備を図っていく。

（イ）養殖業の成長産業化

養殖戦略に基づく取組を着実に実施し、マーケットイン型養殖業の推進、ICT[＊1]等を活用した生産性の向上、経営体の強化、輸出の拡大等、養殖業の成長産業化に向けた課題に対応した具体的な取組を進めていく。また、ICTを活用した生産管理、省人化・省力化のための機器導入等といった養殖業者による成長産業化への取組の更なる推進や、環境負荷の低減が可能な大規模沖合養殖の促進を図っていく。

３）地域を支える漁村の活性化の推進

漁村の活性化を図るため、漁業実態に応じた漁港施設の再編整備を進めるとともに、拠点漁港等を核として、複数漁協間の広域合併や連携強化を進める。その際、海業などを行う漁協等の民間事業者との連携により、漁業以外の産業の取込みを推進する等、漁村地域の所得向上に対応した具体的な取組を進めていく。

＊１　Information and Communication Technology：情報通信技術

## 図表特－1－6　新たな基本計画の概要

**海洋環境の変化も踏まえた水産資源管理の着実な実施**

○　**資源調査・評価の充実**
・デジタル化の推進によるデータ収集等の充実

○　**新たな資源管理の着実な推進**
・新たな資源管理システムの構築に向け、資源管理ロードマップを策定し、盛り込まれた行程を着実に推進

資源評価対象魚種の拡大
進捗　2020年 119種 → 2021年 192種　目標（2023年） 200種程度を既に達成　今後 → 漁獲量等の効率的なデータ収集、調査・評価体制の整備

MSYベースのTAC管理の拡大
進捗　2021年漁期から8魚種で導入　漁獲量で6割をカバー
目標（2023年）〔漁獲量で8割〕→ 今後　2021年3月に公表した「TAC魚種拡大に向けたスケジュール」に沿って順次TAC魚種を拡大

大臣許可漁業にIQ管理を原則導入
進捗　2021年漁期から 大中型まき網漁業（サバ類）　2022年漁期から 大中型まき網漁業（マイワシ、クロマグロ）等　IQ管理を導入
今後 → ロードマップに沿って順次IQ管理を導入予定

○　**海洋環境の変化への適応**
・海洋環境の変動リスクを着実に把握
・資源変動に適応できる漁業経営体の育成
・複合的な漁業等の新たな操業形態への転換を推進
・我が国の海や水産資源、漁業を守るための国際交渉の展開　等

○　**漁業取締・密漁監視体制の強化**

**増大するリスクも踏まえた水産業の成長産業化の実現**

○　**漁船漁業の構造改革等**
・沿岸漁業については、現役世代を中心に漁場の有効活用の更なる推進
・未利用魚の有効活用等による高付加価値化の推進
・沖合漁業については、複合的な漁業への段階的な転換、船型や漁法等の見直し
・遠洋漁業については、新たな操業形態の検討、海外市場を含めた販路の多様性の確保　等

○　**養殖業の成長産業化**
・マーケットイン型養殖業の推進
・大規模沖合養殖の推進や陸上養殖への届出制の導入　等

○　**輸出拡大**
・輸出戦略に基づき、2030年までに水産物の輸出額を1.2兆円へ拡大（輸出重点品目：ぶり、たい、ホタテ貝、真珠）　等

○　**人材育成**
【新規就業者等の育成・確保】
・ICT等の習得を含めた新規就業者等の育成・確保
【海技士の確保・育成】
・海技資格の早期取得に向けた取組の推進
【外国人材の受入れ・確保】
・外国人材の受入環境の整備　等

○　**経営安定対策**
・新型コロナウイルス感染症の影響や漁獲量の動向等の漁業者の経営状況に十分配慮しつつ、漁業収入安定対策の在り方を検討　等

**地域を支える漁村の活性化の推進**

○　**浜の再生・活性化**
・漁業の活性化による漁村の活性化
　→　拠点漁港の施設再編・集約と更なる機能強化
・漁業以外の産業の取込みによる漁村の活性化
　→　漁港施設を活用した海業等の振興と漁港・漁村の環境整備
　→　漁業者の所得向上を目指す「浜プラン」における交流事業や人材確保の取組促進　等

○　**加工・流通・消費に関する施策の展開**
【加工】
・国産加工原料の安定供給
　→　国産加工原料等の供給平準化の取組を推進
・中核的水産加工業者の育成や外国人材の活用
【流通】
・IUU漁業の撲滅に向けて、国際約束等に基づく措置を適切に履行
・水産流通適正化法について、各魚種が指定基準の指標に該当するか、定期的に数値を検証
・指定基準の指標と対象魚種については2年程度ごとに検証・見直し
【消費】
・国産水産物の消費拡大
・水産エコラベルの活用の推進　等

○　**防災・減災、国土強靱化への対応**
・気候変動等による災害の激甚化等への対応　等

**水産業の持続的な発展に向けて横断的に推進すべき施策等**

○**みどりの食料システム戦略と水産政策**
○**スマート水産技術の活用**
○**カーボンニュートラルへの対応**
・藻場の保全・創造（ブルーカーボン）
○**新型コロナウイルス感染症対策**
○**東日本大震災からの復興**

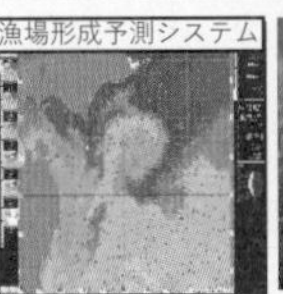

効率的な操業で燃油使用量削減

藻場の保全・創造（ブルーカーボン）

**水産物の自給率目標**

・資源管理ロードマップ（444万ｔ）、養殖業成長産業化総合戦略、輸出目標（1.2兆円）を踏まえ、自給率の目標を、食用魚介類で94％、魚介類全体で76％、海藻類で72％と設定

| | 令和元年度 | 令和２年度（概算値） | 令和14年度（目標値） |
|---|---|---|---|
| 食用魚介類 | 55 | 57 | 94 |
| 魚介類全体 | 53 | 55 | 76 |
| 海藻類 | 65 | 70 | 72 |

（単位：％）

### 〈新たな水産基本計画における講ずべき施策〉

新たな基本計画では、水産業をめぐる情勢等を踏まえ、講ずべき施策を記述しています。

基本的な方針の一つ目の柱である「海洋環境の変化も踏まえた水産資源管理の着実な実施」では、主に以下の施策に取り組むこととしています。

#### 1）資源調査・評価の充実

ロードマップに基づき、資源評価への理解の醸成を促進しつつ、MSY[＊1]ベースの資源評価及び評価対象種の拡大等、資源評価の高度化を図る。

#### 2）新たな資源管理の着実な推進

ロードマップに盛り込まれたTAC[＊2]魚種の拡大やIQ[＊3]管理の導入、資源管理協定[＊4]への移行等を着実に実施するとともに、遊漁についても漁業と一貫性のある管理を目指す。また、栽培漁業については、資源造成効果の高い対象種、適地での種苗放流を推進する。

---

＊1　Maximum Sustainable Yield：最大持続生産量。現在の環境下において持続的に採捕可能な最大の漁獲量。95ページ参照。

＊2　Total Allowable Catch：漁獲可能量。100ページ参照。

＊3　Individual Quota：漁獲割当て。108ページ参照。

＊4　資源管理協定については、108ページ参照。

3）漁業取締・密漁監視体制の強化

実効ある資源管理のため、取締船の計画的な代船建造等、漁業取締体制の強化を進め、外国漁船等による違法操業に対する取締りや沿岸域での密漁監視体制の強化、周辺国との協議・協力を図る。

4）海洋環境の変化への適応

海洋環境の変化による分布・回遊の変化等の資源変動への順応に向け、複合的な漁業や次世代型漁船への転換、サケのふ化放流やさけ定置漁業の合理化等を推進する。

二つ目の柱の「増大するリスクも踏まえた水産業の成長産業化の実現」では、主に以下の施策に取り組むこととしています。

1）沿岸漁業

操業の効率化・生産性の向上を促進し、漁場の有効活用を推進するとともに、浜プランの見直しを図る。遊漁については、漁場利用調整に支障のない範囲で水産関連産業の一つとして位置付ける。また、海面利用制度の適切な運用に取り組む。

2）沖合漁業

資源変動に適応できる漁業経営体の育成と資源の有効利用を図るため、IQの導入や、複合的な漁業への転換、機械化による省人化等を推進する。

3）遠洋漁業

将来にわたって収益や乗組員の安定確保ができ、様々な国際規制等にも対応できる経営体の育成・確立のため、操業モデルの変革や海外市場を含めた販路の多様化の確保等、国際的な資源管理、入漁の確保等を推進する。

4）養殖業の成長産業化

養殖戦略等に基づき、戦略的養殖品目の増産や海外への輸出拡大を目指し、沖合養殖の拡大を含め規模の大小を問わない成長産業化への取組を着実に進める。また、陸上養殖を「内水面漁業の振興に関する法律[*1]」に基づく届出養殖業に位置付ける。

5）経営安定対策

近年の漁業及び養殖業の経営を取り巻く環境の大きな変化に際し、これらの経営の安定を維持するため、漁業保険制度やセーフティーネット対策等の適切な運営を行う。

6）輸出の拡大と水産業の成長産業化を支える漁港・漁場整備

輸出戦略に基づく輸出拡大や水産業の成長産業化を目指し、新たな輸出先の開拓等に取り組むとともに、漁港の有効活用や加工・流通施設等の一体的な整備を推進する。

---

＊1　平成26（2014）年法律第103号

7）内水面漁業・養殖業

内水面漁業においては、漁業生産の持続性の確保や良好な漁場環境の保全、内水面養殖業においては、ウナギ資源の管理・適正利用、錦鯉の輸出拡大等を推進する。

8）人材育成

水産資源の適切な管理や水産業の成長産業化を支える人材育成のため、新規就業者の確保・育成、水産教育、海技士等の人材の確保・育成、外国人材の受入れ等を進める。

9）安全対策

漁業者の命を守ることに加え、魅力的な就業環境の実現や人材確保のため、安全推進員・安全責任者の養成やライフジャケットの普及、安全確保に向けた新技術の開発・導入等を促進する。

三つ目の柱の「地域を支える漁村の活性化の推進」では、水産業の生産性向上や付加価値向上を図るほか、漁業以外の産業の取込みによる漁村地域の活性化を推進することとし、主に以下の施策に取り組むこととしています。

1）浜の再生・活性化

海業の振興や民間活力の導入を促進し、漁業以外も含めた活躍の場の提供等による人材の定着と漁村の活性化についても推進できるよう浜プラン･広域浜プランの見直しを図る。

2）漁協系統組織の経営の健全化・基盤強化

複数漁協間での広域合併や経済事業の連携等の実施、漁協施設の機能再編を進めることにより、漁業者の所得向上及び漁協の経営の健全性確保のための取組等を推進する。

3）加工・流通・消費に関する施策の展開

加工については、環境等の変化に適応可能な産業への転換に向けた取組や国産加工原料の安定供給等を推進する。流通については、水産バリューチェーンの強化や産地市場の統合・重点化、違法に採捕された水産物の流通防止や水産物の食品表示の適正化等といった水産物等の健全な取引環境の整備を推進する。消費については、国産水産物の消費拡大や水産エコラベル[＊1]の活用の推進を図る。

4）水産業・漁村の多面的機能の発揮

水産業･漁村の持つ水産物の供給以外の多面的な機能が将来にわたって発揮されるよう、一層の国民の理解の増進を図りつつ、効率的・効果的に取組を促進する。

5）漁場環境の保全・生態系の維持

海洋生態系を維持しつつ、持続的な漁業を行うため、藻場・干潟等の保全・創造、栄養塩類管理、赤潮対策、野生生物による漁業被害対策、海洋プラスチックごみ対策等を戦略

＊1　水産エコラベルについては、47ページ参照。

的に推進する。

6）防災・減災、国土強靱（きょうじん）化への対応

災害発生後の水産業の継続や早期の再開を図るため、事前の防災・減災対策、災害からの早期復旧に向けた対応、持続可能なインフラ管理等に取り組む。

そのほか、「水産業の持続的な発展に向けて横断的に推進すべき施策」として、主に以下の施策に取り組むこととしています。

1）みどりの食料システム戦略[＊1]と水産政策

今後の技術開発やロードマップ等を踏まえ、関係者の理解を得ながら、食料・農林水産業の生産力向上と持続性の両立に向けて着実に実行する。

2）スマート水産技術の活用

ICT を活用して漁業活動や漁場環境の情報を収集し、適切な資源評価・管理を促進するとともに、生産性を向上させるスマート水産技術を活用する。また、漁村や洋上における通信環境等の充実やデジタル人材の確保・育成を推進する。

3）カーボンニュートラルへの対応

漁船の電化・燃料電池化、漁港・漁村のグリーン化を推進する。

4）新型コロナウイルス感染症対策

新型コロナウイルス感染症の影響に応じた販売促進・消費拡大、水産物の輸出の維持・促進等を図る。さらに、人手不足を解消するため、引き続き必要な労働力の確保支援を行う。

また、東日本大震災からの復旧・復興及び原発事故の影響克服について、引き続き取り組むこととしています。

**〈水産物の自給率の目標〉**

水産物の自給率は、基本法の基本理念の達成度合いを全体として測る上での有効な指標であるとともに、我が国の漁業生産が国民の水産物消費にどの程度対応しているかを評価する上で端的で分かりやすい指標です。

新たな基本計画では、漁業者その他の関係者の努力によって漁業生産・水産物消費に関する課題を解決することにより見込まれる令和14（2032）年度における生産量及び消費量の目標を設定し、これらを基に自給率の目標を、食用魚介類で94%、魚介類全体で76%、海藻類で72%と設定しました（図表特－1－7）。

---

＊1　みどりの食料システム戦略については、126ページ参照。

## 図表特－1－7　水産物の自給率、生産量、消費量の目標

単位：生産量・消費量（万t）、自給率（％）

| | | 令和元年度 | 令和2年度（概算値） | 令和14年度（目標値） |
|---|---|---|---|---|
| 食用魚介類 | 生産量 | 312 | 301 | 439 |
| | 消費量 | 562 | 526 | 468 |
| | 自給率 | 55 | 57 | 94 |
| 魚介類全体 | 生産量 | 378 | 371 | 535 |
| | 消費量 | 719 | 679 | 700 |
| | 自給率 | 53 | 55 | 76 |
| 海藻類 | 生産量 | 41 | 46 | 46 |
| | 消費量 | 64 | 66 | 64 |
| | 自給率 | 65 | 70 | 72 |

### 〈水産施策を総合的かつ計画的に推進するために必要な事項〉

基本計画には、前述した施策を総合的かつ計画的に推進するために必要な事項についても記述しています。

1）関係府省等の連携による施策の効率的な推進、2）施策の進捗管理と評価、3）消費者・国民ニーズを踏まえた公益的な観点からの施策の展開、4）事業者や産地の主体性と創意工夫の発揮の促進、5）財政措置の効率的かつ重点的な運用、に留意しつつ施策を推進していくこととしています。

新たな水産基本計画（水産庁）：
https://www.jfa.maff.go.jp/j/policy/kihon_keikaku/

# 特集2

## 新型コロナウイルス感染症による水産業への影響と対応

新型コロナウイルス感染症は、令和２（2020）年以降、世界的な大流行となり、世界の経済・社会に多大な影響を及ぼし続けています。

我が国においても、外出や密集を避ける生活様式が常態化し、外食から内食へと食の需要が変化する中で、水産物の需要も大きく影響を受けています。他方で、水産物の流通・販売における新たな動きも見られています。

このような中、農林水産省は、新型コロナウイルス感染症拡大の影響を受けた水産物の販売促進・消費拡大等に向けた取組や漁業者等の経営継続を支援してきました。

本特集では、これまでの新型コロナウイルス感染症による水産業への影響と対応について記述します。

本特集の概要は、以下のとおりです。

### 特集２の概要

#### （１）水産物需要における影響と新たな動き

- 自宅での食事・料理機会が増加し、家計の消費支出額は外食で大きく減少
- 買い置きができ、調理が手軽で便利な家庭用冷凍食品の需要が増加
- 外食産業の売上高が大きく減少
- スーパーマーケットでの水産物の売上高が増加
- インターネットを利用した販売での食料消費が増加

#### （２）水産物供給における影響と新たな動き

- 高級魚介類を中心として魚介類の取扱金額が下落
- インターネットを利用した販売の動きが活発化
- 水産物の輸出は、輸出先国・地域の需要の変動に伴い、令和２(2020)年に減少し、令和３(2021)年に増加
- 入国制限により技能実習生の滞在人数が減少

#### （３）水産業における対応

- 水産物の販売促進
- 輸出の維持・促進の取組を支援
- 代替人材の確保の支援と入国制限・緩和における対応
- 漁場の保全活動や水産資源調査の取組を支援
- 漁業者等の経営継続を支援
- 漁業者団体による業種別ガイドラインの作成を支援
- 新たな生活様式に対応した水産物消費拡大検討会の開催
- 新たな生活様式に対応した水産物消費拡大方策

## （1）水産物需要における影響と新たな動き

### 〈自宅での食事・料理機会が増加し、家計の消費支出額は外食で大きく減少〉

令和２(2020)年は、新型コロナウイルス感染症拡大の影響により、３月以降、外食の利用が大きく減少し、その後緊急事態宣言[*1]等の状況により、大きく増減しました。他方、家での食事（内食）が増加し、１世帯当たりの魚介類の購入額が増加しました（図表特－２－１）。令和３（2021）年にも同様の傾向が見られましたが、同年８月以降は魚介類の購入額が令和元（2019）年を下回った一方、調理食品は令和元（2019）年を上回って推移しました。

農林水産省が令和２（2020）年12月に実施した調査では、自宅で食事する回数が増えたと回答した人は４割弱、料理する回数が増えたと回答した人は３割弱となり、自宅内での食事や料理機会が増加したことがうかがえます（図表特－２－２）。

**図表特－２－１　外食、調理食品及び魚介類の１世帯当たり月別支出金額の対令和元(2019)年同月増減率**

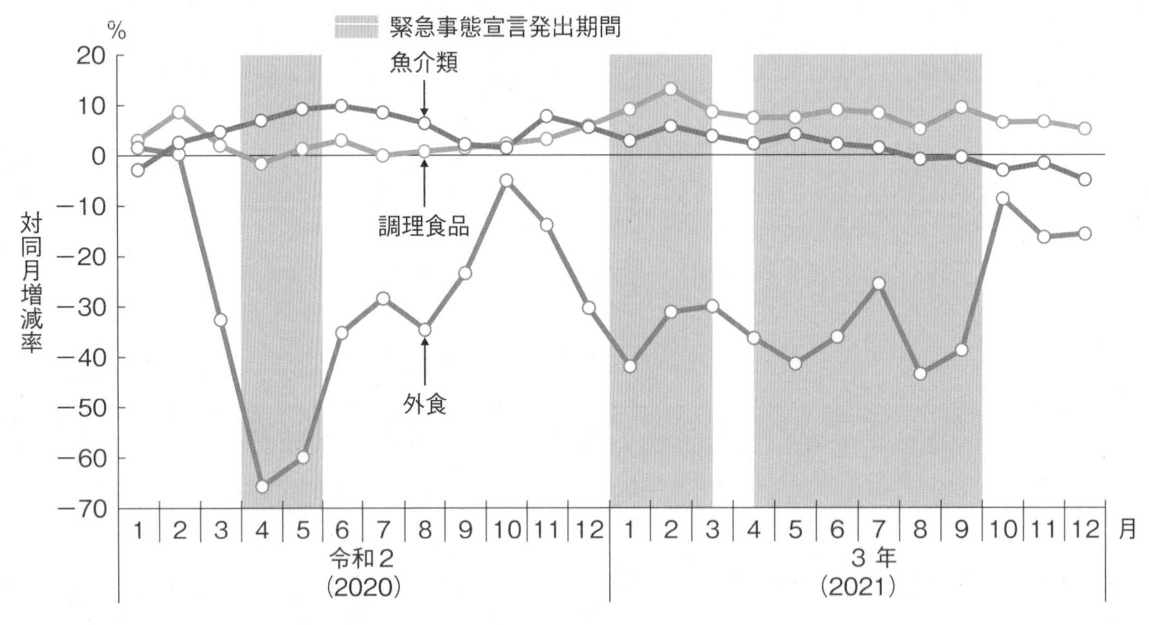


資料：総務省「家計調査」及び「消費者物価指数」に基づき水産庁で作成
注：1）対象は二人以上の世帯（家計調査）。
2）令和３（2021）年の増減率は、消費者物価指数（令和２（2020）年基準）を用いて物価の上昇・下落の影響を取り除いた。

＊１　新型インフルエンザ等対策特別措置法（平成24（2012）年法律第31号）第32条第１項の規定に基づく新型コロナウイルス感染症に関する緊急事態宣言

## 図表特−2−2　自宅における食事及び料理の頻度

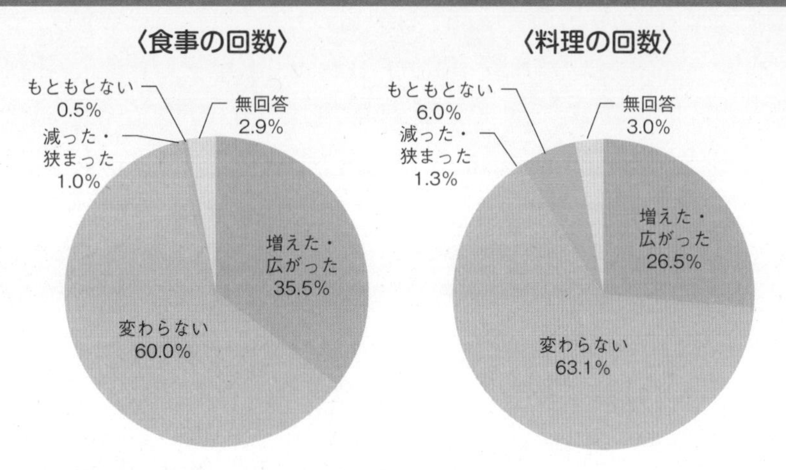


資料：農林水産省「食育に関する意識調査」（令和３（2021）年３月公表）
注：令和２（2020）年12月に、全国の20歳以上の者5,000人を対象として実施した郵送及びインターネットによる調査（有効回収率47.9％）

### 〈買い置きができ、調理が手軽で便利な家庭用冷凍食品の需要が増加〉

一般社団法人日本冷凍食品協会が令和３（2021）年２月に実施した「"冷凍食品の利用状況"実態調査」によると、新型コロナウイルス感染症拡大の影響で、買い物に行く回数が減ったと回答する女性が約４割を占め、男女共に１回の買い物の購入量が増えたと回答した割合及び買い置きができる食品の購入が増えたと回答した割合が大きくなっています（図表特−２−３）。

また、在宅勤務時の食事に最も求めるものとしては、男女共に「手軽・便利」が約４割を占め、次いで「おいしさ」となっています（図表特−２−４）。

## 図表特−2−3　食材の買い物方法や内容の変化

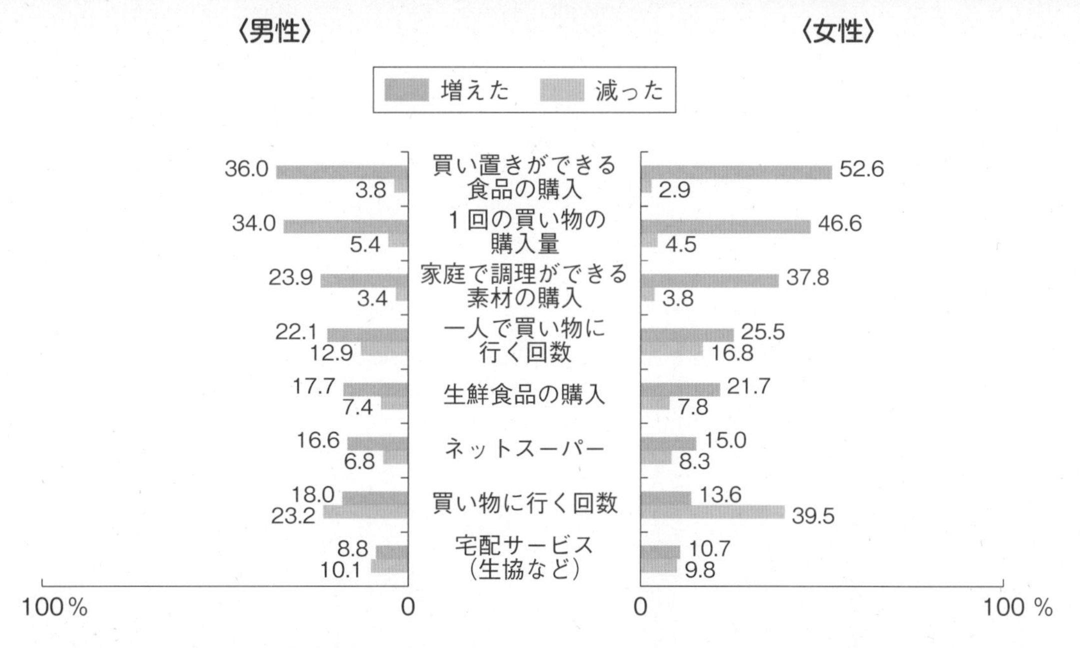


資料：（一社）日本冷凍食品協会「"冷凍食品の利用状況"実態調査」（インターネットによるアンケート調査、冷凍食品を「月１回以上」利用している25歳以上の男女1,250人（男女各625人）、令和３（2021）年２月20〜22日実施）に基づき水産庁で作成
注：「増えた」の割合は「とても増えた」及び「やや増えた」と回答した割合の合計値であり、「減った」の割合は「とても減った」及び「やや減った」と回答した割合の合計値である。

このようないわゆる巣ごもり需要の高まりから、家庭用冷凍食品の需要が増加し、令和２（2020）年の家庭用冷凍食品の生産量は前年から7.9万t(11.4%）増加しました。水産物の家庭用冷凍食品の生産量も令和元（2019）年から0.2万t(19.4%）増加しており、過去５年間でも高水準の生産量を示しています。他方、業務用冷凍食品の生産量は減少し、冷凍食品全体で11.6万t(13.0%)、水産物で0.2万t(5.4%）とそれぞれ減少しています（図表特－２－５）。

## 図表特－2－4　在宅勤務時の食事に最も求めること

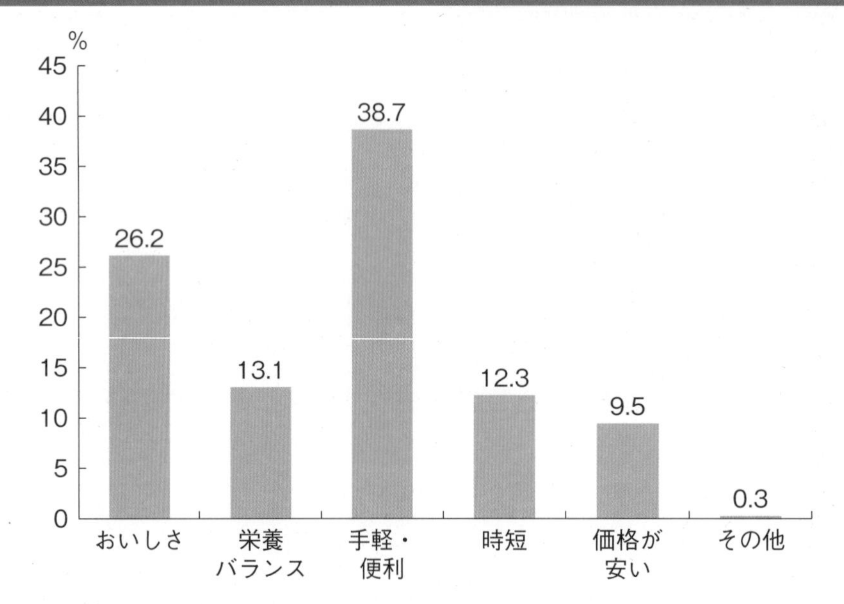


資料：（一社）日本冷凍食品協会「"冷凍食品の利用状況"実態調査」（インターネットによるアンケート調査、冷凍食品を「月１回以上」利用している25歳以上の男女1,250人（男女各625人））、令和３（2021）年２月20~22日実施）

## 図表特－2－5　冷凍食品の生産量の推移

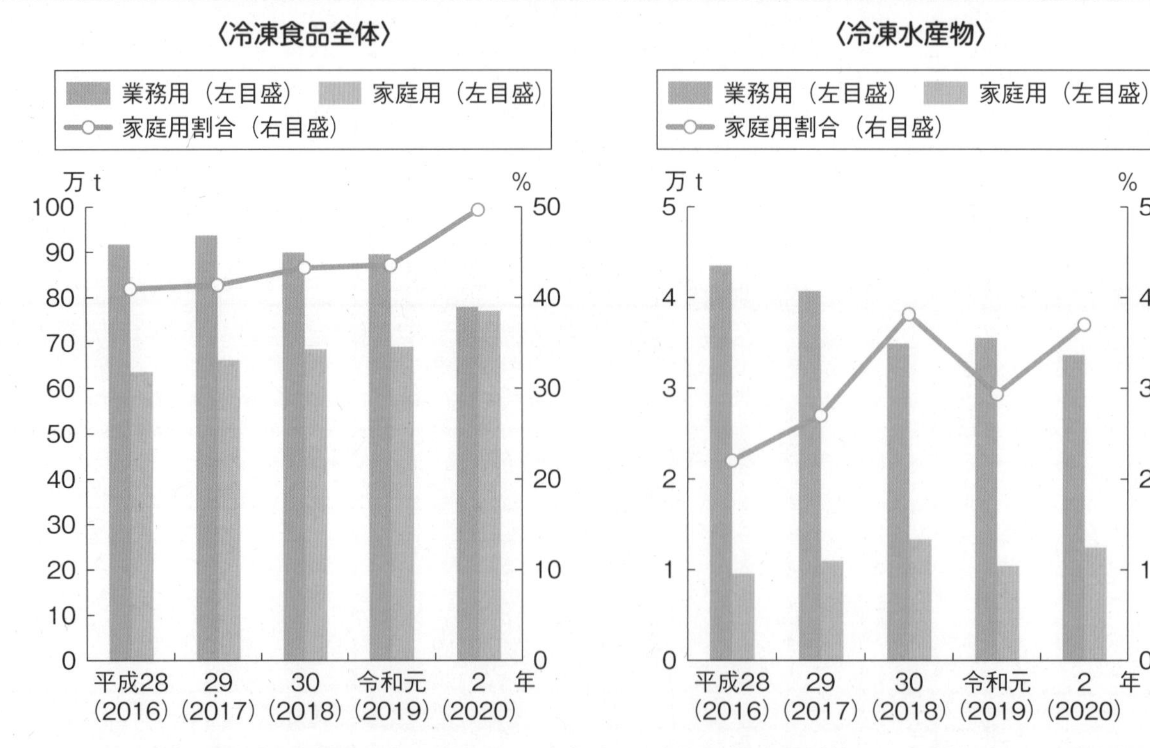


資料：（一社）日本冷凍食品協会「冷凍食品の生産・消費について」（協会の正会員及び準会員を対象とした調査）に基づき水産庁で作成

### 【事例】 需要の高まるおいしい冷凍食品の製造をリキッドフリーザーで後押し（株式会社テクニカン）

（株）テクニカンは、水産物や畜産物、その他の食品を、液体を用いて凍結するリキッドフリーザー「凍眠（とうみん）」等を製造・販売するメーカーです。

凍眠は、食品を－30℃で急速に液体凍結することで、細胞を壊さず冷凍でき、解凍時にドリップが流れ出ることがほとんどなく、産地の鮮度のまま長期保管することを可能にしています。この凍眠は様々な食品加工業者や飲食店で使用されており、国内外で高い評価を得ています。

そのような中、同社は、新型コロナウイルス感染症拡大の影響による巣ごもり需要の高まりに伴い、冷凍食品の需要が伸びていることを受け、飲食店で提供する料理や鮮度が求められる食品を家庭で気軽に味わえるよう、令和３（2021）年２月に冷凍食品専門店「TŌMIN FROZEN」（トーミン・フローズン）をオープンしました。地元の魚介類の刺身や有名店の魚料理等、凍眠を導入した食品加工業者や飲食店が製造した冷凍食品を取り扱い、売上げを伸ばしています。

そのほか、大手コンビニエンスストアチェーンが凍眠で凍結した刺身を同チェーン店舗で販売するなど、消費者の需要の変化に対応した冷凍水産加工品等を開発・販売する取組が広がっています。

リキッドフリーザー「凍眠」
（写真提供：（株）テクニカン）

TŌMIN FROZENの店内

### 〈外食産業の売上高が大きく減少〉

一般社団法人日本フードサービス協会の「外食産業市場動向調査」によると、令和２（2020）～３（2021）年の外食の売上高及び利用客数の令和元（2019）年同月比は、令和２（2020）年４月に最小の60％となり、その後も令和２（2020）～３（2021）年のいずれの月も令和元（2019）年の同月を下回って推移しました（図表特－２－６）。これは、国内の需要だけでなく、訪日外国人旅行者等のインバウンド需要が落ち込んだことも影響していると考えられます。

## 図表特－2－6　外食市場の全体の売上高及び利用客数の令和元（2019）年同月比

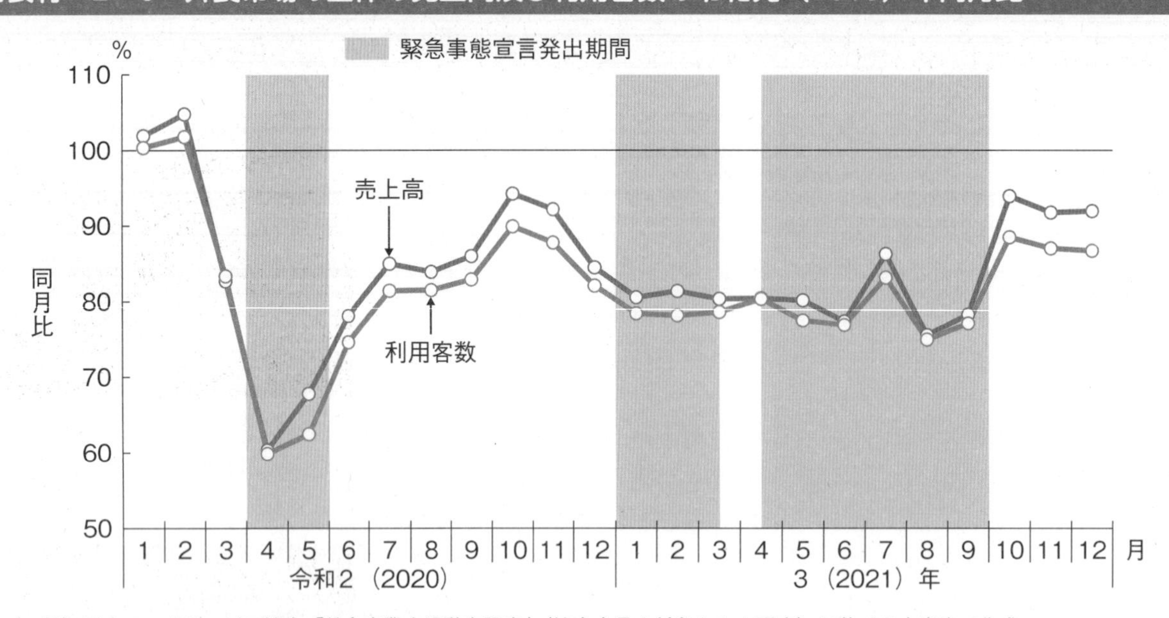


資料：（一社）日本フードサービス協会「外食産業市場動向調査」（協会会員を対象とした調査）に基づき水産庁で作成
注：令和3（2021）年1～2月の売上高及び令和3（2021）年の利用客数の数値は、令和2（2020）年当月の前年同月比と令和3（2021）年の当月の前年同月比を乗じることで算出した。

### 〈スーパーマーケットでの水産物の売上高が増加〉

内食の機会が増加したことにより、外食を代替するものとして、スーパーマーケット等の小売店やWebサイトでの購入のほか、宅配サービスや外食店からの持ち帰り（テイクアウト）の利用も拡大しました。一般社団法人全国スーパーマーケット協会等の「スーパーマーケット販売統計調査」によると、令和2（2020）～3（2021）年のスーパーマーケットの水産（魚介類、塩干物）の売上高の令和元（2019）年同月比は、令和2（2020）年5月に最大の112%となり、令和2（2020）～3（2021）年のいずれの月も令和元（2019）年の同月を上回って推移しました（図表特－2－7）。

## 図表特－2－7　スーパーマーケットの売上高（食品、水産）の令和元（2019）年同月比

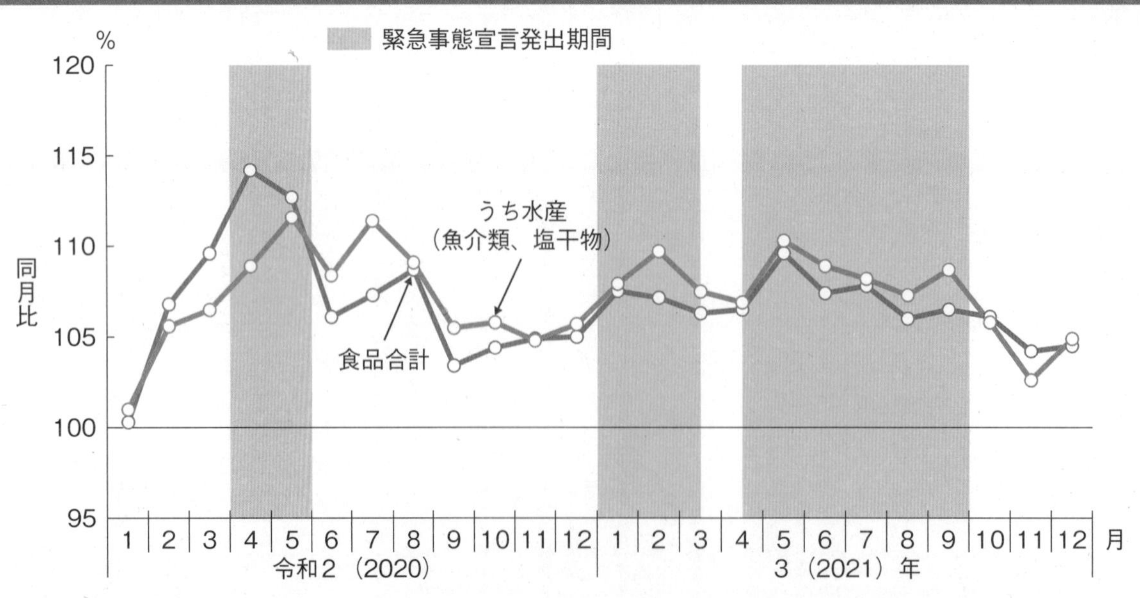


資料：（一社）全国スーパーマーケット協会、（一社）日本スーパーマーケット協会、オール日本スーパーマーケット協会「スーパーマーケット販売統計調査」（食品を中心に取り扱うスーパーマーケット270社を対象とした調査）に基づき水産庁で作成
注：1）令和3（2021）年1～2月の数値は、令和3（2021）年当月の売上高を令和元（2019）年当月の売上高で除することで算出した。
　　2）令和3（2021）年3月以降の数値は速報値。
　　3）各年同月における全営業店舗と当月における全営業店舗を比較した。

〈インターネットを利用した販売での食料消費が増加〉

令和２（2020）年４月以降には、インターネットを利用した販売での食料支出額の大きな伸びが見られ、増加傾向で推移しました。特に出前への支出が増加し、同年５月には令和元（2019）年同月と比較して161%、令和３（2021）年10月には237%の増加が見られました。食料品や飲料への支出も同様に増加しており、令和２（2020）～３（2021）年のいずれの月も令和元（2019）年の同月を上回っています（図表特－２－８）。

図表特－2－8　インターネットを利用した販売での食料支出額の対令和元(2019)年同月増減率

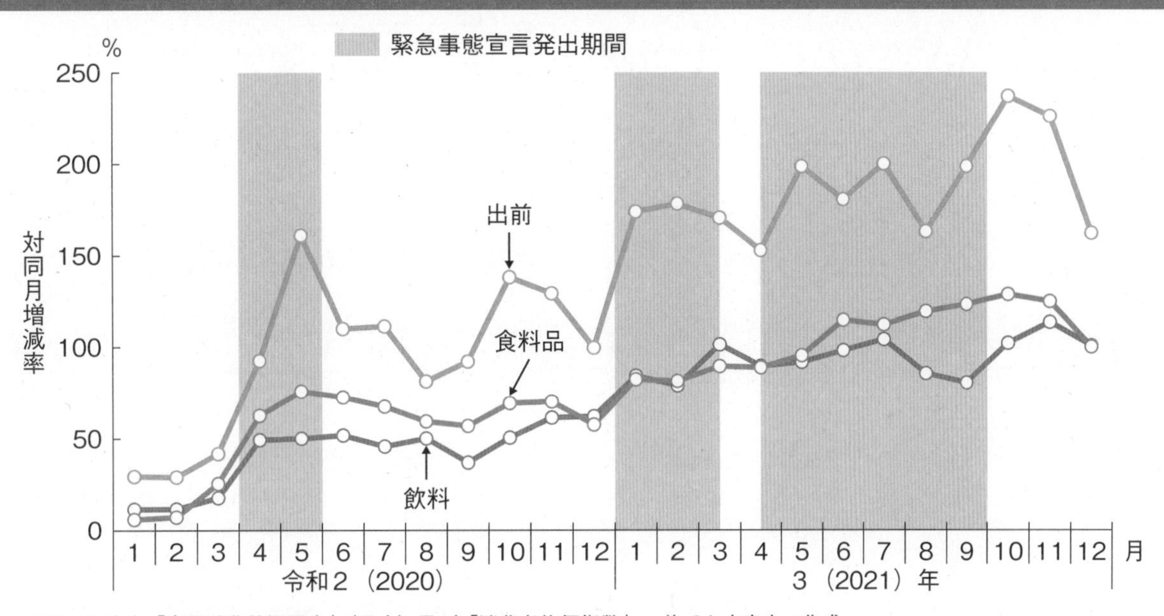


資料：総務省「家計消費状況調査」（月次）及び「消費者物価指数」に基づき水産庁で作成
注：1）対象は二人以上の世帯（家計消費状況調査）。
2）消費者物価指数（令和２（2020）年基準）を用いて物価の上昇・下落の影響を取り除いた。

## （2）水産物供給における影響と新たな動き

### ア　市場価格や販路への影響と販路の維持・拡大に向けた動き

〈高級魚介類を中心として魚介類の取扱金額が下落〉

令和２（2020）～３（2021）年には、新型コロナウイルス感染症拡大の影響及び緊急事態宣言等によるいわゆる巣ごもり消費に伴い、スーパーマーケットでの売上げは好調となった一方、インバウンド需要の減退や外出自粛に伴うホテル・飲食店向け需要の減退により、市場で流通する水産物の取扱金額が、高級魚介類を中心に令和元（2019）年と比較して下落しました。豊洲市場における水産物の令和２（2020）～３（2021）年の取扱金額の令和元（2019）年同月比を見てみると、第１回目の緊急事態が宣言された令和２（2020）年４月に最大の減少となる66%となり、その後も令和元（2019）年をおおむね下回って推移しましたが、同年10月以降は回復基調となりました。

また、水産加工品については、巣ごもり消費によってスーパーマーケットでの売上げが好調となったこと等により、流通における影響が水産物の中では比較的小さなものとなりました。豊洲市場における水産加工品の令和２（2020）年の取扱金額の令和元（2019）年同月比を見てみると、４月に最大の減少となる80%となり、その後増減はあるものの令和元（2019）年並となりました。しかしながら、令和３（2021）年前半は取扱金額が減少し、同年10月以降は水産物と同様に回復基調となりました（図表特－２－９）。

このような消費地卸売市場での水産物の取扱状況の鈍化により、産地卸売市場から消費地卸売市場への出荷が控えられるなど、漁業者や卸売業者、仲卸売業者等に影響を与えました。

**図表特－2－9　豊洲市場における水産物の取扱金額の令和元（2019）年同月比**

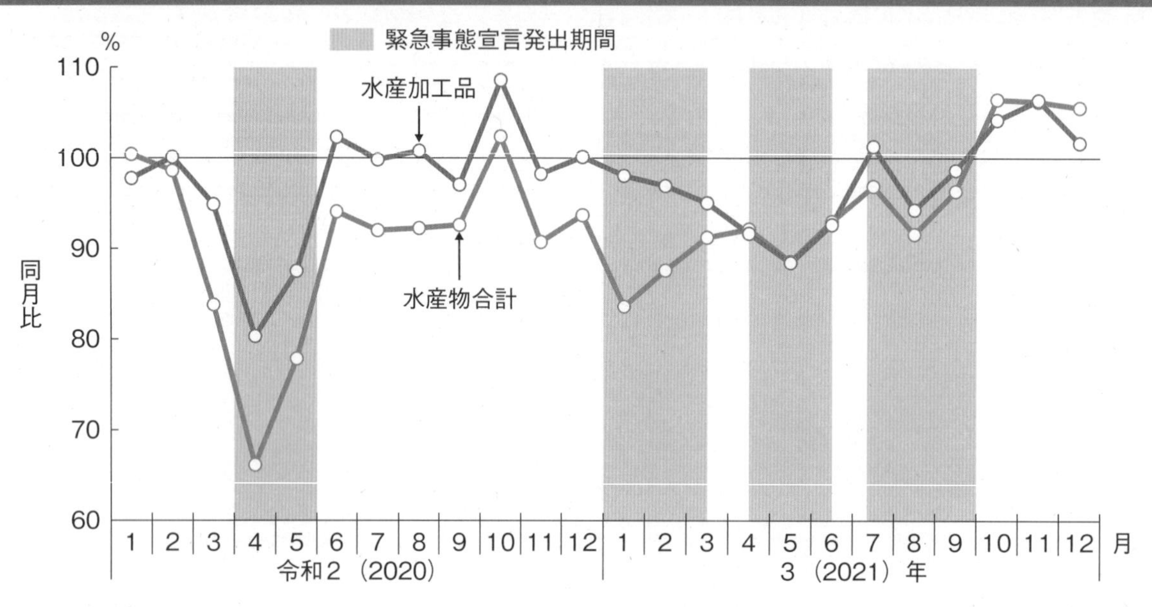


資料：東京都中央卸売市場「市場統計情報」に基づき水産庁で作成
注：緊急事態宣言発出期間は、東京都を緊急事態措置を実施すべき区域に含む緊急事態宣言が発出されていた期間

魚種別の平均販売金額を新型コロナウイルス感染症の拡大前後で比較すると、ホテル・飲食店向け需要の高い養殖マダイや高級魚介類であるキンメダイでは、令和２（2020）～３（2021）年のほぼ全ての月において平年を下回りました。他方、大衆魚であるマイワシでは、令和２（2020）年４～５月に低下したものの、他の魚種と比べて平均販売金額の低下は見られませんでした（図表特－２－10）。

**図表特－2－10　消費地卸売市場（東京都）における魚種別平均販売金額の推移**

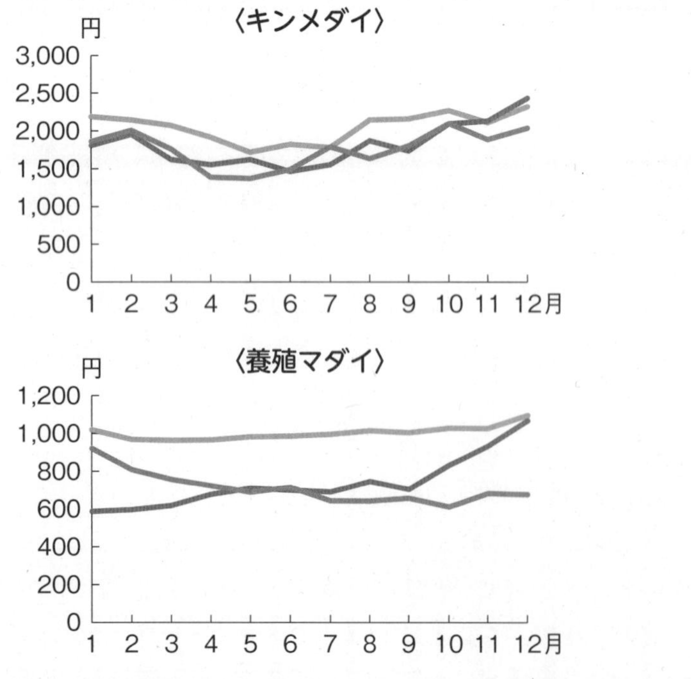


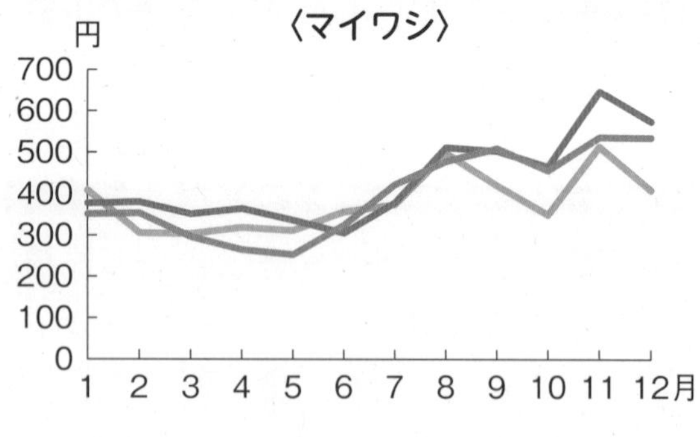

資料：東京都中央卸売市場「市場統計情報」に基づき水産庁で作成

〈インターネットを利用した販売の動きが活発化〉

巣ごもり消費に対応して、インターネットを利用した販売の動きが活発化しました。全国漁業協同組合連合会（以下「JF全漁連」といいます。）が令和２（2020）年２月に開設した、産地直送の水産物のEC(電子商取引）サイト「JFおさかなマルシェ　ギョギョいち」（以下「ギョギョいち」といいます。）では、開設当初は10県域の水産物を取り扱っていましたが、令和４（2022）年１月末時点で32県域に増加し、各地の水産物を消費者へ届ける体制の構築が進んでいます。また、ギョギョいちでは、令和２（2020）年２月～３（2021）年１月と比較して、令和３（2021）年２月～４（2022）年１月の会員数は49%、販売件数は93%、売上げは41%増加しています（図表特－２－11)。

さらに、令和３（2021）年１月22日～２月26日及び令和３（2021）年11月１～30日には、国産水産物流通促進センター（構成員：JF全漁連）は、「おうちでFish-１グランプリ -ONLINE-」をギョギョいちで開催し、ECサイトを通じた国産水産物の消費拡大・魚食普及を図りました。

図表特－2－11　令和３（2021）年における「JF おさかなマルシェ ギョギョいち」の新規獲得会員数、販売件数、売上高の対令和２（2020）年指数

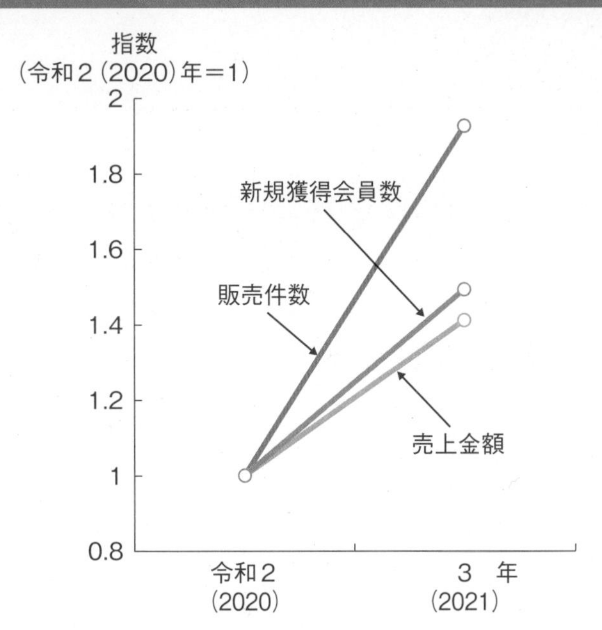


出典：JF全漁連提供資料に基づき水産庁で作成
注：各年の２月～翌１月の数値を集計した。

「第２回おうちでFish-1グランプリ -ONLINE-」のグランプリ商品（上：鯛のごまだれ漬け丼、下：イカのオイル漬けネギ塩風味・レモン風味）
（写真提供：JF全漁連）

**【事例】ECサイトとSNSを活用した直接販売とブランド化の取組（野見漁業協同組合）**

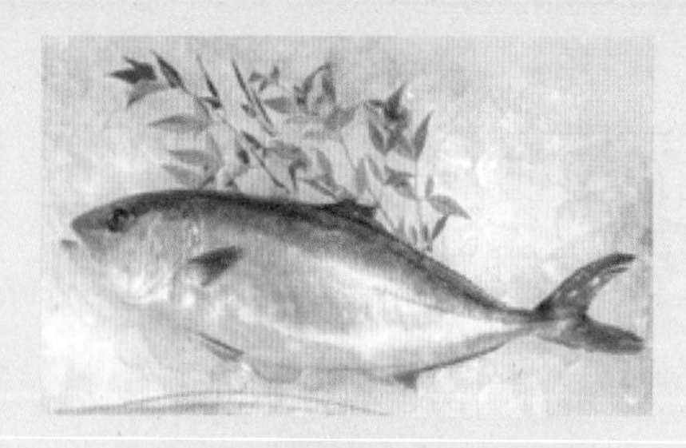
「須崎勘八」
（写真提供：野見漁業協同組合）

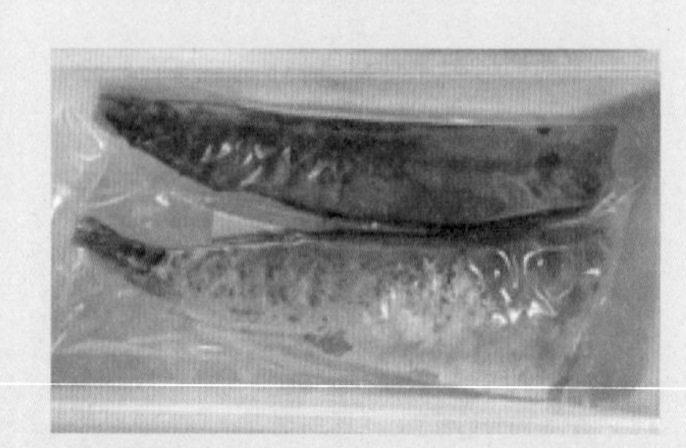
消費者に届くロイン加工された
カンパチ
（写真提供：野見漁業協同組合）

高知県須崎（すさき）市に位置する野見（のみ）漁業協同組合では、カンパチの養殖が盛んで、これまで年間40万尾のカンパチを飲食店や旅館向けとして卸売業者に販売してきました。

しかし、令和２（2020）年には、新型コロナウイルス感染症拡大の影響により飲食店等の需要が落ち込み、年間出荷量の半分に当たる20万尾が売り先を失いました。

このため、同漁協では、同年５月から新たな販路の開拓として、消費者向けの通信販売に取り組むとともに、「ブランド力をつけて今後の販売につなげる」ことを目標に、SNSを活用して消費者からカンパチのブランド名を募集する取組を行い、同年７月に「須崎勘八」としてブランド化しました。その結果、須崎市が立ち上げた産直ECサイト「高知かわうそ市場」での販売やふるさと納税の返礼品が好調となり、出荷予定の全てのカンパチを売り切ることができました。

この消費者向けの販売は現在も続いており、養殖業者、加工業者、漁協が連携し、魚を締めた翌日に消費者に届くよう、ロイン等への加工と発送を行っています。令和２（2020）年は、同漁協の組合員が生産したカンパチ等のうち、取扱金額で約４億円が新たに構築した通販ルートで販売され、新型コロナウイルス感染症拡大以前よりも多い出荷を実現しています。

**〈水産物の輸出は、輸出先国・地域の需要の変動に伴い、令和２（2020）年に減少し、令和３（2021）年に増加〉**

令和２（2020）年は、新型コロナウイルス感染症拡大の影響により、水産物輸出の主要品目である真珠が、主な輸出先である香港における宝飾展が中止・延期されたことで、輸出額が令和元（2019）年の329億円から令和２（2020）年の76億円に大幅に減少しました。また、ブリは、近年、主に米国の外食市場向けに輸出が拡大していましたが、現地の外食需要が落ち込んだことにより輸出額が減少しました。これらの結果、令和２（2020）年の水産物全体の輸出量（製品重量ベース）は前年から0.9％減の63万tとなり、輸出額は前年から20.8％減の2,276億円となりました。

翌令和３（2021）年は、新型コロナウイルス感染症拡大の影響が続く中、消費者ニーズの変化に対応した小売店やEC等の新たな販路での販売が堅調だったことや、中国や米国等の経済活動が回復傾向に向かって外食需要も回復してきたこと等により、多くの品目で輸出額が伸び、水産物全体の輸出額も伸びました。特に輸出の伸びが大きかった品目は、ホタテガイ、真珠及びブリです。ホタテガイについては、中国等での外食需要の回復や米国内の生産量減少の影響により単価が上昇したことに加え、国内主産地である北海道での生産が順調で令和２（2020）年に比べて生産量が増加したことにより、輸出額は令和２（2020）年の314億円から令和３（2021）年の639億円に増加しました。真珠については、宝飾品需要の回復による事業者間の直接取引が増大したことにより、令和３（2021）年の輸出額は171億円に増加しました。また、ブリは米国の外食需要が回復傾向となり、冷凍ブリのフィレを中心に需要が回復したことにより、輸出額は令和２（2020）年の173億円から令和３（2021）年の

246億円に増加しました。これらの結果、令和３(2021)年の水産物全体の輸出量(製品重量ベース）は前年から4.7％増の66万tとなり、輸出額は前年から32.5％増の3,015億円となりました。

### イ　入国制限による影響

#### 〈入国制限により技能実習生の滞在人数が減少〉

新型コロナウイルス感染症拡大に伴う外国からの渡航者に対する入国制限措置は、在留資格「特定技能」を有する外国人の活用を予定していた経営体や技能実習生の受入れを計画していた経営体等に、大きな影響を与えました。例えば、漁船漁業職種[*1]の技能実習生は令和２（2020）年３月１日時点で1,900人を超えており、それまで増加傾向を示していましたが、入国制限の影響により外国から新規に入国予定であった技能実習生が入国できず、令和３（2021）年３月以降は減少に転じ、令和４（2022）年３月１日時点では1,027人となりました（図表特－２－12)。

他方、国内外における新型コロナウイルス感染症の拡大を懸念し、帰国を希望する技能実習生や、技能実習を修了し本国等に帰国を予定していた技能実習生の帰国が困難となる事態となりました。また、そのような技能実習生の中には、在留資格を「特定技能」に変更し、我が国の漁船漁業や養殖業、水産加工業に就業する人が増加しました（図表特－２－13)。

**図表特－2－12　技能実習1号生の在留人数（漁船漁業）（各年３月１日時点）**

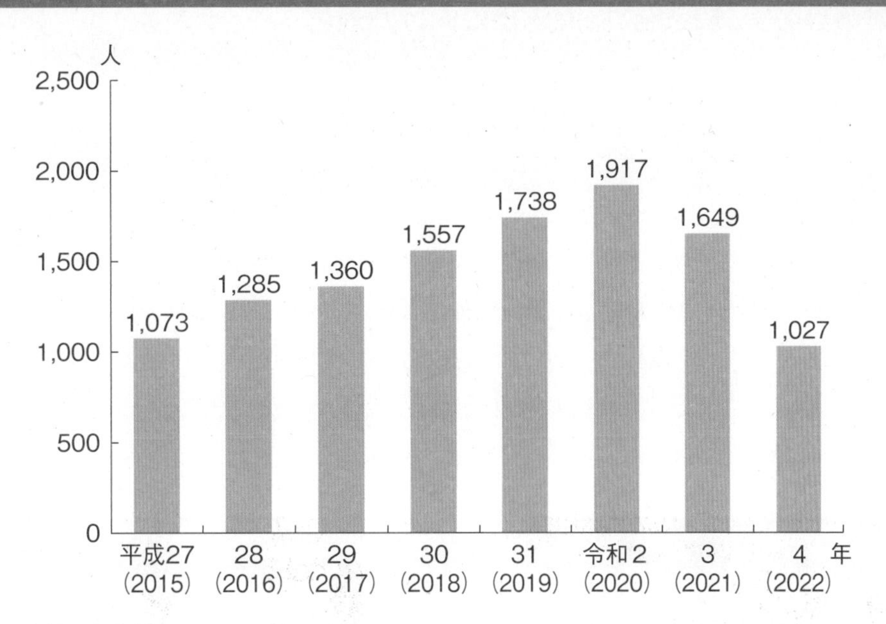


資料：水産庁調べ

＊1　かつお一本釣り漁業、延縄（はえなわ）漁業、いか釣り漁業、まき網漁業、ひき網漁業、刺し網漁業、定置網漁業、かに・えびかご漁業、棒受網漁業の９作業

図表特－2－13　特定技能（漁業）への在留資格変更件数（累積）

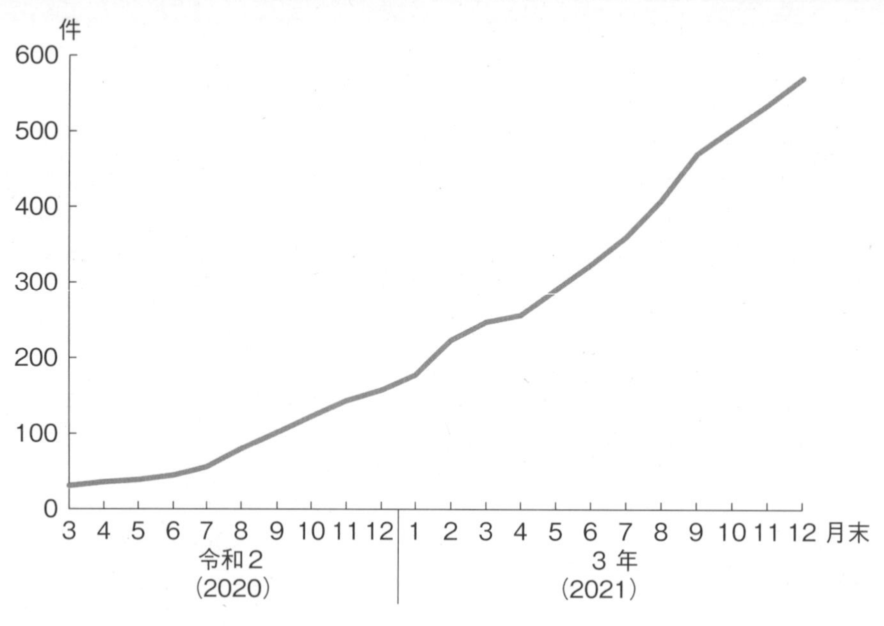


資料：出入国在留管理庁調べ

## （3）水産業における対応

### ア　緊急経済対策等の実施と感染拡大防止に向けた対応

国は、新型コロナウイルス感染症拡大による水産業への影響に対して、以下のとおり、緊急経済対策等の実施及び感染拡大防止に向けた対応を行いました。

#### 〈水産物の販売促進〉

新型コロナウイルス感染症拡大によるインバウンド需要の減少や輸出の停滞、外食需要の減少により、在庫の滞留や価格の低下等が生じている水産物について、学校給食への水産物の提供やインターネット通信販売の送料、PR活動等に掛かる経費を支援しました。その結果、令和２（2020）年度は、学校給食への水産物の提供を事業実施要望のあった43都道府県（延べ数約11.8万校）において実施しました。

愛媛県漁業協同組合から長野県松川中央小学校へ提供された養殖マダイ（まだいのサイコロフライ）

### 〈輸出の維持・促進の取組を支援〉

海外における外食需要の低迷や商談機会の喪失等による水産物輸出の減少に対応し、輸出の維持・促進を図るため、海外販路開拓の取組への支援を行いました。

また、海外での見本市や商談会等の開催が延期・中止となる中で、水産物の輸出に取り組む事業者と海外バイヤーのマッチングを推進するため、令和３（2021）年度、独立行政法人日本貿易振興機構（JETRO）による海外見本市への出展（11回)、国内外商談会の開催（31回)、加えて、世界14か所でのサンプル展示ショールームにおけるオンライン商談等を支援しました。さらに、海外で日本産食材を積極的に使用する「日本産食材サポーター店」等と連携してJETROが実施する日本産食材等の需要喚起のためのプロモーションを支援しました。

### 〈代替人材の確保の支援と入国制限・緩和における対応〉

入国制限措置の影響による漁業・水産加工業の経営体における人手不足に対応するため、漁業・水産加工業の経営体における他産業からの人材確保や外国人乗組員の継続就業等を支援する措置を講じました。

また、水産庁では、入国制限措置等の影響により計画していた外国人材の入国の見通しが立たずに人手不足となった漁業・水産加工業の経営体が、作業経験者等の国内人材を雇用する際の掛かり増し経費を支援する措置を講じ、約1,100人（令和４（2022）年１月集計時点）の人材の確保につながりました。さらに、入国制限措置が一時緩和された際には、水際対応受付窓口を設置し、水産業の受入責任者による入国に係る申請の事前審査等を行いました。

### 〈漁場の保全活動や水産資源調査の取組を支援〉

休漁を余儀なくされている漁業者が行う、漁場の耕うん・堆積物除去等の漁場保全活動や海洋環境調査・モニタリング、試験操業による資源の分布情報や生物サンプルの収集等、資源評価や管理手法の検討に資する取組に対して支援を行い、令和３（2021）年３月時点で23都道府県に対し支援しました。

### 〈漁業者等の経営継続を支援〉

漁業者が、新型コロナウイルス感染症拡大の影響を克服するため、感染拡大防止対策を行いつつ、販路の回復・開拓や事業継続・転換のための機械・設備を導入する取組等に対して、経営継続補助金により支援を行いました。

また、漁業者の資金繰りに支障が生じないよう、令和２（2020）年２月から開始した農林漁業セーフティネット資金をはじめとする各種制度資金の融資の貸付当初５年間の実質無利子化や無担保化、保証料の免除等について、令和３（2021）年度も引き続き措置することにより、漁業者の更なる資金需要に対応しました。このほか、新型コロナウイルス感染症拡大の影響により減収した漁業者の経営安定を図るため、漁業共済や積立ぷらすによる減収補てん（令和２（2020）年度実績：漁業共済（漁業施設共済を除く。）共済金支払額379億円、積立ぷらす払戻額673億円）を行うとともに、積立ぷらすの漁業者の自己積立金の仮払い及び契約時の積立猶予の措置を講じました。

さらに、価格を含めた水産物の安定供給を図るため、輸出の停滞やインバウンド需要の減少、外食需要等の減少により在庫が滞留した水産物について、漁業者団体等が買取り・冷凍保管し、販売する取組に対し、令和２（2020）年は17億円支援しました。

〈漁業者団体による業種別ガイドラインの作成を支援〉

水産庁は、漁業者の健康保護とともに事業の継続と国民への食料の安定供給を行うため、令和２（2020）年３月に、「漁業者に新型コロナウイルス感染者が発生したときの対応及び事業継続に関する基本的なガイドライン」を策定し、漁業者に向けて新型コロナウイルス感染症の予防対策の徹底を要請するとともに、このガイドラインに即して、漁業者に新型コロナウイルスの感染者が発生した場合を想定した業務継続体制の構築等を呼び掛けました。

また、同年５月に、政府対策本部において「新型コロナウイルス感染症対策の基本的対処方針」（令和２（2020）年３月28日新型コロナウイルス感染症対策本部決定）が改訂されたこと等を受け、感染拡大の防止と社会経済活動の維持との両立に向けて、業種別団体が業種別に実効性のある感染拡大予防ガイドラインを策定することとし、一般社団法人大日本水産会及びJF全漁連が連名で、自主的な感染防止の取組を進めるための業種別ガイドライン（以下「業種別ガイドライン」といいます。）を策定しました。業種別ガイドラインは、その後、最新の知見や漁業における新型コロナウイルスの感染者の発生状況を踏まえ、複数回改訂が行われています。この業種別ガイドラインは、農林水産省Webサイトで紹介されています。

新型コロナウイルス感染者発生時の対応・業務継続に関するガイドライン（農林水産省）：
https://www.maff.go.jp/j/saigai/n_coronavirus/ncv_guideline.html

### イ　今後の影響を見据えた対応

〈新たな生活様式に対応した水産物消費拡大検討会の開催〉

新型コロナウイルス感染症拡大の影響により、巣ごもり消費が増加する一方で、外食需要が低迷するなど国民の生活様式に大きな変化が見られる中、水産庁としても供給サイドがこのような国民の「新たな生活様式」に合致した水産物の提供ができるよう支援し、これをテコに近年右肩下がりの水産物消費の反転を目指していくことが求められています。

さらに、令和３（2021）年は東日本大震災の発生から10年の節目ですが、復興地域の地場産業である水産業の復活はいまだ半ばです。このような状況を打破するためには、当該地域の水産物の販路拡大を単純に目指すのでは限界があることから、水産物全体の消費量が拡大する中で、当該地域産品の消費を伸ばしていくことが重要です。

このような背景から、これまでの施策の効果検証を行った上で、ウィズコロナも見据えた真に消費拡大が可能な方策を各方面の専門家と検討し、新たな生活様式に対応した水産物のより一層の消費拡大と復興水産物の消費増大を目指すため、水産庁は令和３（2021）年３～６月に「新たな生活様式に対応した水産物消費拡大検討会」を開催しました。

〈新たな生活様式に対応した水産物消費拡大方策〉

新たな生活様式に対応した水産物消費拡大検討会は、近年の消費動向及びウィズコロナにおける新たな生活様式の展開を踏まえた水産物消費拡大に向けた対応方向を取りまとめました。

まず、調理の手間などの水産物のマイナス特性への対応方向としては、1）時短・簡単・美味（おい）しいレシピの開発やオンライン料理教室の開講、調理支援器具の開発等の「調理者・購入者の負担感の解消」、2）シーフードミックスやミールキット等の「手軽で美味しい新商品の開発」、3）ネットスーパーやコンビニでの魚メニューの充実化等の「消費を加速する新たな提供方法の開発」を挙げています。

次に、水産物消費に関する機運の向上に関する対応方向として、1）企業の創意工夫により、独自の販売促進や特売メニューの提案、イベント等を行う日を制定する等の「消費行動を変化させる」取組、2）健康増進効果や旬の美味しさといったプラスの商品特性を活かした情報発信、体験要素を加えた魚食普及等の「教育・体験を通じた若者へのリーチ」に向けた取組を挙げています。

新たな生活様式に対応した水産物消費拡大検討会（水産庁）：https://www.jfa.maff.go.jp/j/study/syouhi_kakudai.html

## 【事例】　地魚料理のオンライン料理教室
## （兵庫県漁業協同組合連合会（ひょうごのお魚ファンクラブ　SEAT-CLUB））

兵庫県漁業協同組合連合会は、平成21（2009）年「ひょうごのお魚ファンクラブ　SEAT-CLUB」を立ち上げ、小中学校等での出前お魚講習会、魚のさばき方や浜の味の料理教室、漁業体験・産地見学等の魚食普及活動を行ってきました。特に出前お魚講習会では、漁連の職員や女性部ではなく、13名の一般の方が講師として活躍しており、年間約570件の出前お魚講習会や料理教室等を開催してきました。

しかし、新型コロナウイルス感染症拡大の影響により従来の料理教室が開催できなくなったことから、令和２（2020）年10月からオンライン料理教室を開始しました。

参加者は、地魚を含む食材セットを事前にWebサイトで購入し、当日はタブレット等でオンライン会議システムにアクセスして講師の指導を受けながら、自宅で料理をします。

オンライン料理教室では、地元の方だけでなく、北海道や東北・関東地方等からの参加者も多く、これまで兵庫県内中心であった活動が県外に広がっており、県外への兵庫県の地魚のアピールにもつながっています。

オンライン料理教室の風景

参加者に配送される食材

**【事例】 国産水産物を使用したシーフードミックス
（JF全漁連、株式会社ABC Cooking Studio、株式会社イトーヨーカ堂）**

JF全漁連、(株)ABC Cooking Studio、(株)イトーヨーカ堂は、国産水産物の消費拡大を図るため、「国産水産物シーフードミックス推進協議会」を立ち上げました。そして、家庭で簡単・手軽に魚料理を楽しんでもらい、国産水産物の消費拡大につなげるため、国産水産物のみを使用した「ごろっと国産シーフードミックス」を開発し、令和３（2021）年11月より販売を開始しました。

また、発売に併せて、さかなクンのYouTubeにて同商品を使った料理動画の配信、ABCクッキングスタジオの料理教室での活用、同スタジオの特設ページにてレシピの掲載等を行い、調理方法も発信しています。

「ごろっと国産シーフードミックス」

ABCクッキングスタジオでの調理例の一部

（写真提供：国産水産物シーフードミックス推進協議会）

**〈おわりに〉**

令和２（2020）年から世界的に流行した新型コロナウイルス感染症については、我が国では令和３（2021）年10月頃に感染者数が一時大幅に減少し、低迷していた水産物の需給も回復傾向となりました。しかし、その後も新型コロナウイルスの変異種の世界規模での流行が続いており、在宅勤務やテレワーク、外食・宴会控え、インターネットを利用した食料品の購入といった新たな生活様式は、一定程度続いていくものと予想されます。また、国内と海外の感染状況が共に改善されなければ、訪日外国人旅行者等によるインバウンド需要も見込まれないと考えられます。今後も感染再拡大のようなリスクが常にあることを認識し、水産物の需給の変動に応じた販路開拓や商品開発における柔軟な対応や新しい取組を行っていくことが必要です。

水産物の安定供給は国の最も基本的な責務の一つであることから、国は、今後も新型コロナウイルス感染症による影響の緩和に取り組むとともに、感染の発生状況等を注視し、必要な対応を行っていくこととしています。

# 令和２年度以降の我が国水産の動向

下関漁港地方卸売市場全景

# 第１章

## 我が国の水産物の需給・消費をめぐる動き

第1部

第1章

## （1）水産物需給の動向

### ア　我が国の魚介類の需給構造

**〈国内消費仕向量は679万t〉**

令和２（2020）年度の我が国における魚介類の国内消費仕向量は、679万t（原魚換算ベース、概算値）となり、そのうち526万t（77％）が食用消費仕向け、153万t（23％）が非食用（飼肥料用）消費仕向けとなっています。国内消費仕向量を平成22（2010）年度と比べると、国内生産量が107万t（22％）、輸入量が95万t（20％）減少したことから、需給の規模は191万t（22％）縮小しています（図表１－１）。

**図表1－1　我が国の魚介類の生産・消費構造の変化**

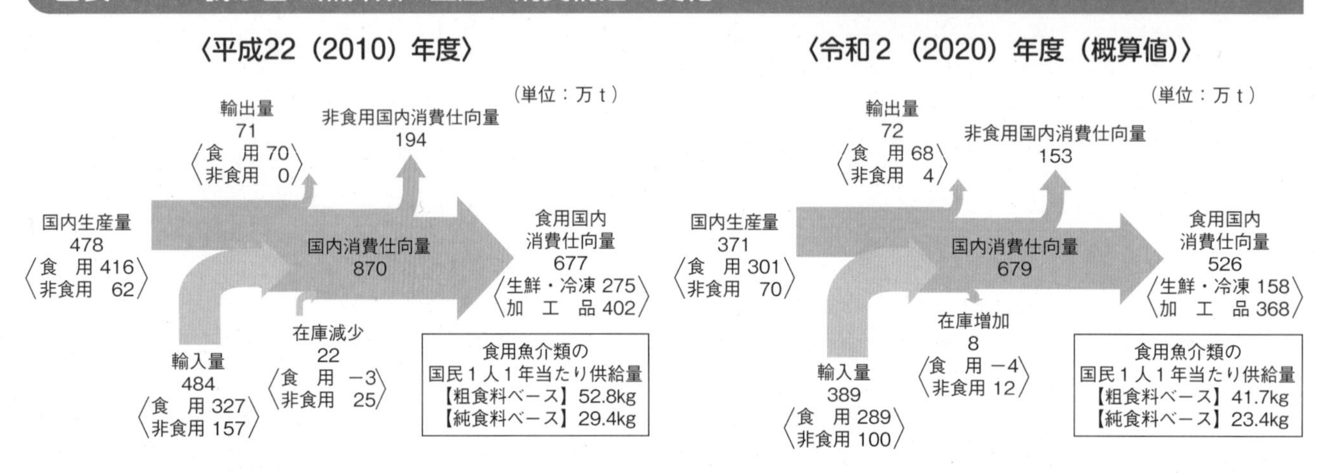


資料：農林水産省「食料需給表」
注：1）数値は原魚換算したものであり（純食料ベースの供給量を除く。）、海藻類、捕鯨業により捕獲されたもの及び鯨類科学調査の副産物を含まない。
2）粗食料とは、廃棄される部分も含んだ食用魚介類の数量であり、純食料とは、粗食料から通常の食習慣において廃棄される部分（魚の頭、内臓、骨等）を除いた可食部分のみの数量。
3）表示単位未満の端数を四捨五入しているため、内訳の合計値は必ずしも一致しない。

### イ　食用魚介類の自給率の動向

**〈食用魚介類の自給率は57％〉**

我が国の食用魚介類の自給率は、昭和39（1964）年度の113％をピークに減少傾向で推移し、平成12（2000）～14（2002）年度の３年連続で最も低い53％となりました。その後は、微増から横ばい傾向で推移し、令和２（2020）年度における我が国の食用魚介類の自給率（概算値）は、前年度から２％増加して57％となりました（図表１－２）。これは、自給率[*1]の分子となる国内生産量が減少したものの、分母となる国内消費仕向量の減少の方が大きくなったためです。この国内消費仕向量の減少は、輸出量と比較して輸入量が大きく減少したことによるものです。

食用魚介類の自給率は、近年横ばい傾向にありますが、自給率は国内消費仕向量に占める国内生産量の割合であるため、国内生産量が減少しても、国内消費仕向量がそれ以上に減少すれば上昇します。このため、自給率の増減を考える場合には、その数値だけでなく、算定の根拠となっている国内生産量や国内消費仕向量にも目を向けることが重要です。

＊1　自給率（％）＝（国内生産量÷国内消費仕向量）×100。国内消費仕向量＝国内生産量＋輸入量－輸出量±在庫の増減量。

**図表1－2　食用魚介類の自給率の推移**

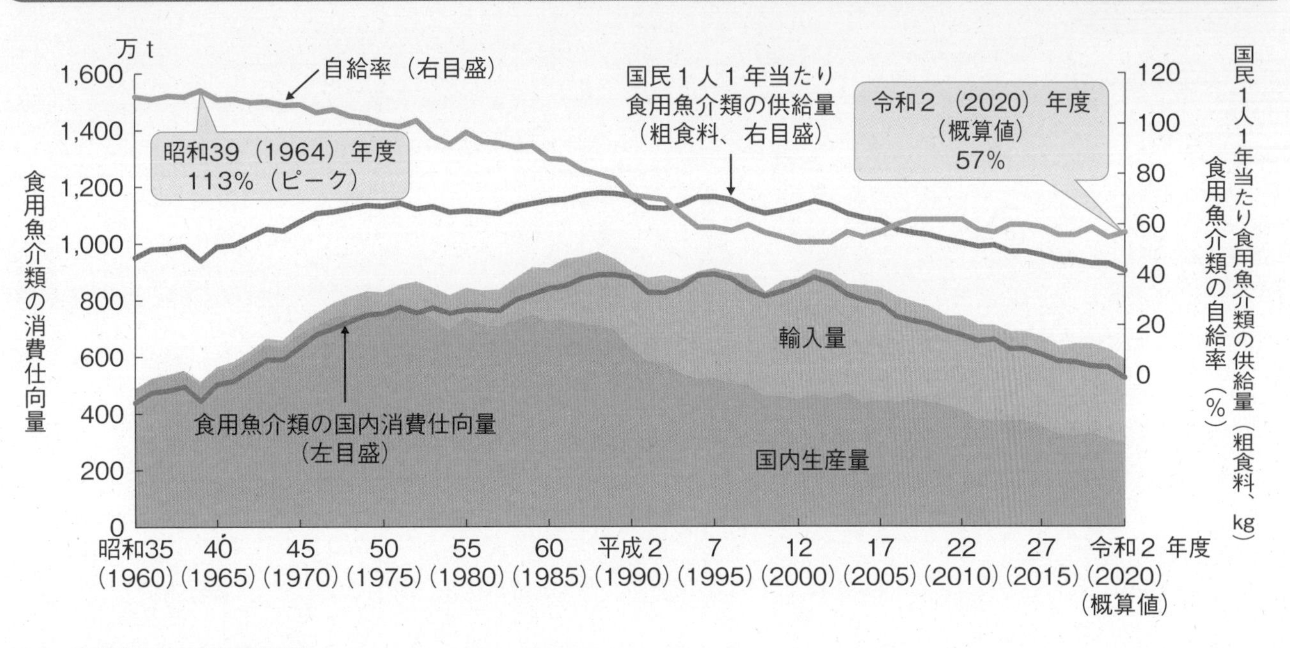


資料：農林水産省「食料需給表」
注：自給率（%）＝（国内生産量÷国内消費仕向量）×100
国内消費仕向量＝国内生産量＋輸入量－輸出量±在庫の増減量

## （2）水産物消費の状況

### ア　水産物消費の動向

**〈食用魚介類の1人1年当たりの消費量は23.4kg〉**

我が国における魚介類の1人1年当たりの消費量は減少し続けています。「食料需給表」によれば、食用魚介類の1人1年当たりの消費量[*1]（純食料ベース）は、平成13（2001）年度の40.2kgをピークに減少傾向にあり、令和2（2020）年度には、前年度より1.9kg少ない23.4kgとなりました。一方、肉類の1人1年当たりの消費量は増加傾向にあり、平成23（2011）年度に初めて食用魚介類の消費量は肉類の消費量を下回りました。

また、食用魚介類の国内消費仕向量は、平成初期に850万t前後で推移した後、平成14（2002）年度以降減少し続け、平成28（2016）年度には肉類の国内消費仕向量を下回りました（図表1－3、図表1－4）。

年齢階層別の魚介類摂取量を見てみると、平成11（1999）年以降はほぼ全ての世代で摂取量が減少傾向にあります（図表1－5）。

＊1　農林水産省では、国内生産量、輸出入量、在庫の増減量、人口等から「食用魚介類の1人1年当たり供給純食料」を算出している。この数字は、「食用魚介類の1人1年当たり消費量」とほぼ同等と考えられるため、ここでは「供給純食料」に代えて「消費量」を用いる。

## 図表1－3　食用魚介類の国内消費仕向量及び１人１年当たり消費量の変化

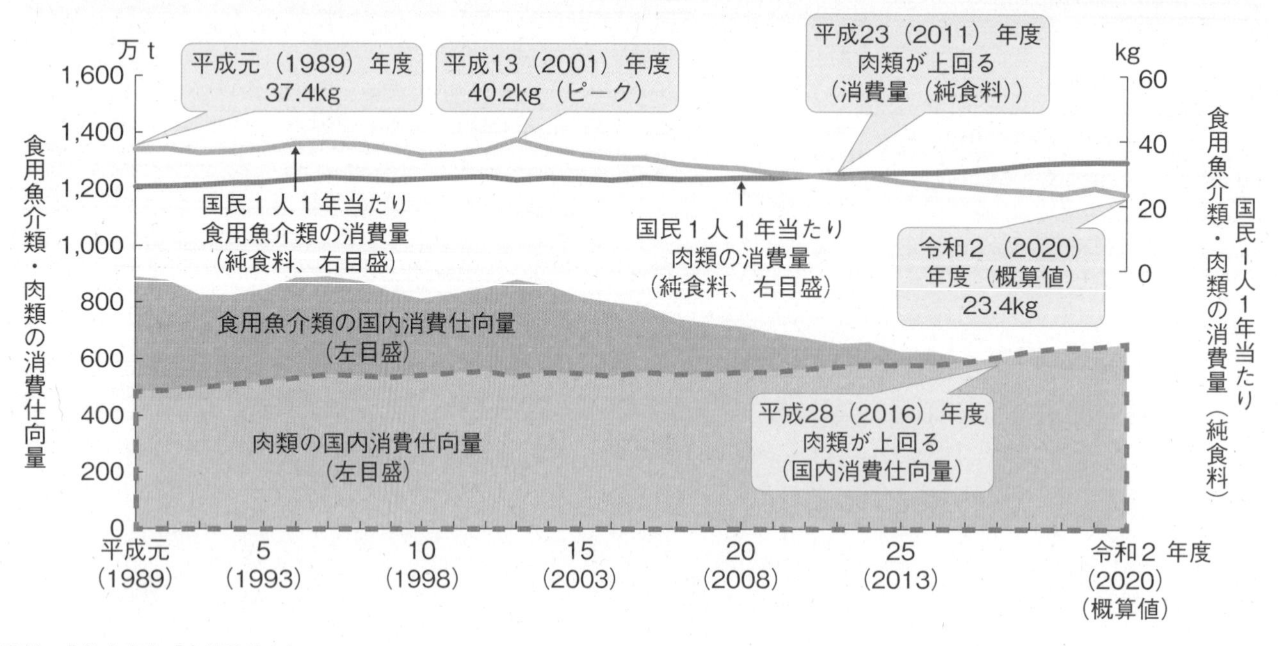


資料：農林水産省「食料需給表」

## 図表1－4　食用魚介類及び肉類の１人１年当たり消費量の変化

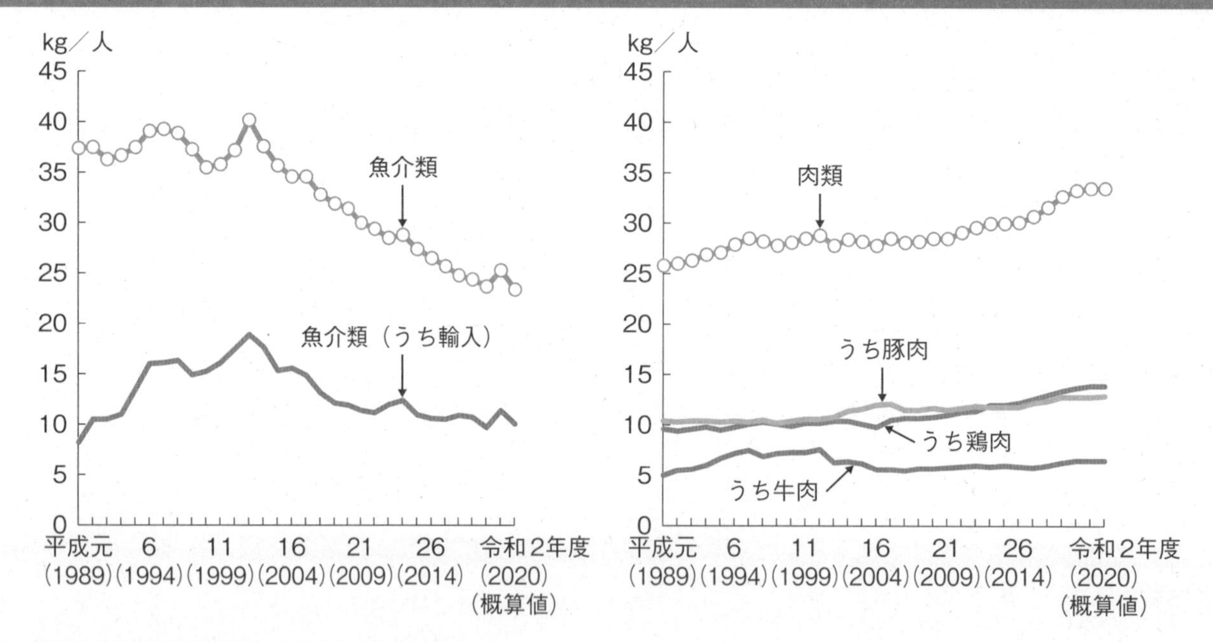


資料：農林水産省「食料需給表」に基づき水産庁で作成
注：魚介類の消費量のうち輸入分は、食用魚介類の消費量から国産魚介類の消費量（食用魚介類の消費量×食用魚介類の自給率）を差し引くことで求めた。

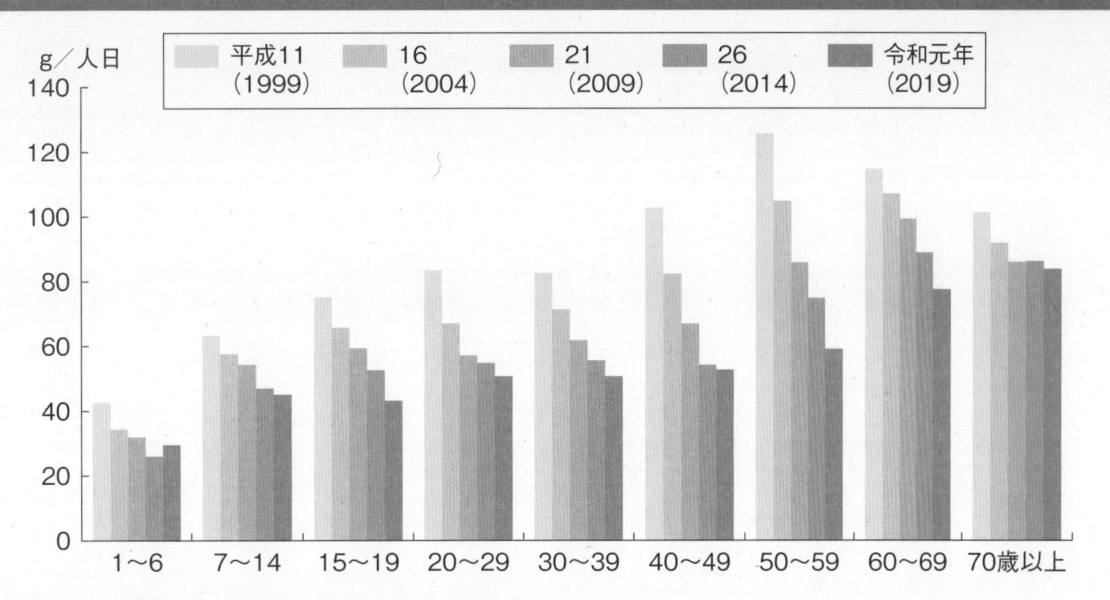


資料：厚生労働省「国民健康・栄養調査」に基づき水産庁で作成
注：令和元（2019）年の70歳以上の摂取量は、70～79歳の摂取量と80歳以上の摂取量をそれぞれの調査対象人数で加重平均して算出した。

### 〈よく消費される生鮮魚介類は、イカ・エビからサケ・マグロ・ブリへ変化〉

我が国の１人１年当たり生鮮魚介類の購入量が減少し続けている中で、よく消費される生鮮魚介類の種類は変化しています。平成元（1989）年にはイカやエビが上位を占めていましたが、近年は、切り身の状態で売られることの多い、サケ、マグロ及びブリが上位を占めるようになりました（図表１－６）。

また、かつては、地域ごとの生鮮魚介類の消費の中心は、その地域で獲れるものでしたが、流通や冷蔵技術の発達により、以前はサケ、マグロ及びブリがあまり流通していなかった地域でも購入しやすくなったことや、調理しやすい形態で購入できる魚種の需要が高まったこと等により、全国的に消費されるようになっています。特にサケは、平成期にノルウェーやチリの海面養殖による生食用のサーモンの国内流通量が大幅に増加したこともあり、地域による大きな差が見られなくなっています。

**図表1－6　生鮮魚介類の1人1年当たり購入量及びその上位品目の購入量の変化**

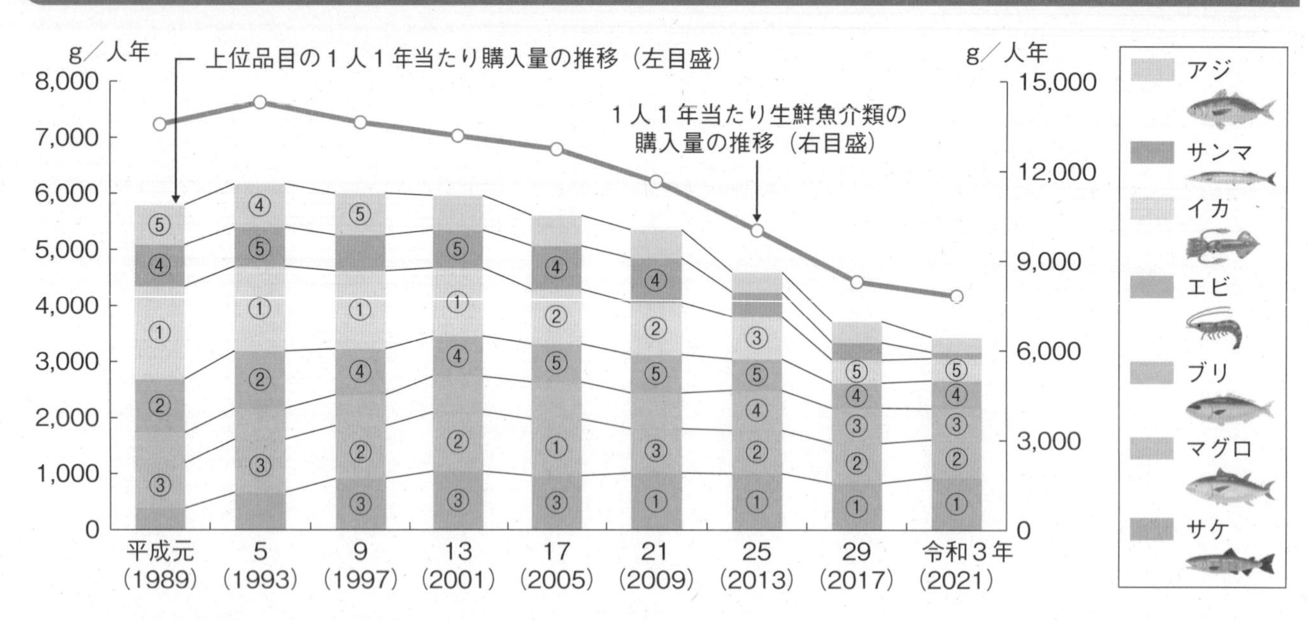


資料：総務省「家計調査」に基づき水産庁で作成
注：1）対象は二人以上の世帯（平成11（1999）年以前は、農林漁家世帯を除く。）。
2）グラフ内の数字は、各年における購入量の上位５位までを示している。

### 〈生鮮魚介類購入量は長期的には減少傾向〉

生鮮魚介類の１世帯当たりの年間購入量は、令和元（2019）年まで一貫して減少してきましたが、令和２（2020）年には、新型コロナウイルス感染症拡大の影響で、家での食事（内食）の機会が増加したことにより、スーパーマーケット等での購入が増えた結果、年間購入量が増加しました。しかし、令和３（2021）年には再び減少し、前年より４％減の23.0kgとなりました。他方、近年の年間支出金額はおおむね横ばい傾向となっており、令和３（2021）年には前年より２％減の42.6千円となりました（図表１－７）。

**図表1－7　生鮮魚介類の１世帯当たり年間支出金額・購入量の推移**

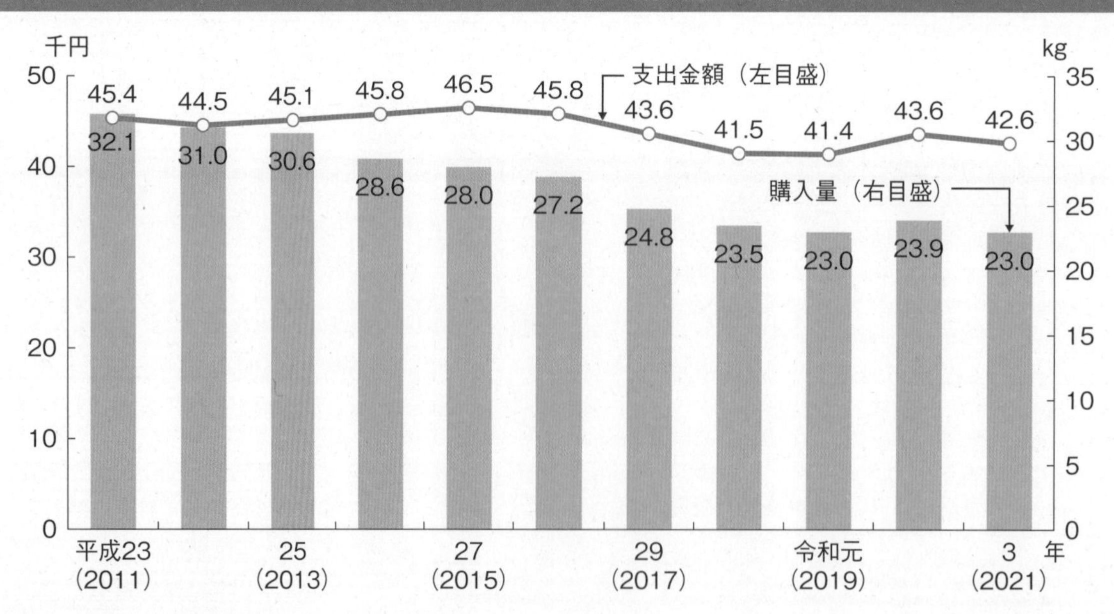


資料：総務省「家計調査」
注：対象は二人以上の世帯。

平成25（2013）年以降、食料品全体の価格が上昇しており、特に生鮮魚介類及び生鮮肉類の価格が大きく上昇しています（図表１－８）。この生鮮魚介類の価格上昇に反比例し、１人１年当たり購入量は減少傾向にあります（図表１－９）。

## 図表1－8　食料品の消費者物価指数の推移

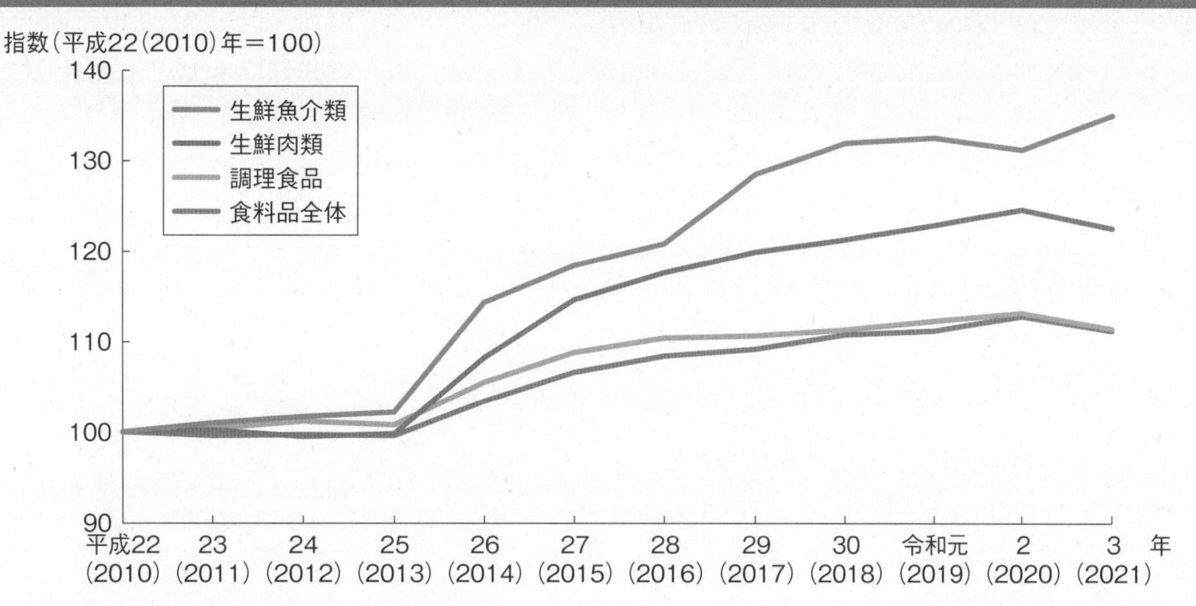


資料：総務省「消費者物価指数」に基づき水産庁で作成

## 図表1－9　生鮮魚介類の消費者物価指数と１人１年当たり購入量の推移

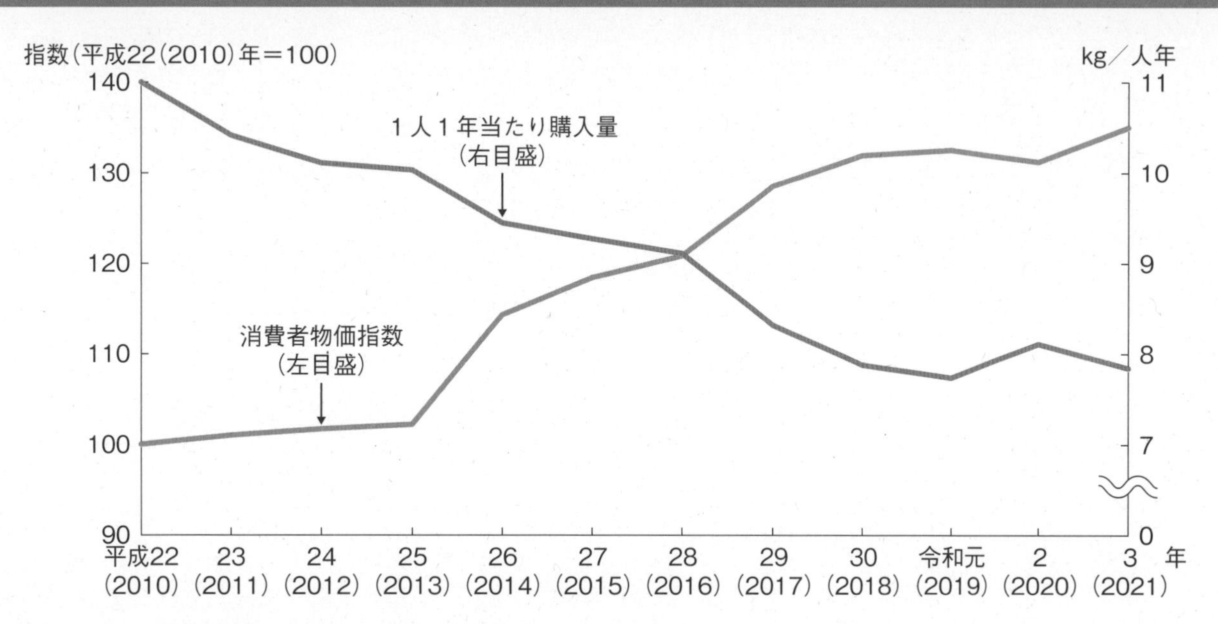


資料：総務省「消費者物価指数」及び「家計調査」に基づき水産庁で作成
注：対象は二人以上の世帯（家計調査）。

### イ　水産物に対する消費者の意識

#### 〈消費者の食の簡便化志向が高まる〉

水産物の消費量が減少し続けている一因として、消費者の食の志向の変化が考えられます。株式会社日本政策金融公庫による「食の志向調査」を見てみると、令和４（2022）年１月には健康志向、経済性志向、簡便化志向の割合が上位を占めています。平成20（2008）年以降の推移を見てみると、経済性志向の割合が横ばい傾向となっている一方、簡便化志向の割合は長期的に見ると増加傾向となっており、令和４（2022）年１月には、経済性志向の割合と同程度の割合を示しています。他方で、安全志向と手作り志向は緩やかに減少しており、国産志向は比較的低水準で横ばいとなっています（図表１－10）。

**図表1－10　消費者の食の志向（上位）の推移**

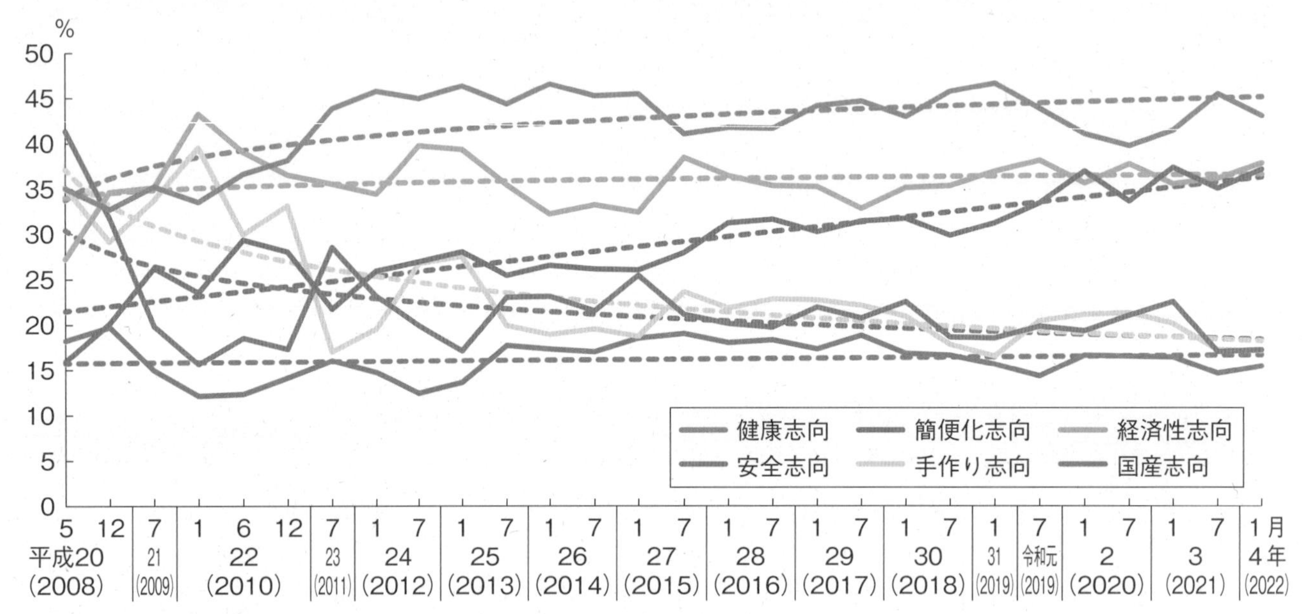


資料：(株)日本政策金融公庫　農林水産事業本部「食の志向調査」（インターネットによるアンケート調査、全国の20～70歳代の男女2,000人（男女各1,000人）、食の志向を二つまで回答）に基づき水産庁で作成
注：破線は近似曲線又は近似直線。

#### 〈消費者が魚介類をあまり購入しない要因は価格の高さや調理の手間等〉

肉類と比較して魚介類を消費する理由及びしない理由について見てみると、農林水産省による「食料・農業及び水産業に関する意識・意向調査」においては、消費者が肉類と比べ魚介類をよく購入する理由について、「健康に配慮したから」と回答した割合が75.7％と最も高く、次いで「魚介類の方が肉類より美味(おい)しいから」（51.8％）となっています。他方、肉類と比べ魚介類をあまり購入しない理由については、「肉類を家族が求めるから」と回答した割合が45.9％と最も高く、次いで「魚介類は価格が高いから」（42.1％）、「魚介類は調理が面倒だから」（38.0％）の順となっています（図表１－11）。

これらのことから、肉類と比較して、魚介類の健康への良い効果の期待やおいしさが強みとなっている一方、魚介類の価格が高いこと、調理の手間がかかること、食べたい魚介類が入手しにくいこと、調理方法を知らないことが弱みとなっていると考えられます。

このため、料理者・購入者の負担感の解消、手軽でおいしい新製品の開発、健康増進効果や旬のおいしさといったプラスの商品特性を活かした情報発信等が必要となっています。

**図表1－11　魚介類をよく購入する理由及びあまり購入しない理由**

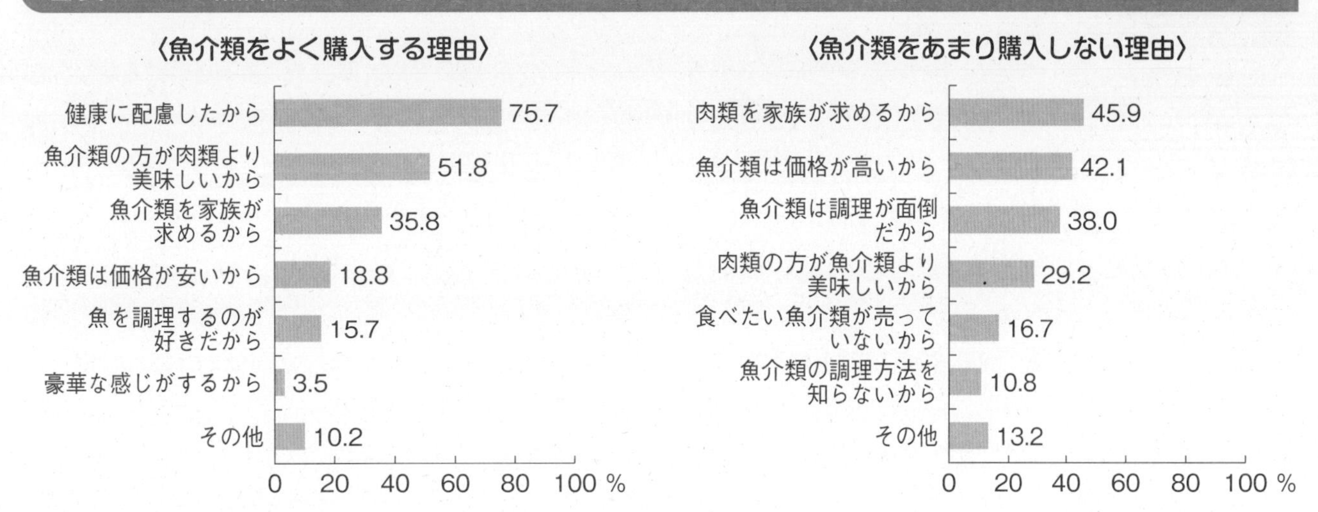


資料：農林水産省「食料・農業及び水産業に関する意識・意向調査」（令和元（2019）年12月～２（2020）年１月実施、消費者モニター987人が対象（回収率90.7％））

### ウ　水産物の健康効果

**〈オメガ３脂肪酸や魚肉たんぱく質等、水産物の摂取は健康に良い効果〉**

水産物の摂取が健康に良い効果を与えることが、様々な研究から明らかになっています（図表１－12）。

１）DHA、IPA（EPA）

魚介類やクジラの脂質に多く含まれている*n*-３（オメガ３）系多価不飽和脂肪酸であるドコサヘキサエン酸（DHA）やイコサペンタエン酸（IPA）[＊1]は、他の食品にはほとんど含まれていない脂肪酸です。DHAは、未熟児の網膜機能の発達に必須であるほか、加齢に伴い低下する認知機能の一部である記憶力、注意力、判断力、空間認識力を維持することが報告されており、広く胎児期から老年期に至るまでの脳、網膜、神経の発達・機能維持に重要な役割があることが分かっています。IPAは、血小板凝集抑制作用があり、血栓形成の抑制等の効果があることが分かっています。また双方とも、抗炎症作用や血圧降下作用のほか、血中のLDLコレステロール（悪玉コレステロール）や中性脂肪を減らす機能があることが分かっており、脂質異常症、動脈硬化による心筋梗塞や脳梗塞、その他生活習慣病の予防・改善が期待され、医薬品や機能性表示食品にも活用されています。

２）たんぱく質

魚肉たんぱく質は、畜肉類のたんぱく質と並び、人間が生きていく上で必要な９種類の必須アミノ酸をバランス良く含む良質なたんぱく質であるだけでなく、大豆たんぱく質や乳たんぱく質と比べて消化されやすく、体内に取り込まれやすいという特徴もあり、「フィッシュプロテイン」という名称で注目されています。また、離乳食で最初に摂取することが勧められている動物性たんぱく質は白身魚とされているほか、血圧上昇を抑える作用等の健康維持の機能を有している可能性も示唆されています。

３）アミノ酸（バレニン、タウリン）

鯨肉に多く含まれるアミノ酸であるバレニンは疲労の回復等に、貝類（カキ、アサリ等）やイカ・タコ等に多く含まれるタウリンは、肝機能の強化や視力の回復に効果があること等

---

＊１　エイコサペンタエン酸（EPA）ともいう。

が示されています。

4）カルシウム、ビタミンD

カルシウムについては、カルシウムが不足すると骨粗鬆症（こつそそうしょう）、高血圧、動脈硬化等を招くことが報告されています。また、カルシウムの吸収はビタミンDによって促進されることが報告されています。ビタミンDは、水産物では、サケ・マス類やイワシ類等に多く含まれています。

5）食物繊維（アルギン酸、フコイダン等）

海藻類には、ビタミンやミネラルに加え、アルギン酸やフコイダン等の食物繊維が豊富に含まれています。食物繊維は、便通を整える作用のほか、脂質や糖等の排出作用により、生活習慣病の予防・改善にも効果が期待されています。また、腸内細菌のうち、ビフィズス菌や乳酸菌等の善玉菌の割合を増やし、腸内環境を良好に整える作用も知られています。さらに、善玉菌を構成する物質には、体の免疫機能を高め、血清コレステロールを低下させる効果も報告されています。加えて、フコイダンは、抗がん作用、胃潰瘍の予防や治癒の効果が期待されており、モズクやヒジキ、ワカメ、コンブ等の褐藻類に多く含まれます。

このように水産物は、優れた栄養特性と機能性を持つ食品であり、様々な魚介類や海藻類をバランス良く摂取することにより、健康の維持・増進が期待されます。

**図表1－12　水産物に含まれる主な機能性成分**

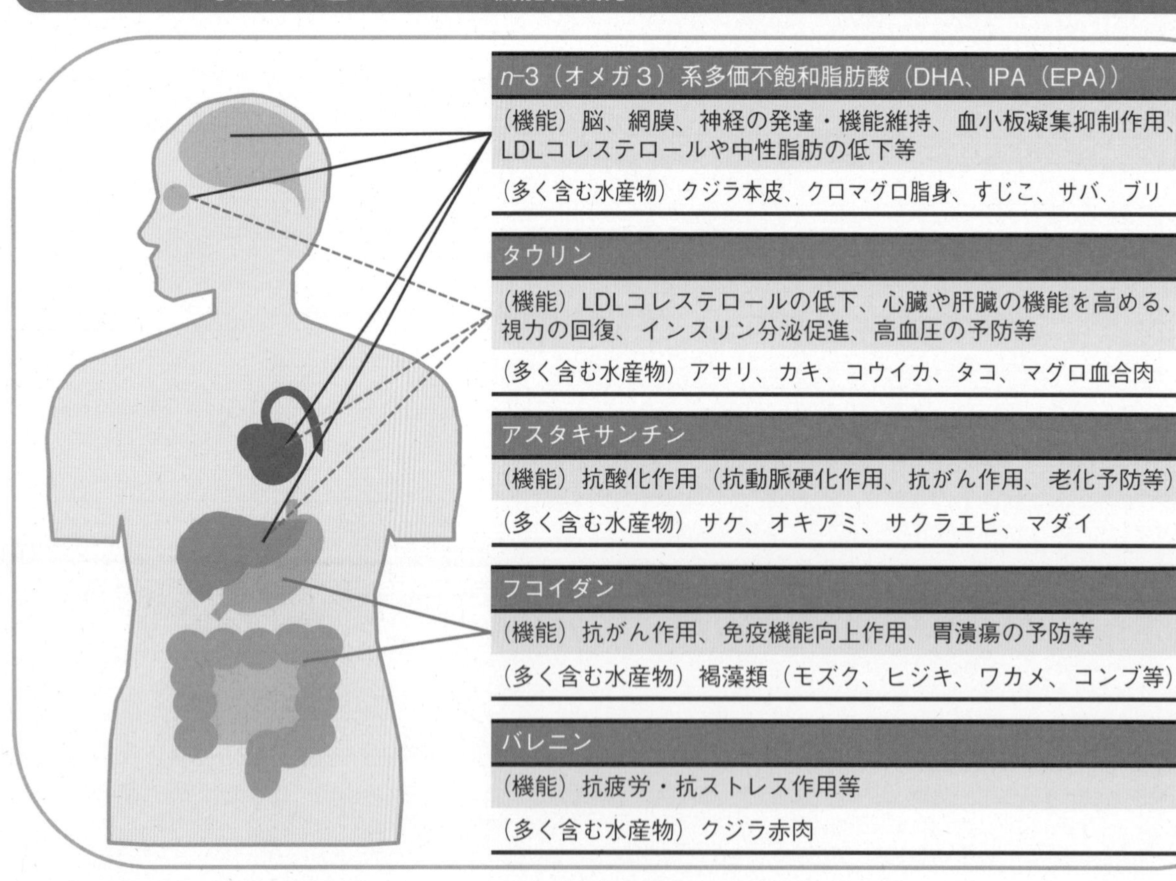

n-3（オメガ3）系多価不飽和脂肪酸（DHA、IPA（EPA））
（機能）脳、網膜、神経の発達・機能維持、血小板凝集抑制作用、LDLコレステロールや中性脂肪の低下等
（多く含む水産物）クジラ本皮、クロマグロ脂身、すじこ、サバ、ブリ
タウリン
（機能）LDLコレステロールの低下、心臓や肝臓の機能を高める、視力の回復、インスリン分泌促進、高血圧の予防等
（多く含む水産物）アサリ、カキ、コウイカ、タコ、マグロ血合肉
アスタキサンチン
（機能）抗酸化作用（抗動脈硬化作用、抗がん作用、老化予防等）
（多く含む水産物）サケ、オキアミ、サクラエビ、マダイ
フコイダン
（機能）抗がん作用、免疫機能向上作用、胃潰瘍の予防等
（多く含む水産物）褐藻類（モズク、ヒジキ、ワカメ、コンブ等）
バレニン
（機能）抗疲労・抗ストレス作用等
（多く含む水産物）クジラ赤肉


資料：各種資料に基づき水産庁で作成

## 【コラム】毎月24日は「フィッシュプロテインの日」

一般社団法人日本かまぼこ協会は、令和３（2021）年８月24日より、毎月24日を「フィッシュプロテインの日」*と設定し、かまぼこ、ちくわ等の魚肉練り製品の販売促進をしています。「良質なたんぱく質に加えて低脂質が特徴のフィッシュプロテイン（魚肉たんぱく質）」をキーワードに、魚肉練り製品の健康機能と有用性をアピールするとともに、新型コロナウイルス感染症拡大の影響による運動不足から、健康志向が高まる中、「お家で簡単フィッシュプロテイン体操」を通じて、軽い運動をした後のフィッシュプロテイン摂取の重要性を発信しました。

製品中に含まれる魚肉たんぱく質含有量が、日本かまぼこ協会の定める基準（8.1g/100g以上又は4.1g/100kcal以上）をクリアした商品は、「フィッシュプロテインマーク」が付けられ、量販店等で販売されています。

＊由来は「フ(＝2)ィッシ(＝4)ュプロテイン」としている。

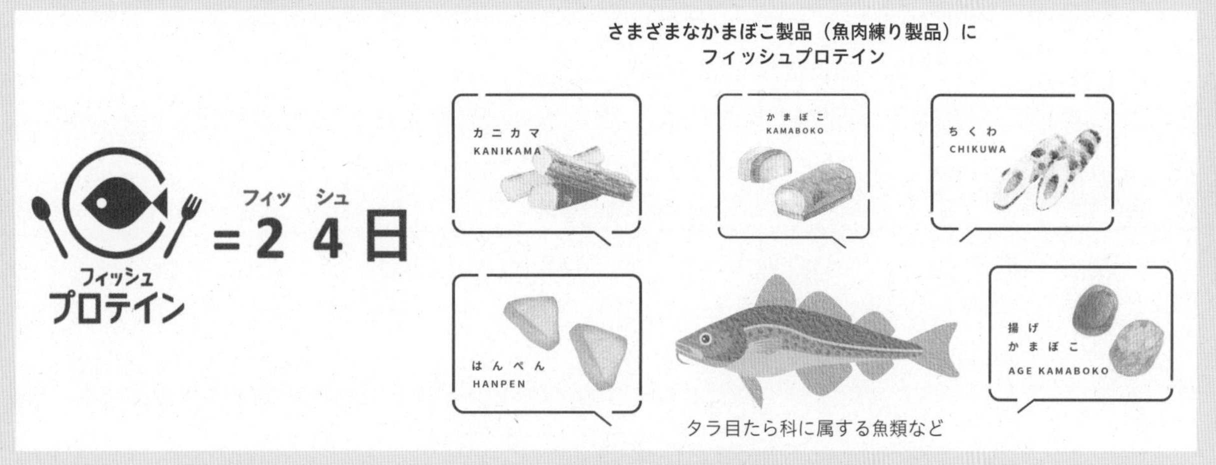


フィッシュプロテインマークとその由来（左）と含まれるかまぼこ製品（右）
（提供：（一社）日本かまぼこ協会）

### エ　魚食普及に向けた取組

#### 〈学校給食等での食育の重要性〉

食の簡便化志向等が強まり、家庭において魚食に関する知識の習得や体験等の食育の機会を十分に確保することが難しくなっていることは、若年層の魚介類の摂取量減少の一因になっていると思われます。

若いうちから魚食習慣を身に付けるためには、学校給食等を通じ、水産物に親しむ機会を作ることが重要ですが、水産物の利用には、一定の予算の範囲内での安定的な提供やあらかじめ献立を決めておく必要性、水揚げが不安定な中で規格の定まった一定の材料を決められた日に確実に提供できるのかという供給の問題、加工度の低い魚介類は調理に一定の設備や技術が必要となるという問題があります。

これらの問題を解決し、おいしい国産の魚介類を給食で提供するためには、地域の水産関係者と学校給食関係者が連携していくことが必要です。そこで、近年では、漁業者や加工・流通業者等が中心となり、食材を学校給食に提供するだけでなく、魚介類を用いた給食用の献立の開発や、漁業者自らが出前授業を行って魚食普及を図る活動が活発に行われています。

また、「第４次食育推進基本計画」においては、学校給食における地場産物の活用が、地産地消の有効な手段であり、地場産物の消費による食料の輸送に伴う環境負荷の低減や地域の活性化は、持続可能な食の実現につながり、さらに、地域の関係者の協力の下、未来を担う子供たちが持続可能な食生活を実践することにもつながるという考えに基づき、学校給食における地産地消の取組が推進されています。同計画では地場産物の使用割合を現状値（令和元（2019）年度）から維持・向上した都道府県の割合を90%以上とすることを目標としています。学校給食における地場産物等を使用する割合を増やすという目標の下、地元産の魚介類の使用に積極的に取り組む地方公共団体も現れ、学校の栄養教諭、調理員等から漁業者や加工・流通業者に対し、地元の魚介類の提供を働きかける例も出てきています。

## （3）消費者への情報提供や知的財産保護のための取組

### ア　水産物に関する食品表示

**〈貝類の原産地表示を厳格化〉**

消費者が店頭で食品を選択する際、安全・安心、品質等の判断材料の一つとなるのが、食品の名称、原産地、原材料、消費期限等の情報を提供する食品表示であり、食品の選択を確保する上で重要な役割を担っています。水産物を含む食品の表示は、平成27（2015）年より「食品表示法[*1]」の下で包括的・一元的に行われています。

食品表示のうち、加工食品の原料原産地表示については、平成29（2017）年９月に同法に基づく食品表示基準が改正され、輸入品以外の全ての加工食品について、製品に占める重量割合上位１位の原材料が原料原産地表示の対象となっています[*2]。さらに、国民食であるおにぎりののりについては、重量割合としては低いものの、のりの生産者の意向が強かったこと、消費者が商品を選ぶ上で重要な情報と考えられること、表示の実行可能性が認められたこと等から、表示義務の対象とされています。

また、水産物の原産地表示については、１）国産品にあっては水域名又は地域名（主たる養殖場が属する都道府県名）、２）輸入品にあっては原産国名、３）２か所以上の養殖場で養殖した場合は主たる養殖場（最も養殖期間の長い場所）が属する都道府県名[*3]となっています。このような中、令和４（2022）年２月に農林水産省が公表した「広域小売店におけるあさりの産地表示の実態に関する調査」において、漁獲量を大幅に上回る量の熊本県産あさりが販売されていることが推測され、科学的分析の結果、農林水産省が買い上げた熊本県産のあさりのほとんどが「外国産あさりが混入されている可能性が高い」と判定されました。このため、あさりの産地表示適正化のための対策として、消費者庁は、同年３月に食品表示基準Q&Aを改正し、出荷調整用その他の目的のため、貝類を短期間一定の場所に保存することを「蓄養」とした上で、蓄養が上記３）の期間の算定に含まれないことを明確化したほか、輸入したあさりの原産地は、蓄養の有無にかかわらず輸出国となること等のルールの適用の厳格化を行いました[*4]。

---

＊１　平成25（2013）年法律第70号

＊２　消費者への啓発及び事業者の表示切替えの準備のための経過措置期間は、令和４（2022）年３月31日で終了。

＊３　ただし、サケ・マス類やブリ類など、養殖を行った２か所の養殖場のうち、第２段階の育成期間が短いものの、重量が大きい場合には、当該養殖場における育成により水産物の品質が決定されることから、重量の増加が大きい養殖場が属する都道府県が原産地となる。

＊４　例外として、輸入した稚貝のあさりを区画漁業権に基づき１年半以上育成（養殖）し、育成等に関する根拠書類を保存している場合には、国内の育成地を原産地として表示することができる。

### イ　機能性表示食品制度の動き

**〈機能性表示食品として、７件の生鮮食品の水産物が届出〉**

機能性を表示することができる食品は、国が個別に許可した特定保健用食品（トクホ）と国の規格基準に適合した栄養機能食品のほか、機能性表示食品があります。

食品が含有する成分の機能性について、安全性と機能性に関する科学的根拠に基づき、食品関連事業者の責任で表示することができる機能性表示食品制度では、生鮮食品を含め全ての食品[*1]が対象となっており、令和４（2022）年３月末現在、生鮮食品の水産物としては、カンパチ２件（「よかとと　薩摩カンパチどん」及び「生鮮プレミアム　活〆かんぱち」）、ブリ１件（「活〆黒瀬ぶりロイン200g」）、イワシ１件（「大トロいわしフィレ」）、マダイ１件（「伊勢黒潮まだい」）及びクジラ２件（「凍温熟成鯨赤肉」及び「鯨本皮」）の７件が届出されています。

**【事例】鯨肉初の機能性表示食品（共同船舶株式会社）**

共同船舶（株）は、令和３（2021）年９月に鯨肉初の機能性表示食品として「凍温熟成鯨赤肉」と「鯨本皮」の２商品を届出しました。

クジラの筋肉には、イミダゾールジペプチド（バレニン、カルノシン、アンセリン）が多く含まれています。イミダゾールジペプチドは、日常生活や身体的な作業による一時的な疲労感の軽減に役立つ機能と、日常生活における一時的なストレスの軽減に役立つ機能があることが報告されています。「凍温熟成鯨赤肉」は、一時的な疲労感やストレスが気になる中高年層をターゲットにした商品です。

また、クジラの皮にはDHA が多く含まれています。DHAを900mg/日摂取することで、加齢により低下する認知機能の一部である記憶力（言語や図形などを覚え思い出す力）の維持に役立つ機能があることが報告されています。「鯨本皮」は、30g食べることで、機能性が報告されている１日当たりのDHAの量の50%を摂取できる、記憶力が気になる健常な中高年層をターゲットにした商品です。

同社は、このような商品により、鯨肉の機能性をアピールしていくことで、鯨肉の販売促進を図っています。

機能性表示食品の
「凍温熟成鯨赤肉」と「鯨本皮」

小売店での販売促進イベント

### ウ　水産エコラベルの動き

**〈令和３（2021）年度は新たに90件が国際基準の水産エコラベルを取得〉**

水産エコラベルは、水産資源の持続性や環境に配慮した方法で生産された水産物に対して、消費者が選択的に購入できるよう商品にラベルを表示する仕組みです。国内では、一般社団法人マリン・エコラベル・ジャパン協議会による漁業と養殖業を対象とした「MEL」（Marine Eco-Label Japan）、英国に本部を置く海洋管理協議会による漁業を対象とした「MSC」

＊1　特別用途食品、栄養機能食品、アルコールを含有する飲料、並びに脂質、飽和脂肪酸、コレステロール、糖類（単糖類又は二糖類であって、糖アルコールでないものに限る。）及びナトリウムの過剰な摂取につながるものを除く。

（Marine Stewardship Council）、オランダに本部を置く水産養殖管理協議会による養殖業を対象とした「ASC」（Aquaculture Stewardship Council）等の水産エコラベル認証が主に活用されており、それぞれによる漁業と養殖業の認証実績があります（図表１－13）。

**図表1－13　我が国で主に活用されている水産エコラベル認証**

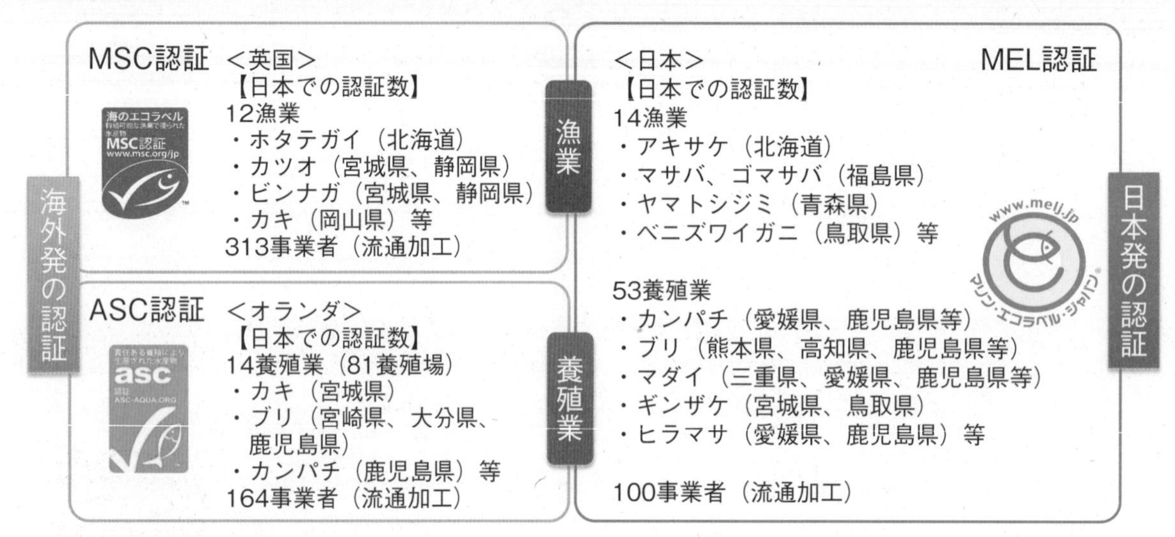


※認証数は令和４年３月31日時点（水産庁調べ）

水産エコラベルは、国際連合食糧農業機関（FAO）水産委員会が採択した水産エコラベルガイドラインに沿った取組に対する認証を指すものとされています。しかし、世界には様々な水産エコラベルがあることから、水産エコラベルの信頼性確保と普及改善を図るため、「世界水産物持続可能性イニシアチブ（GSSI：Global Sustainable Seafood Initiative）」が平成25（2013）年に設立され、GSSIから承認を受けることが、国際的な水産エコラベル認証スキームとして通用するための潮流となっています。令和３（2021）年度末現在、MSC、ASC、MEL等九つの水産エコラベル認証スキームがGSSIの承認を受けています[＊1]。なお、国内では、令和３（2021）年度に、新たに国際基準の水産エコラベル90件（MSC15件、ASC14件、MEL61件）が認証されました。水産庁は、引き続き水産エコラベルの認証取得の促進や水産エコラベルの認知度向上のための周知活動を推進していくこととしています。

また、我が国の水産物が持続可能で環境に配慮されたものであることを消費者に情報提供し、消費者が水産物を購入する際の判断の参考とするための取組として、国立研究開発法人水産研究・教育機構が「SH"U"N（Sustainable, Healthy and "Umai" Nippon seafood）プロジェクト」を行っており、令和３（2021）年度末現在、40種の水産物について、魚種ごとに資源や漁獲の情報、健康と安全・安心といった食べ物としての価値に関する情報をWebサイトに公表しています。

---

＊１　ASCは、サーモン、エビのみがGSSI承認の対象。

水産エコラベルの推進について（水産庁）：
https://www.jfa.maff.go.jp/j/kikaku/budget/suishin.html

SH"U"N プロジェクト（(研)水産研究・教育機構）：
https://sh-u-n.fra.go.jp/

### エ　地理的表示保護制度

#### 〈これまでに水産物14産品が地理的表示に登録〉

地理的表示（GI）保護制度は、品質や社会的評価等の特性が産地と結び付いている産品について、その名称を知的財産として保護する制度です。我が国では、「特定農林水産物等の名称の保護に関する法律[*1]」（地理的表示法）に基づいて平成27（2015）年から開始されました。この制度により、生産者にとっては、その名称の不正使用からの保護が図られるほか、副次的効果として地域ブランド産品としての付加価値の向上等が見込まれます。消費者にとっても、GI保護制度により保護された名称の下で流通する一定の品質等の特性を有した産品を選択できるという利点があります。また、GIと併せて「GIマーク[*2]」を付すことで、当該名称を知らない者に対する真正な特産品であることの証明になります。

我が国のGI産品等の保護のため、引き続き、国際協定による諸外国とのGIの相互保護に向けた取組を進めるほか、海外における我が国のGI等の名称の使用状況を調査し、都道府県等の関係機関と共有するとともに、GIに対する侵害対策等の支援を行い、海外における知的財産侵害対策の強化を図ることで、農林水産物・食品等の輸出促進が期待されます。

GI登録状況については、令和３（2021）年度に農林水産物全体で新たに13産品が登録され、同年度末現在で119産品となりました。このうち、水産物は14産品登録されています（図表１－14）。

＊１　平成26（2014）年法律第84号
＊２　登録された産品の地理的表示と併せて付すことができるもので、産品の確立した特性と地域との結び付きが見られる真正な地理的表示産品であることを証するもの。

図表1－14　登録されている水産物の地理的表示（令和３（2021）年度末現在）

## （4）水産物貿易の動向

### ア　水産物輸入の動向

**〈水産物輸入額は１兆6,099億円〉**

我が国の水産物輸入量（製品重量ベース）は、国際的な水産物需要の高まりや国内消費の減少等に伴って緩やかな減少傾向で推移しており、令和３（2021）年は新型コロナウイルス感染症拡大の影響も加わって、前年から2.3％減の220万tとなりました（図表１－15）。また、令和３（2021）年の水産物輸入額は、前年から10.0％増の１兆6,099億円となりました。

輸入額の上位を占める品目は、サケ・マス類、カツオ・マグロ類、エビ等です（図表１－16）。輸入先国・地域は品目に応じて様々であり、サケ・マス類はチリ、ノルウェー等、カツオ・マグロ類は台湾、中国、韓国等、エビはインド、ベトナム、インドネシア等から多く輸入されています（図表１－17）。

## 図表1－15　我が国の水産物輸入量・輸入額の推移

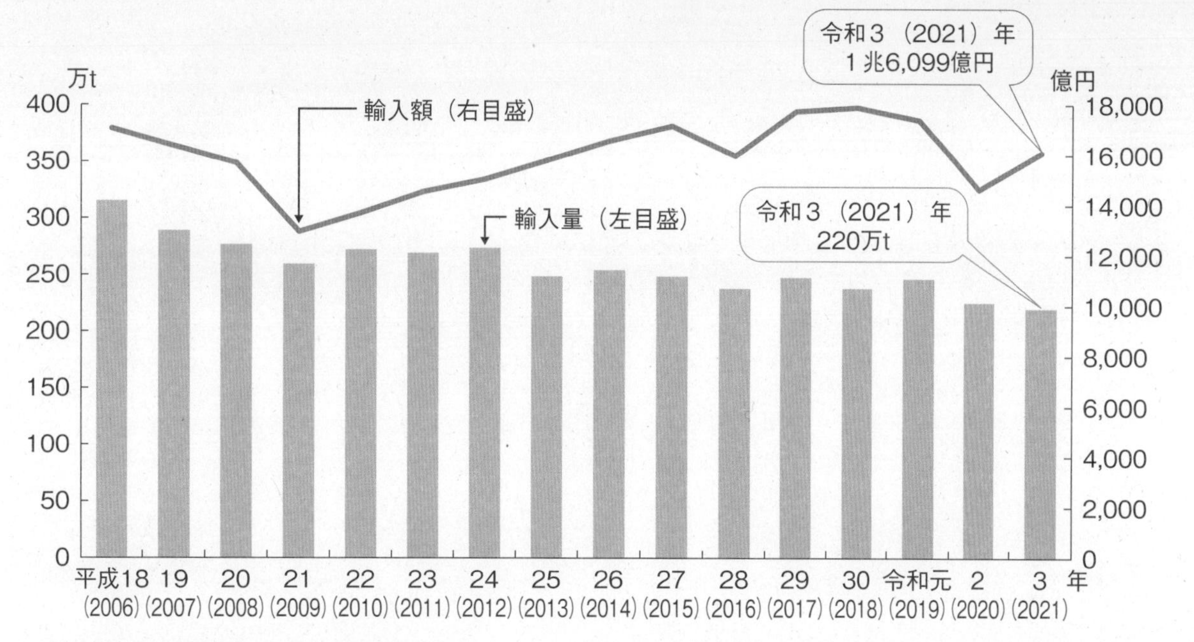


資料：財務省「貿易統計」に基づき水産庁で作成

## 図表1－16　我が国の水産物輸入先国・地域及び品目内訳

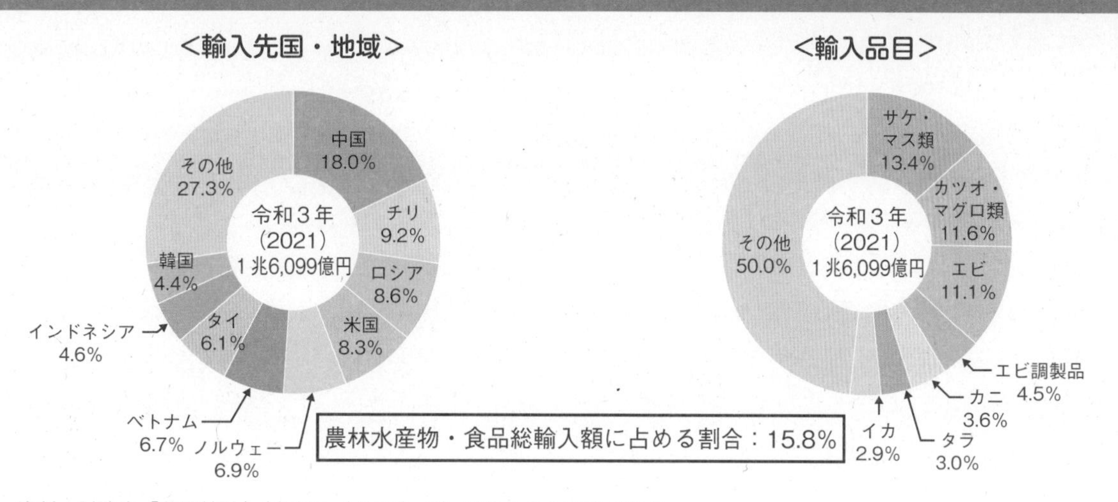


資料：財務省「貿易統計」（令和３（2021）年）に基づき水産庁で作成

図表1－17　我が国の主な輸入水産物の輸入先国・地域

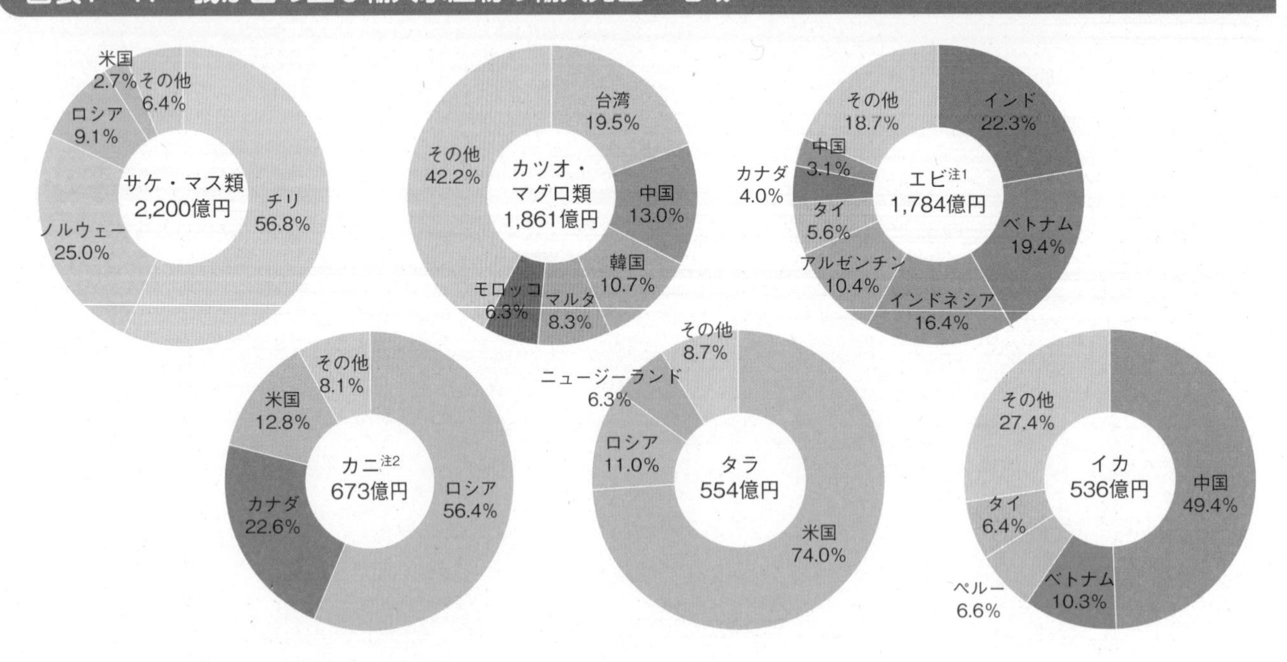


資料：財務省「貿易統計」（令和３（2021）年）に基づき水産庁で作成
注：1）エビについては、このほかエビ調製品（722億円）が輸入されている。
2）カニについては、このほかカニ調製品（37億円）が輸入されている。
3）表示単位未満の端数を四捨五入しているため、内訳の合計値は必ずしも100%とはならない。

### イ　水産物輸出の動向

#### 〈水産物輸出額は3,015億円〉

我が国の水産物輸出額は、平成20（2008）年のリーマンショックや平成23（2011）年の東京電力福島第一原子力発電所の事故による諸外国の輸入規制の影響等により落ち込んだ後、平成24（2012）年以降はおおむね増加傾向で推移してきました。

令和３（2021）年は、輸出量（製品重量ベース）は前年から4.7％増の66万tとなり、輸出額は前年から32.5％増の3,015億円となりました（図表１－18）。

主な輸出先国・地域は香港、中国、米国で、これら３か国・地域で輸出額の５割以上を占めています（図表１－19）。品目別では、中国等向けのホタテガイや主に米国向けのブリが上位となっています（図表１－20）。

## 図表1－18　我が国の水産物輸出量・輸出額の推移

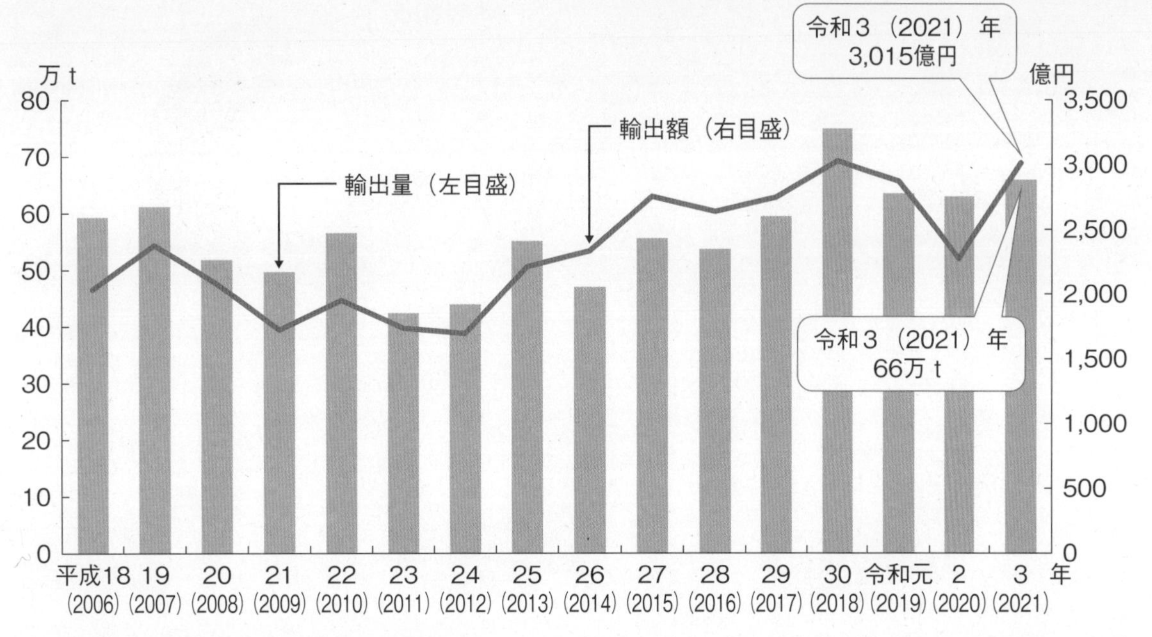


資料：財務省「貿易統計」に基づき水産庁で作成

## 図表1－19　我が国の水産物輸出先国・地域及び品目内訳

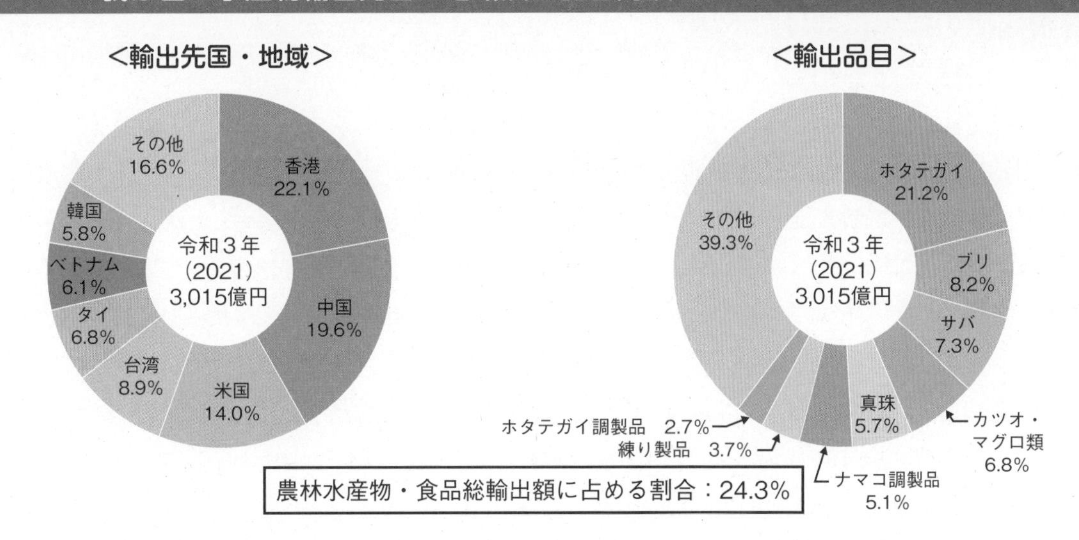


資料：財務省「貿易統計」（令和３（2021）年）に基づき水産庁で作成
注：表示単位未満の端数を四捨五入しているため、内訳の合計値は必ずしも100%とはならない。

図表1－20　我が国の主な輸出水産物の輸出先国・地域

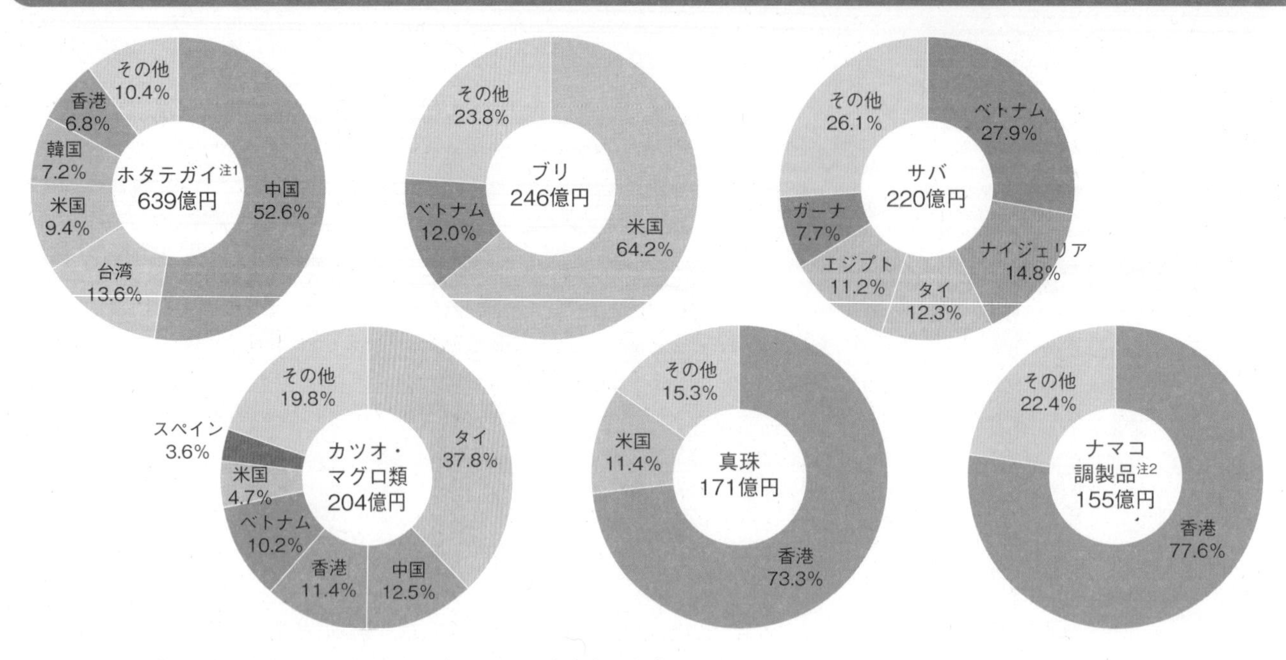


資料：財務省「貿易統計」（令和３（2021）年）に基づき水産庁で作成
注：1）ホタテガイについては、このほかホタテガイ調製品（81億円）が輸出されている。
2）ナマコについては、このほかナマコ（調製品以外）（25億円）が輸出されている。
3）表示単位未満の端数を四捨五入しているため、内訳の合計値は必ずしも100%とはならない。

### ウ　水産物輸出の拡大に向けた取組

#### 〈水産物輸出目標は、令和12（2030）年までに1.2兆円〉

国内の水産物市場が縮小する一方で、世界の水産物市場はアジアを中心に拡大しています。このため、我が国の漁業者等の所得向上を図り、水産業が持続的に発展していくためには、水産物の輸出の大幅な拡大を図り、世界の食市場を獲得していくことが不可欠です。

このような中で、海外市場の拡大を図るため、農林水産物・食品輸出プロジェクト（GFP）による輸出診断やビジネスマッチング、独立行政法人日本貿易振興機構（JETRO）による輸出総合サポート、日本食品海外プロモーションセンター（JFOODO）による戦略的プロモーションや民間団体・民間事業者等によるPR・販売促進活動等が行われています。加えて、輸出先国・地域の衛生基準等に適合した輸出環境を整備するため、国では、欧米への輸出時に必要とされる水産加工施設等のHACCP[＊1]対応や、輸出増大が見込まれる漁港における高度な衛生管理体制の構築、海外の規制・ニーズに対応したグローバル産地形成の取組等を進めています。

令和２（2020）年４月に施行された「農林水産物及び食品の輸出の促進に関する法律[＊2]」は、我が国で生産された農林水産物・食品の輸出の促進を図り、農林水産業・食品産業の持続的な発展に寄与することを目的としており、本法に基づき、同年４月に「農林水産物・食品輸出本部」を農林水産省に創設しました。この本部においては、輸出を戦略的かつ効率的

＊1　Hazard Analysis and Critical Control Point：危害要因分析・重要管理点。原材料の受入れから最終製品に至るまでの工程ごとに、微生物による汚染や金属の混入等の食品の製造工程で発生するおそれのある危害要因をあらかじめ分析（HA）し、危害の防止につながる特に重要な工程を重要管理点（CCP）として継続的に監視・記録する工程管理システム。FAOと世界保健機関（WHO）の合同機関である食品規格（コーデックス）委員会がガイドラインを策定して各国にその採用を推奨している。91ページ参照。

＊2　令和元（2019）年法律第57号

に促進するための基本方針や実行計画（工程表）を策定し、進捗管理を行うとともに、関係大臣等が一丸となって、輸出先国に対する輸入規制等の撤廃に向けた協議、輸出証明書発行や施設認定等の輸出を円滑化するための環境整備、輸出に取り組む事業者の支援等を実施しています。

また、令和２（2020）年３月６日に開催された「農林水産物・食品の輸出拡大のための輸入国規制への対応等に関する関係閣僚会議」において、令和12（2030）年までに農林水産物・食品の輸出額を５兆円とする新たな目標が示され、同月31日に閣議決定された「食料・農業・農村基本計画」において同目標が位置付けられました。この目標の中で、水産物の輸出額は1.2兆円とされています。さらに、令和２（2020）年12月に「農林水産業・地域の活力創造本部」において、「農林水産物・食品の輸出拡大実行戦略」を決定するとともに、令和３（2021）年12月には同戦略を改訂し、令和４（2022）年度に実施する施策及び令和５（2023）年度以降に実施すべき施策の方向を決定しました。同戦略では、海外で評価され、我が国の強みがあり、輸出拡大の余地が大きい品目として、28品目[＊1]の重点品目（水産物では、ぶり、たい、ホタテ貝及び真珠の４品目）を選定して、これらの品目について、主として輸出向けの生産を行う輸出産地をリスト化することとしており、水産物については、16産地が掲載されています。

このような取組により、令和３（2021）年の水産物の輸出額は前年比32.5％増の3,015億円となり、農林水産物・食品の輸出額は、前年比25.6％増の１兆2,382億円となりました。

農林水産物・食品輸出本部（農林水産省）：
https://www.maff.go.jp/j/shokusan/hq/index-1.html

農林水産物・食品の輸出拡大実行戦略の進捗（農林水産省）：
https://www.maff.go.jp/j/shokusan/export/progress/

＊１　牛肉、豚肉、鶏肉、鶏卵、牛乳・乳製品、果樹（りんご）、果樹（ぶどう）、果樹（もも）、果樹（かんきつ）、果樹（かき・かき加工品）、野菜（いちご）、野菜（かんしょ等）、切り花、茶、コメ・パックご飯・米粉及び米粉製品、製材、合板、ぶり、たい、ホタテ貝、真珠、清涼飲料水、菓子、ソース混合調味料、味噌・醤油、清酒（日本酒）、ウイスキー、本格焼酎・泡盛。

# 第2章

## 我が国の水産業をめぐる動き

## （1）漁業・養殖業の国内生産の動向

### 〈漁業・養殖業の生産量は増加し、生産額は減少〉

令和２（2020）年の我が国の漁業・養殖業の生産量は、前年から４万t（１％）増加し、423万tとなりました（図表２－１）。

このうち、海面漁業の漁獲量は、前年から２万t減少し、321万tでした。魚種別では、マイワシ、ビンナガ等が増加し、サバ類、カツオ等が減少しました。他方、海面養殖業の収獲量は97万tで、前年から５万t（６％）増加しました。これは、海藻類が増加したこと等によります。また、内水面漁業・養殖業の生産量は５万１千tで、前年から２千t（４％）減少しました。

令和２（2020）年の我が国の漁業・養殖業の生産額は、前年から1,477億円（10％）減少し、１兆3,442億円となりました（図表２－２）。

このうち、海面漁業の生産額は7,755億円で、前年から937億円（11％）減少しました。この要因としては、新型コロナウイルス感染症拡大の影響により、ホタテガイの輸出低迷による国内市場への過剰な供給や、マグロ類やブリ類等で見られた外食需要の低下により、価格が低下したこと等が影響したと考えられます。

海面養殖業の生産額は4,559億円で、前年から447億円（９％）減少しました。この要因としては、海面漁業の生産額の減少と同様に、新型コロナウイルス感染症拡大の影響による価格の低下等が影響したものと考えられます。

内水面漁業・養殖業の生産額は1,128億円で、前年から93億円（８％）の減少となりました。

**図表2－1　漁業・養殖業の生産量の推移**

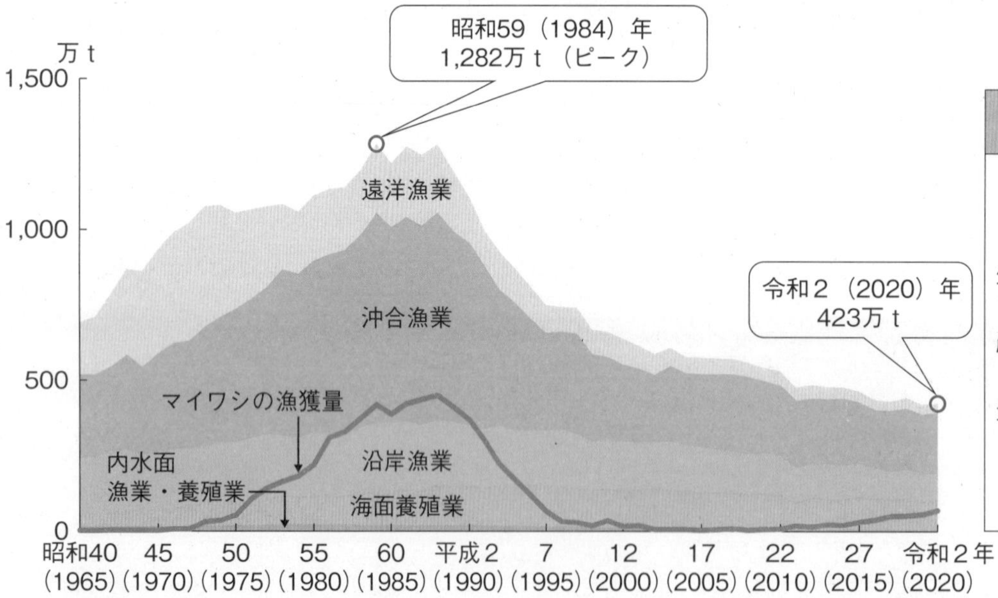

万t
昭和59（1984）年 1,282万t（ピーク）
令和２（2020）年 423万t
遠洋漁業
沖合漁業
沿岸漁業
海面養殖業
内水面漁業・養殖業
マイワシの漁獲量
昭和40（1965） 45（1970） 50（1975） 55（1980） 60（1985） 平成2（1990） 7（1995） 12（2000） 17（2005） 22（2010） 27（2015） 令和２年（2020）

（千t）

| | | 令和２年（2020） |
|---|---|---|
| 生産量 | 合計 | 4,234 |
| | 海面 | 4,183 |
| | 漁業 | 3,213 |
| | 遠洋漁業 | 298 |
| | 沖合漁業 | 2,044 |
| | 沿岸漁業 | 871 |
| | 養殖業 | 970 |
| | 内水面 | 51 |
| | 漁業 | 22 |
| | 養殖業 | 29 |

資料：農林水産省「漁業・養殖業生産統計」
注：漁業・養殖業の生産量の内訳である「遠洋漁業」、「沖合漁業」及び「沿岸漁業」は、平成19（2007）年から漁船のトン数階層別の漁獲量の調査を実施しないこととしたため、平成19（2007）～22（2010）年までの数値は推計値であり、平成23（2011）年以降の調査については「遠洋漁業」、「沖合漁業」及び「沿岸漁業」に属する漁業種類ごとの漁獲量を積み上げたものである。

## 図表2－2　漁業・養殖業の生産額の推移

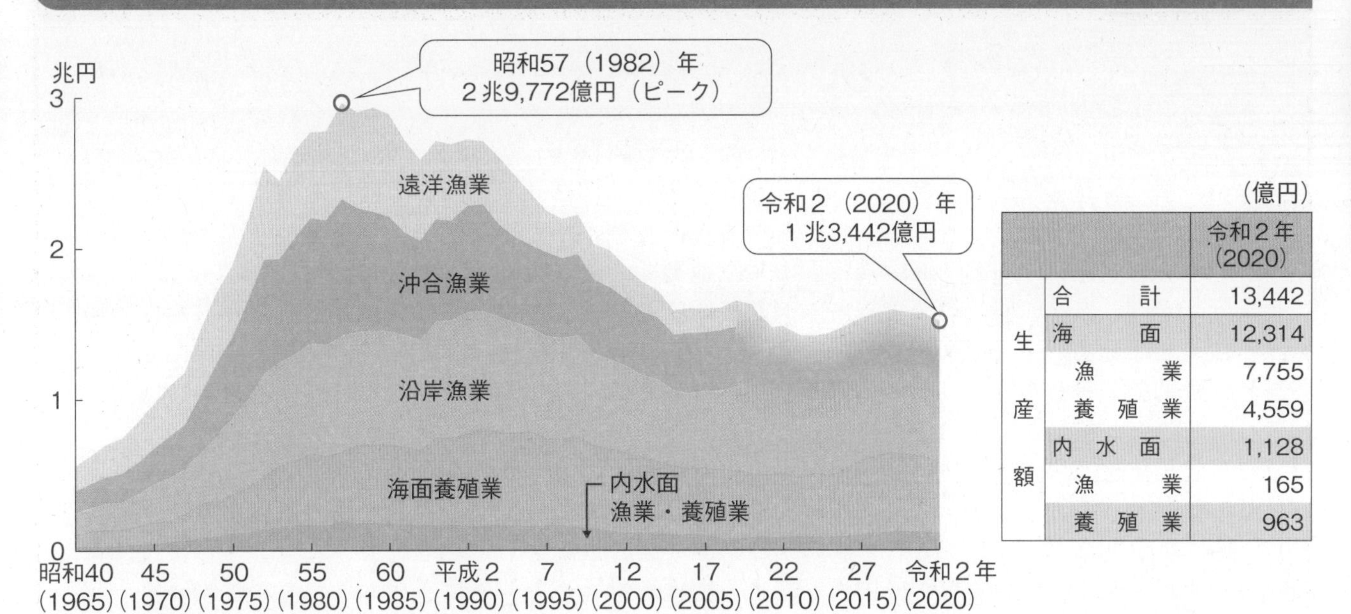


（億円）

| | | 令和2年（2020） |
|---|---|---|
| 生産額 | 合　　計 | 13,442 |
| | 海　　面 | 12,314 |
| | 漁　　業 | 7,755 |
| | 養 殖 業 | 4,559 |
| | 内 水 面 | 1,128 |
| | 漁　　業 | 165 |
| | 養 殖 業 | 963 |

資料：農林水産省「漁業産出額」に基づき水産庁で作成
注：1）漁業生産額は、漁業産出額（漁業・養殖業の生産量に産地市場卸売価格等を乗じて推計したもの）に種苗の生産額を加算したもの。
2）海面漁業の部門別産出額については、平成19（2007）年から取りまとめを廃止した。

## 【コラム】サケ、サンマ、スルメイカの不漁

近年、サケ、サンマ、スルメイカの不漁が続いています。不漁の要因については、海水温や海流等の海洋環境の変化、外国漁船による漁獲の影響を含む様々なものが考えられます。

令和３（2021）年には、サケは約5.4万t、サンマは約1.8万t、スルメイカは約2.5万t（水産庁調べ）と、いずれも漁獲量は過去最低レベルとなりました。特にサケについては、北海道全体では、前年を上回る漁獲であったものの、特にえりも以西及び本州太平洋側では、過去最低の漁獲だった前年の約３割という極めて低い漁獲となり、地域間の差が大きくなりました。

水産庁は、不漁の要因の分析や、不漁が長期的に継続した場合の今後の政策のあり方等について検討するため、「不漁問題に関する検討会」を令和３（2021）年に開催し、同年６月に取りまとめ結果を公表しました。その中で、サケについては、稚魚が海に降りる時期やその後に回遊する時期の海洋環境が稚魚の成育にとって好ましくない環境にあること等が、サンマについては、親潮の弱体化等により回遊経路・産卵場・生育場が餌環境の悪い沖合域に移行したことにより資源量が減少したこと等が、スルメイカについては、産卵海域である東シナ海の水温が産卵や生育に適さなかったこと等が、それぞれの主な不漁要因の仮説として示されています。さらに、サンマとスルメイカについては、外国漁船による漁獲が影響した可能性も指摘されています。

不漁要因を解明するためには、複数年にわたる様々なデータに基づき、資源状況や海洋環境の変化等を科学的に分析する必要があります。このため、それらのデータを継続的に収集する体制を構築していくことが極めて重要です。

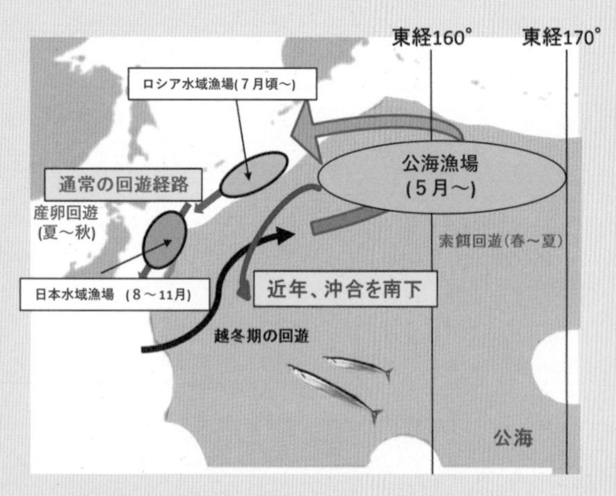


サンマの回遊と漁場形成の概念図

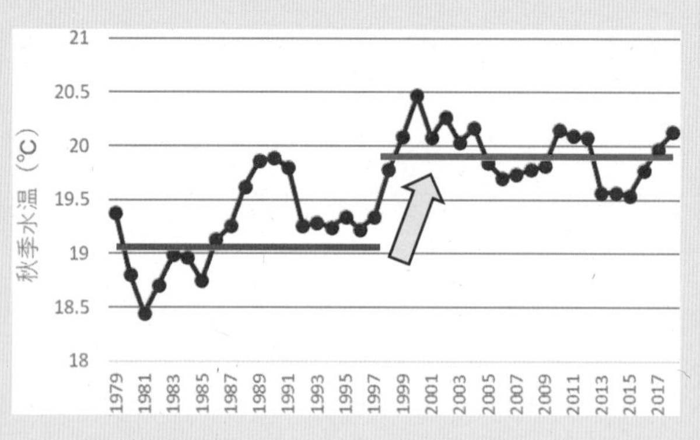


日本海のスルメイカ産卵期の水温の推移

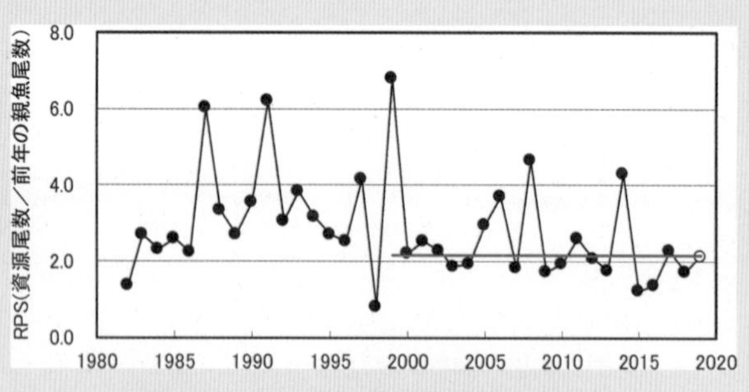


日本海のスルメイカ再生産成功率の推移
（卵・幼生の生き残りの指標）

不漁問題に関する検討会：
https://www.jfa.maff.go.jp/j/study/furyou_kenntokai.html

## （2）漁業経営の動向

### ア　水産物の産地価格の推移

**〈不漁が続き漁獲量が減少したサンマやスルメイカは高値〉**

水産物の価格は、資源の変動や気象状況等による各魚種の生産状況、国内外の需要の動向等、様々な要因の影響を複合的に受けて変動します。

特に、マイワシ、サバ類、サンマ等の多獲性魚種の価格は、漁獲量の変化に伴って大きく変化します。令和３（2021）年の主要産地における平均価格を見てみると、近年資源量の増加により漁獲量が増加したマイワシの価格が低水準となる一方で、不漁が続き漁獲量が減少しているサンマやスルメイカは高値となっています（図表２－３）。

**図表2－3　主な魚種の漁獲量と主要産地における価格の推移**

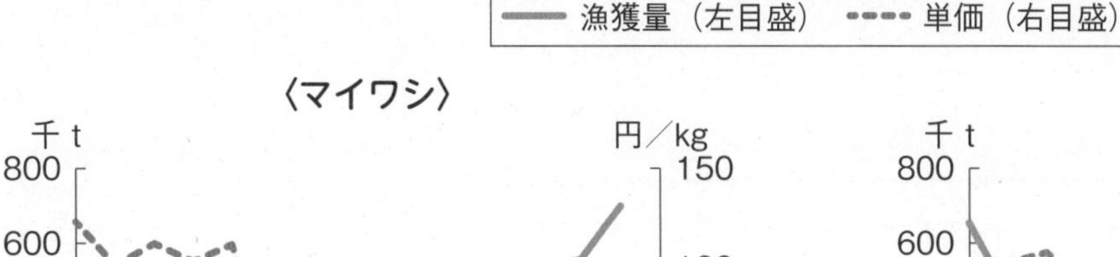


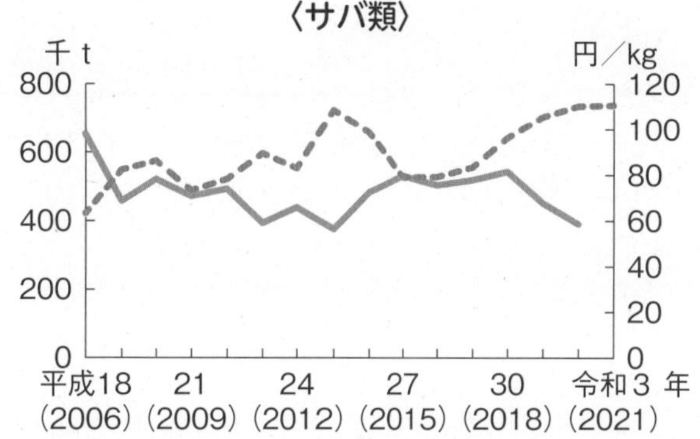


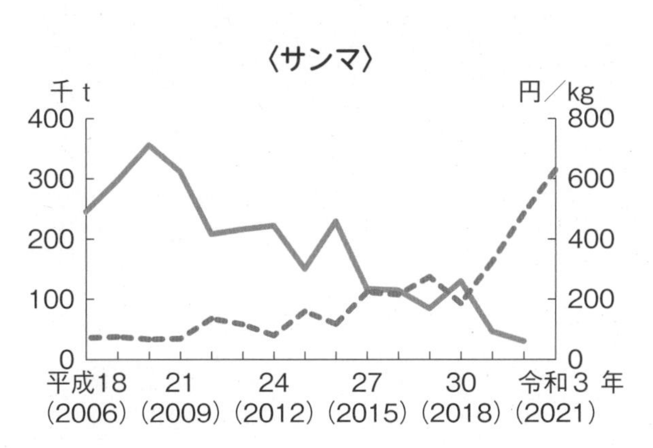


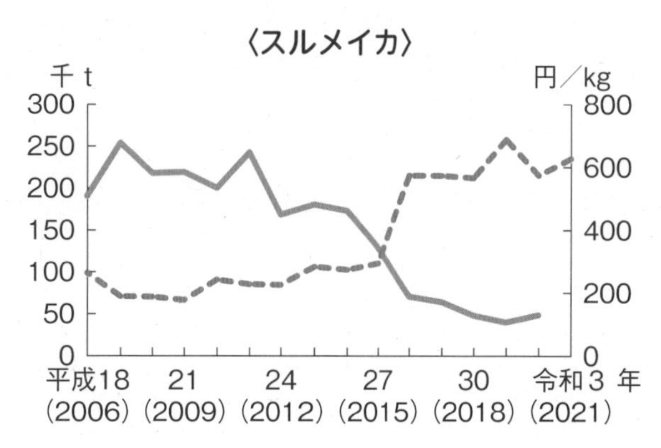


資料：農林水産省「漁業・養殖業生産統計」（漁獲量）及び「水産物流通統計年報」（平成18（2006）～21（2009）年）並びに水産庁「水産物流通調査」（平成22（2010）～令和3（2021）年）（単価）に基づき水産庁で作成

注：単価は、平成18（2006）年については197漁港、平成19（2007）～21（2009）年については42漁港、平成22（2010）～令和3（2021）年については48漁港の平均価格。

漁業及び養殖業の平均産地価格は、近年、上昇傾向で推移してきたものの、平成29（2017）年以降は下降傾向となり、令和２（2020）年には、前年から38円/kg低下し、312円/kgとなりました（図表２－４）。

## 図表2－4　漁業・養殖業の平均産地価格の推移

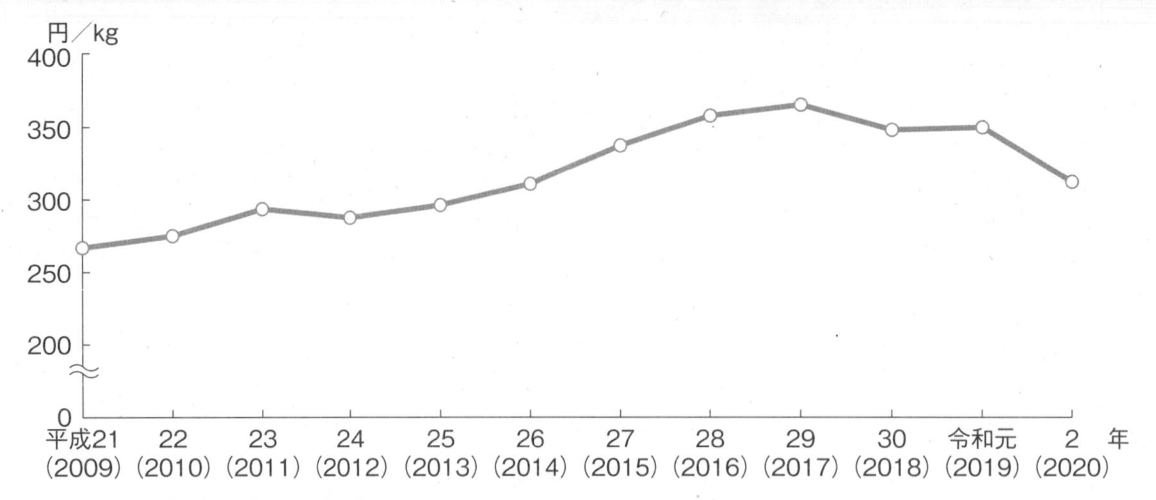


資料：農林水産省「漁業・養殖業生産統計」及び「漁業産出額」に基づき水産庁で作成
注：漁業・養殖業の産出額（捕鯨業を除く）を生産量で除して求めた。

### イ　漁船漁業の経営状況

#### 〈沿岸漁船漁業を営む個人経営体の漁労所得は112万円〉

令和２（2020）年の沿岸漁船漁業を営む個人経営体の漁労所得は、前年から57万円減少し、112万円となりました（図表２－５）。これは、新型コロナウイルス感染症拡大の影響による価格の低下等や不漁等による漁獲量の減少により、漁労収入が減少したためです。漁労支出の内訳では、漁船・漁具費、減価償却費等が増加しました。

なお、水産加工や民宿の経営といった漁労外事業所得は、前年から３万円増加して22万円となり、漁労所得にこれを加えた事業所得は、135万円となりました。

## 図表2－5　沿岸漁船漁業を営む個人経営体の経営状況の推移

（単位：千円）

| | 平成25 (2013) | 26 (2014) | 27 (2015) | 28 (2016) | 29 (2017) | 30 (2018) | 令和元 (2019) | 2年 (2020) |
|---|---|---|---|---|---|---|---|---|
| 事業所得 | 2,078 | 2,149 | 2,821 | 2,530 | 2,391 | 2,047 | 1,875 | 1,347 |
| 漁労所得 | 1,895 | 1,990 | 2,612 | 2,349 | 2,187 | 1,864 | 1,689 | 1,124 |
| 漁労収入 | 5,954 | 6,426 | 7,148 | 6,321 | 6,168 | 5,794 | 5,664 | 5,121 |
| 漁労支出 | 4,060 (100.0) | 4,436 (100.0) | 4,536 (100.0) | 3,973 (100.0) | 3,981 (100.0) | 3,930 (100.0) | 3,975 (100.0) | 3,997 (100.0) |
| 雇用労賃 | 503 (12.4) | 562 (12.7) | 671 (14.8) | 494 (12.4) | 581 (14.6) | 557 (14.2) | 532 (13.4) | 499 (12.5) |
| 漁船･漁具費 | 299 (7.4) | 359 (8.1) | 392 (8.7) | 289 (7.3) | 284 (7.1) | 298 (7.6) | 311 (7.8) | 345 (8.6) |
| 修繕費 | 302 (7.4) | 344 (7.8) | 358 (7.9) | 396 (10.0) | 342 (8.6) | 350 (8.9) | 326 (8.2) | 355 (8.9) |
| 油費 | 820 (20.2) | 867 (19.5) | 717 (15.8) | 601 (15.1) | 620 (15.6) | 675 (17.2) | 693 (17.4) | 575 (14.4) |
| 販売手数料 | 375 (9.2) | 420 (9.5) | 484 (10.7) | 432 (10.9) | 409 (10.3) | 382 (9.7) | 382 (9.6) | 365 (9.1) |
| 減価償却費 | 576 (14.2) | 610 (13.7) | 595 (13.1) | 568 (14.3) | 586 (14.7) | 541 (13.8) | 570 (14.3) | 645 (16.1) |
| その他 | 1,186 (29.2) | 1,274 (28.7) | 1,319 (29.1) | 1,193 (30.0) | 1,159 (29.1) | 1,127 (28.7) | 1,161 (29.2) | 1,213 (30.3) |
| 漁労外事業所得 | 184 | 159 | 209 | 181 | 204 | 183 | 186 | 223 |

資料：農林水産省「漁業経営統計調査報告書」及び「漁業センサス」に基づき水産庁で作成
注：1）「漁業経営統計調査報告書」の個人経営体調査の漁船漁業の結果を基に、「漁業センサス」の個人経営体の10トン未満の漁船を用いる経営体数で加重平均した。() 内は漁労支出の構成割合（%）である。
2）「漁労外事業所得」とは、漁労外事業収入から漁労外事業支出を差し引いたものである。漁労外事業収入は、漁業経営以外に経営体が兼営する水産加工業、遊漁船業、民宿及び農業等の事業によって得られた収入のほか、漁業用生産手段の一時的賃貸料のような漁業経営にとって付随的な収入を含んでおり、漁労外事業支出はこれらに係る経費である。
3）東日本大震災により漁業が行えなかったこと等から、福島県の経営体を除く結果である。
4）漁家の所得には、事業所得のほか、漁業世帯構成員の事業外の給与所得や年金等の事業外所得が加わる。
5）漁労収入には、制度受取金等（漁業）を含めていない。

沿岸漁船漁業を営む個人経営体には、数億円規模の売上げがあるものから、ほとんど販売を行わず自給的に漁業に従事するものまで、様々な規模の経営体が含まれます。平成30（2018）年における沿岸漁船漁業を営む個人経営体の販売金額を見てみると、300万円未満の経営体が全体の７割近くを占めており、また、このような零細な経営体の割合は、平成25（2013）年と比べると平成30（2018）年にはやや減少していますが、平成20（2008）年と比べると増加しています（図表２－６）。また、平成30（2018）年の販売金額を年齢階層別に見てみると、65歳以上の階層では、販売金額300万円未満が７割以上を占めており、かつ、75歳以上の階層では、販売金額100万円未満が５割以上を占めています。他方、64歳以下の階層では、65歳以上の階層と比較すると300万円未満の割合は少なく、64歳以下のいずれの階層でも平均販売金額は400万円を超えています（図表２－７）。



**図表2－6　沿岸漁船漁業を営む個人経営体の販売金額の内訳**

**図表2－7　沿岸漁船漁業を営む個人経営体の販売金額の基幹的漁業従事者の年齢別の内訳及び年齢別の平均販売金額（平成30（2018）年）**

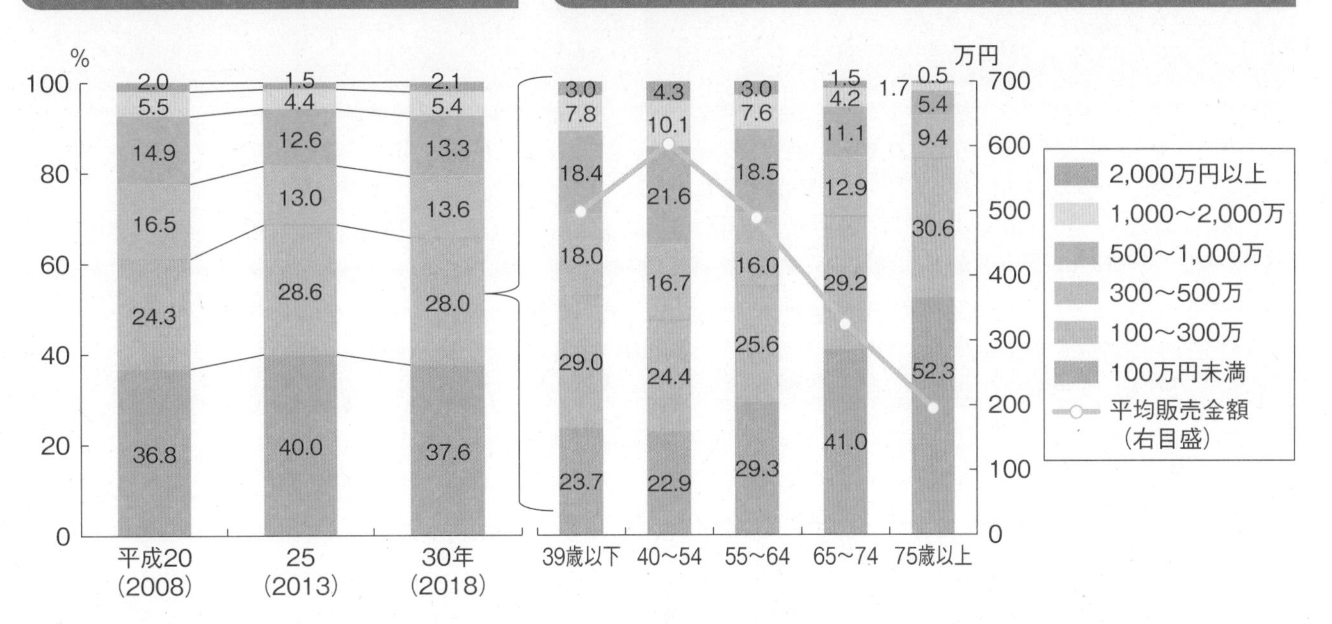


資料：農林水産省「漁業センサス」に基づき水産庁で作成
注：沿岸漁船漁業とは、船外機付漁船及び10トン未満の動力船を使用した漁業。

資料：農林水産省「2018年漁業センサス」（組替集計）に基づき水産庁で作成
注：1）沿岸漁船漁業とは、船外機付漁船及び10トン未満の動力漁船を使用した漁業。
2）平均販売金額は推測値。

### 〈漁船漁業を営む会社経営体の営業利益は958万円の赤字〉

漁船漁業を営む会社経営体では、漁労利益の赤字が続いており、令和２（2020）年度には、漁労利益の赤字幅は前年度から767万円増加して4,212万円となりました（図表２－８）。これは、漁労支出が506万円増加し、漁獲物の価格が低下したことで漁労収入が262万円減少したことによります。漁労支出の内訳を見ると、前年度から労務費が167万円、減価償却費が583万円それぞれ増加し、油費が768万円減少しています。

また、近年総じて増加傾向が続いてきた水産加工等による漁労外利益は、令和２（2020）年度には、前年度から534万円増加して3,253万円となりました。この結果、漁労利益と漁労外利益を合わせた営業利益は958万円の赤字となりました。

#### 図表2－8　漁船漁業を営む会社経営体の経営状況の推移

（単位：千円）

| | 平成25<br>(2013) | 26<br>(2014) | 27<br>(2015) | 28<br>(2016) | 29<br>(2017) | 30<br>(2018) | 令和元<br>(2019) | 2年度<br>(2020) |
|---|---|---|---|---|---|---|---|---|
| 営業利益 | △ 9,177 | △ 7,756 | 10,416 | 12,665 | 18,152 | 2,817 | △ 7,249 | △ 9,584 |
| 漁労利益 | △ 18,604 | △ 19,508 | △ 8,256 | △ 17,308 | △ 10,389 | △ 27,666 | △ 34,445 | △ 42,117 |
| 漁労収入(漁労売上高) | 281,446 | 285,787 | 327,699 | 337,238 | 368,187 | 331,956 | 295,549 | 292,934 |
| 漁労支出 | 300,050 (100.0) | 305,295 (100.0) | 335,955 (100.0) | 354,546 (100.0) | 378,576 (100.0) | 359,622 (100.0) | 329,994 (100.0) | 335,051 (100.0) |
| 雇用労賃(労務費) | 89,355 (29.8) | 92,981 (30.5) | 105,940 (31.5) | 114,969 (32.4) | 121,838 (32.2) | 111,054 (30.9) | 101,204 (30.7) | 102,874 (30.7) |
| 漁船・漁具費 | 13,778 (4.6) | 14,753 (4.8) | 18,155 (5.4) | 23,187 (6.5) | 28,520 (7.5) | 21,398 (6.0) | 17,046 (5.2) | 17,146 (5.1) |
| 油費 | 61,745 (20.6) | 60,854 (19.9) | 54,299 (16.2) | 43,119 (12.2) | 47,110 (12.4) | 54,639 (15.2) | 54,110 (16.4) | 46,433 (13.9) |
| 修繕費 | 22,307 (7.4) | 22,392 (7.3) | 24,873 (7.4) | 30,617 (8.6) | 30,591 (8.1) | 30,556 (8.5) | 27,015 (8.2) | 30,250 (9.0) |
| 減価償却費 | 26,570 (8.9) | 26,474 (8.7) | 34,194 (10.2) | 38,361 (10.8) | 37,122 (9.8) | 33,813 (9.4) | 32,819 (9.9) | 38,644 (11.5) |
| 販売手数料 | 11,889 (4.0) | 11,941 (3.9) | 14,650 (4.4) | 14,073 (4.0) | 15,143 (4.0) | 14,011 (3.9) | 13,859 (4.2) | 13,497 (4.0) |
| その他 | 74,406 (24.8) | 75,900 (24.9) | 83,844 (25.0) | 90,220 (25.4) | 98,252 (26.0) | 94,151 (26.2) | 83,941 (25.4) | 86,207 (25.7) |
| 漁労外利益 | 9,427 | 11,752 | 18,672 | 29,973 | 28,541 | 30,483 | 27,196 | 32,533 |
| 経常利益 | 1,698 | 9,396 | 27,237 | 20,441 | 24,020 | 13,206 | 2,926 | 3,929 |

資料：農林水産省「漁業経営統計調査報告書」に基づき水産庁で作成
注：1）（ ）内は漁労支出の構成割合（%）である。
2）「漁労支出」とは、「漁労売上原価」と「漁労販売費及び一般管理費」の合計値である。

### 〈10トン未満の漁船では船齢20年以上の船が全体の82％〉

我が国の漁業で使用される漁船については、引き続き高船齢化が進んでいます。令和２（2020）年度に大臣許可漁業の許可を受けている漁船では、船齢20年以上の船が全体の約60％、30年以上の船が全体の約30％を占めています（図表２－９）。また、令和２（2020）年度に漁船保険に加入していた10トン未満の漁船では、船齢20年以上の船が全体の約82％、30年以上の船が全体の約53％を占めています（図表２－10）。

漁船は漁業の基幹的な生産設備ですが、高船齢化が進んで設備の能力が低下すると、操業の効率を低下させ、漁業の収益性を悪化させるおそれがあります。そこで、国は、高性能漁船の導入等により収益性の高い操業体制への転換を目指すモデル的な取組に対して、漁業構造改革総合対策事業や水産業競争力強化漁船導入緊急支援事業（漁船リース事業）による支援を行っています。



#### 図表2−9　大臣許可漁業許可船の船齢の割合

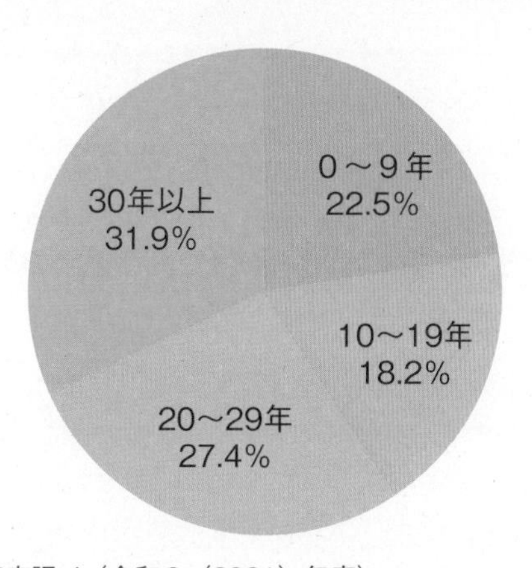


資料：水産庁調べ（令和３（2021）年度）
注：大中型まき網漁業については、魚探船、火船及び運搬船を含む。

#### 図表2−10　10トン未満の漁船の船齢の割合

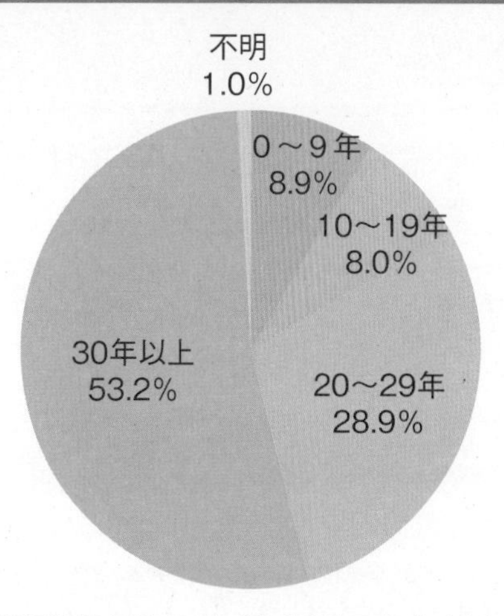


資料：日本漁船保険組合調べに基づき水産庁で作成（令和２（2020）年度）

〈燃油価格の急上昇により補てん金交付が続く〉

油費の漁労支出に占める割合は、直近5か年の平均で、沿岸漁船漁業を営む個人経営体で16%、漁船漁業を営む会社経営体で14%を占めており、燃油の価格動向は、漁業経営に大きな影響を与えます。過去10年ほどの間、燃油価格は、新興国における需要の拡大、中東情勢の流動化、投機資金の影響、米国におけるシェール革命、産油国の思惑、為替相場の変動等、様々な要因により大きく変動してきました（図表2－11）。

このため、国は、燃油価格が変動しやすいこと及び漁業経営に与える影響が大きいことを踏まえ、漁業者と国があらかじめ積立てを行い、燃油価格が一定の基準以上に上昇した際に積立金から補てん金を交付する漁業経営セーフティーネット構築事業により、燃油価格高騰の際の影響緩和を図ることとしています。

燃油価格は、新型コロナウイルス感染症拡大の影響により世界の経済活動が停滞し、原油需要が減退するとの懸念が高まったこと等から、令和2（2020）年4月に大幅に下落し、一時的に平成28（2016）年以来4年ぶりの低水準となっていましたが、令和2（2020）年12月以降は、ワクチン接種の開始により世界の経済活動が徐々に再開し、原油需要が増加するとの期待が高まったこと等から急激に上昇しました。このため、令和3（2021）年1月から12月まで4期[＊1]連続して補てん金が交付されました。

さらに、令和4（2022）年2月からのロシアによるウクライナ侵略による影響を受け、燃油価格は高い水準で不安定な動きを見せています。このため、国は、同年3月に、激変緩和策を含む原油価格高騰に対する緊急対策を取りまとめました。このうち、漁業については、積立金に98億円の積み増しを行うとともに、漁業者の省エネ機器の導入支援について、支援対象を拡充しました。国は、引き続き燃油価格の動向を注視しつつ、状況の変化に応じ、必要な対策について検討していくこととしています。

図表2－11　燃油価格の推移

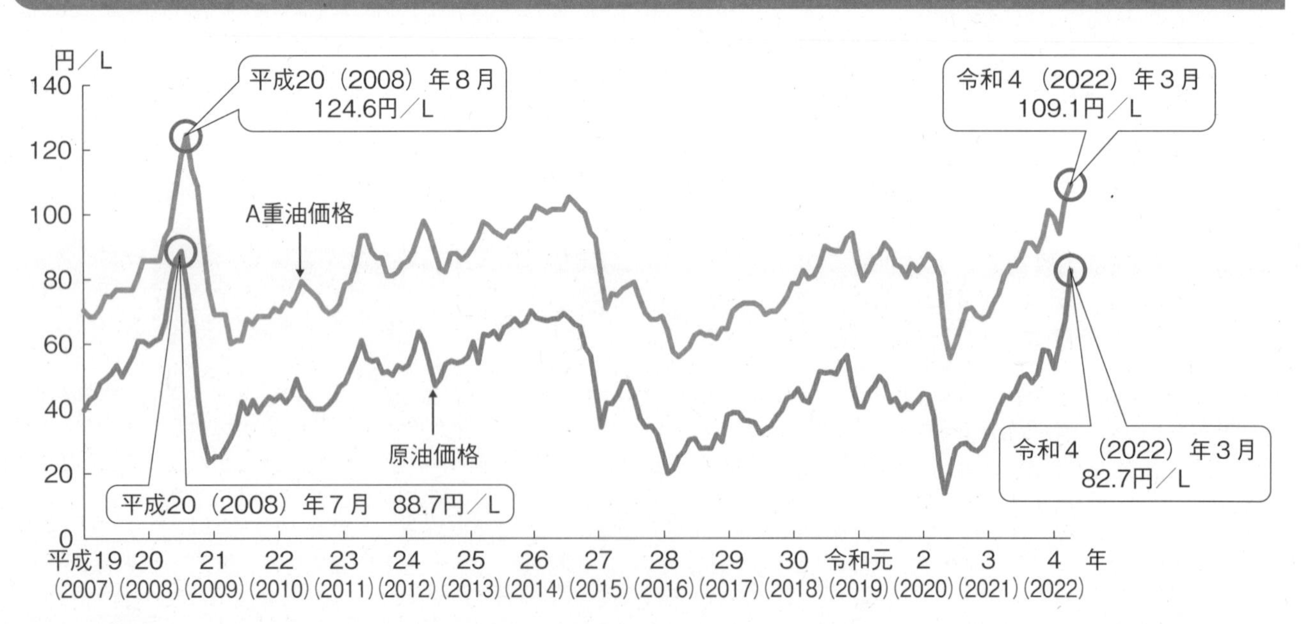


資料：水産庁調べ
注：A重油価格は、水産庁調べによる毎月1日現在の全国漁業協同組合連合会京浜地区供給価格。

＊1　漁業経営セーフティーネット構築事業では、燃油価格の補てんに関する期間を3か月で一つの期としている。

## ウ　養殖業の経営状況

### 〈海面養殖業を営む個人経営体の漁労所得は527万円〉

海面養殖業を営む個人経営体の漁労所得は変動が大きく、令和2（2020）年は、前年から36万円増加して527万円となりました（図表2－12）。これは、漁労支出が19万円増加した一方、のり類養殖業等の漁労収入が増加したことにより、漁労収入が56万円増加したためです。

**図表2－12　海面養殖経営体（個人経営体）の経営状況の推移**

（単位：千円）

| | 平成25 (2013) | 26 (2014) | 27 (2015) | 28 (2016) | 29 (2017) | 30 (2018) | 令和元 (2019) | 2年 (2020) |
|---|---|---|---|---|---|---|---|---|
| 事業所得 | 5,158 | 5,536 | 8,416 | 10,293 | 11,950 | 7,919 | 5,225 | 5,469 |
| 漁労所得 | 5,059 | 5,407 | 8,215 | 10,036 | 11,655 | 7,631 | 4,907 | 5,269 |
| 漁労収入 | 23,317 | 25,537 | 30,184 | 32,928 | 36,629 | 32,506 | 30,336 | 30,891 |
| 漁労支出 | 18,258 (100.0) | 20,129 (100.0) | 21,969 (100.0) | 22,892 (100.0) | 24,974 (100.0) | 24,875 (100.0) | 25,429 (100.0) | 25,622 (100.0) |
| 雇用労賃 | 2,793 (15.3) | 3,166 (15.7) | 3,305 (15.0) | 2,647 (11.6) | 2,936 (11.8) | 3,331 (13.4) | 3,615 (14.2) | 3,741 (14.6) |
| 漁船・漁具費 | 879 (4.8) | 997 (5.0) | 1,013 (4.6) | 1,050 (4.6) | 1,046 (4.2) | 986 (4.0) | 1,032 (4.1) | 1,055 (4.1) |
| 油費 | 1,240 (6.8) | 1,311 (6.5) | 1,122 (5.1) | 1,002 (4.4) | 1,202 (4.8) | 1,317 (5.3) | 1,278 (5.0) | 1,253 (4.9) |
| 修繕費 | 924 (5.1) | 1,143 (5.7) | 1,299 (5.9) | 1,467 (6.4) | 1,651 (6.6) | 1,552 (6.2) | 1,396 (5.5) | 1,620 (6.3) |
| 餌代 | 3,695 (20.2) | 3,644 (18.1) | 4,270 (19.4) | 5,264 (23.0) | 5,624 (22.5) | 4,750 (19.1) | 5,823 (22.9) | 5,448 (21.3) |
| 種苗代 | 1,191 (6.5) | 1,328 (6.6) | 1,523 (6.9) | 1,519 (6.6) | 1,522 (6.1) | 1,505 (6.0) | 1,286 (5.1) | 1,237 (4.8) |
| 販売手数料 | 691 (3.8) | 751 (3.7) | 962 (4.4) | 1,220 (5.3) | 1,258 (5.0) | 1,157 (4.7) | 987 (3.9) | 1,079 (4.2) |
| 減価償却費 | 2,019 (11.1) | 2,368 (11.8) | 2,537 (11.5) | 2,681 (11.7) | 2,813 (11.3) | 2,874 (11.6) | 3,324 (13.1) | 3,395 (13.3) |
| その他 | 4,826 (26.4) | 5,421 (26.9) | 5,939 (27.0) | 6,042 (26.4) | 6,921 (27.7) | 7,403 (29.8) | 6,688 (26.3) | 6,795 (26.5) |
| 漁労外事業所得 | 99 | 129 | 202 | 257 | 295 | 288 | 318 | 200 |

資料：農林水産省「漁業経営統計調査報告書」及び「漁業センサス」に基づき水産庁で作成

注：1）「漁業経営統計調査報告書」の個人経営体調査の結果を基に、「漁業センサス」の養殖種類ごとの経営体数で加重平均した。() 内は漁労支出の構成割合（%）である。

2）「漁労外事業所得」とは、漁労外事業収入から漁労外事業支出を差し引いたものである。漁労外事業収入は、漁業経営以外に経営体が兼営する水産加工業、遊漁船業、民宿及び農業等の事業によって得られた収入のほか、漁業用生産手段の一時的賃貸料のような漁業経営にとって付随的な収入を含んでおり、漁労外事業支出はこれらに係る経費である。

3）平成25（2013）年調査ののり類養殖業は、宮城県の経営体を除く結果である。

4）漁家の所得には、事業所得のほか、漁業世帯構成員の事業外の給与所得や年金等の事業外所得が加わる。

5）平成28（2016）年調査において、調査体系の見直しが行われたため、平成28（2016）年以降海面養殖漁家からわかめ類養殖と真珠養殖が除かれている。

6）漁労収入には、制度受取金等（漁業）を含めていない。

### 〈養殖用配合飼料の低魚粉化、配合飼料原料の多様化を推進〉

養殖用配合飼料の価格動向は、給餌養殖業の経営を大きく左右します。近年、中国をはじめとした新興国における魚粉需要の拡大を背景に、配合飼料の主原料である魚粉の輸入価格は上昇傾向で推移してきました。これに加え、平成26（2014）年夏から平成28（2016）年春にかけて発生したエルニーニョの影響により、最大の魚粉生産国であるペルーにおいて魚粉原料となるペルーカタクチイワシ（アンチョビー）の漁獲量が大幅に減少したことから、魚粉の輸入価格は、平成27（2015）年４月のピーク時には、１t当たり約21万円と、10年前（平成17（2005）年）の年間平均価格の約2.6倍まで上昇しました（図表２－13）。その後、魚粉の輸入価格は下落傾向を示し、やや落ち着いて推移していましたが、令和３（2021）年以降は上昇傾向となっています。

国は、魚の成長とコストの兼ね合いが取れた養殖用配合飼料の低魚粉化、配合飼料原料の多様化を推進するとともに、燃油価格高騰対策と同様に、配合飼料価格が一定の基準以上に上昇した際に、漁業者と国による積立金から補てん金を交付する漁業経営セーフティーネット構築事業により、飼料価格高騰による影響の緩和を図っています。

#### 図表2－13　配合飼料及び輸入魚粉価格の推移

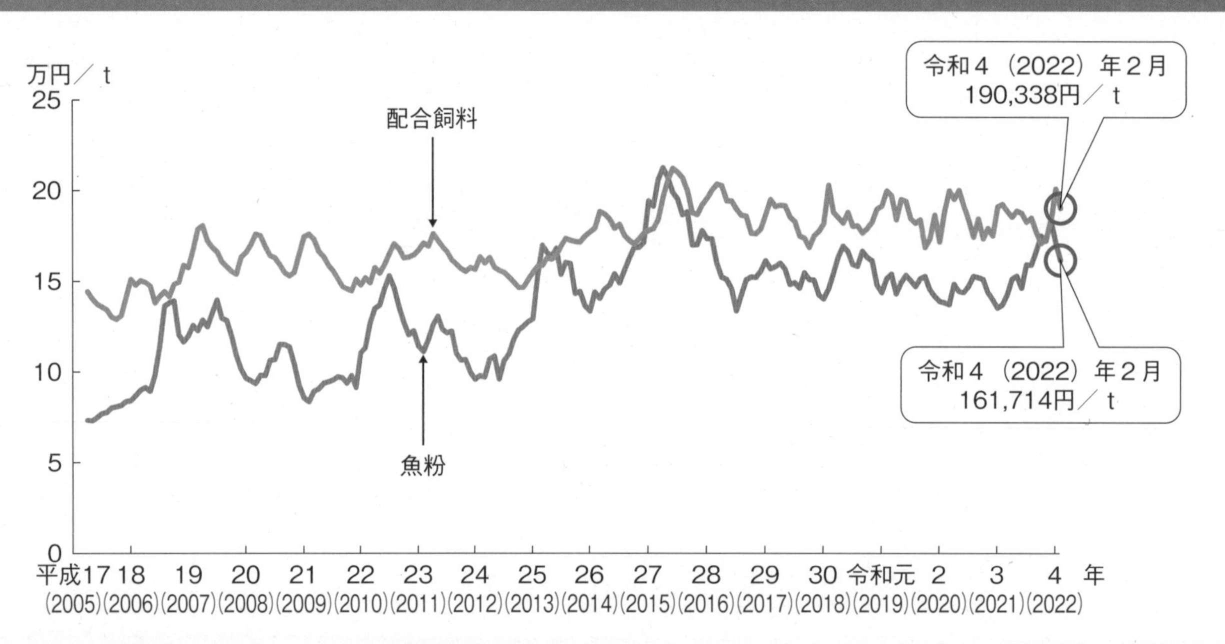


資料：財務省「貿易統計」（魚粉）、（一社）日本養魚飼料協会調べ（配合飼料、平成25（2013）年６月以前）及び水産庁調べ（配合飼料、平成25（2013）年７月以降）

## エ　漁業・養殖業の生産性

### 〈漁業者１人当たりの生産額は991万円〉

漁業就業者数が減少する中、我が国の漁業者１人当たりの生産額及び生産漁業所得はおおむね増加傾向で推移してきましたが、平成29（2017）年以降は減少傾向となっており、令和２（2020）年は、生産額が991万円、生産漁業所得が473万円となっています。また、漁業者１人当たりの生産量は31tとなっています（図表２－14）。



**図表2－14　漁業者１人当たりの生産性**

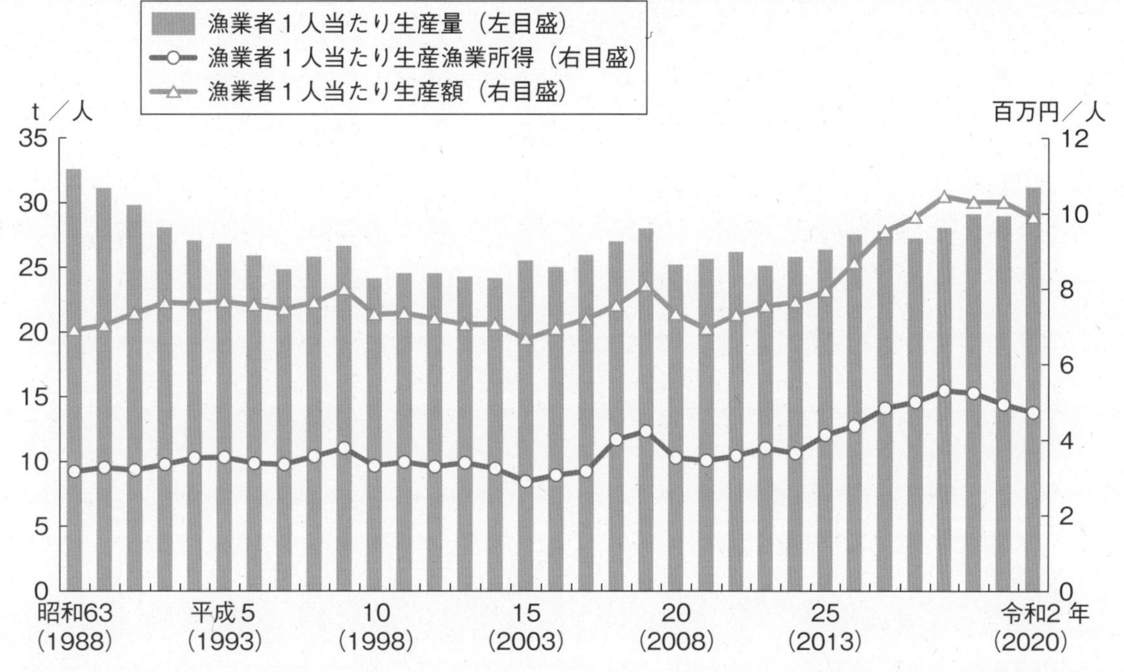


資料：農林水産省「漁業センサス」（昭和63（1988）年、平成５（1993）年、10（1998）年、15（2003）年、20（2008）年、25（2013）年及び30（2018）年の漁業就業者数）、「漁業構造動態調査」（令和元（2019）年以降の漁業就業者数）、「漁業就業動向調査」（その他の年の漁業就業者数）、「漁業・養殖業生産統計」（生産量）及び「漁業産出額」（生産額及び生産漁業所得）に基づき水産庁で作成

注：平成23（2011）年及び24（2012）年は、岩手県、宮城県及び福島県を除く（内水面漁業・養殖業産出額は、魚種ごとの全国平均価格から推計。）。

### オ　所得の向上を目指す「浜の活力再生プラン」

#### 〈全国で585地区が浜の活力再生プランの取組を実施〉

多様な漁法により多様な魚介類を対象とした漁業が営まれている我が国では、漁業の振興のための課題は地域や経営体によって様々です。このため、各地域や経営体が抱える課題に適切に対応していくためには、トップダウンによる画一的な方策によるのではなく、地域の漁業者自らが地域ごとの実情に即した具体的な解決策を考えて合意形成を図っていくことが必要です。このため、国は、平成25（2013）年度より、各漁村地域の漁業所得を５年間で10％以上向上させることを目標に、地域の漁業の課題を漁業者自らが地方公共団体等と共に考え、解決の方策を取りまとめて実施する「浜の活力再生プラン」（以下「浜プラン」といいます。）を推進しています。国の承認を受けた浜プランに盛り込まれた浜の取組は、関連施策の実施の際に優先的に採択されるなど、目標の達成に向けた支援が集中して行われる仕組みとなっています。

令和３（2021）年度末時点で、全国で585地区の浜プランが、国の承認を受けて、各取組を実施しており、その内容は、地域ブランドの確立や消費者ニーズに沿った加工品の開発等により付加価値の向上を図るもの、輸出体制の強化を図るもの、観光連携を強化するもの等、各地域の強みや課題により多様です（図表２－15）。

**図表2－15　浜の活力再生プランの取組内容の例**

【収入向上の取組例】

**資源管理しながら生産量を増やす**

○漁獲量増大：種苗放流、食害動物駆除、雑海藻駆除、海底耕うん、施肥（堆肥ブロック投入）、資源管理の強化等
○新規漁業開拓：養殖業、定置網、新たな養殖種の導入等

**魚価向上や高付加価値化を図る**

○品質向上：活締め・神経締め・血抜き等による高鮮度化、スラリーアイス・シャーベット氷の活用、細胞のダメージを低減する急速凍結技術の導入、活魚出荷、養殖餌の改良による肉質改善
○衛生管理：殺菌冷海水の導入、HACCP対応、食中毒対策の徹底等

**商品を積極的に市場に出していく**

○商品開発：低未利用魚等の加工品開発、消費者ニーズに対応した惣菜・レトルト食品・冷凍加工品開発等
○出荷拡大：大手量販店・飲食店との連携、販路拡大、市場統合等
○消費拡大：直販、お魚教室や学校給食、魚食普及、PRイベント開催

【コスト削減の取組例】

**省燃油活動、省エネ機器導入**

○船底清掃や漁船メンテナンスの強化
○省エネ型エンジンや漁具、加工機器の導入
○漁船の積載物削減による軽量化

**協業化による経営合理化**

○操業見直しによる操業時間短縮や操業隻数削減等
○協業化による人件費削減、漁具修繕・補修費削減等

これまでの浜プランの取組状況を見てみると、令和２（2020）年度に浜プランを実施した地区のうち、45％の地区は所得目標を上回りました。所得の増減の背景は地区ごとに様々ですが、所得目標を上回った地区については、特に魚価の向上が見られた地区が多く、一方で目標達成に至らなかった地区については、特に出荷量の減少が顕著となっています。また、取組地域からの聞き取りによると、魚価向上に寄与した取組としては、鮮度・品質向上、積極的なPRやブランド化等が挙げられており、出荷量の減少した要因としては、不漁、資源の減少や荒天の増加等が多く挙げられています。

また、平成27（2015）年度からは、より広域的な競争力強化のための取組を行う「浜の活力再生広域プラン」（以下「広域浜プラン」といいます。）も推進しています。広域浜プランには、浜プランに取り組む地域を含む複数の地域が連携し、それぞれの地域が有する産地市場、加工・冷凍施設等の集約・再整備や、施設の再編に伴って空いた漁港内の水面を増養殖や蓄養向けに転換する浜の機能再編の取組、広域浜プランにおいて中核的漁業者として位置付けられた者が、競争力強化を実践するために必要な漁船をリース方式により円滑に導入する取組等が盛り込まれ、国の関連施策の対象として支援されます。令和３（2021）年度末までに、全国で150件の広域浜プランが策定され、実施されています。

今後とも、これら浜プラン・広域浜プランの枠組みに基づき、各地域の漁業者が自律的・主体的にそれぞれの課題に取り組むことにより、漁業所得の向上や漁村の活性化につながることが期待されます。

浜の活力を取り戻そう（水産庁）：
https://www.jfa.maff.go.jp/j/bousai/hamaplan.html

## 【事例】地域ごとの実情に即した浜の活力再生プラン

**下関（しものせき）おきそこ地域水産業再生委員会**

本州の西の端に位置する下関市は、かつて日本一の水揚量を記録するなど、遠洋・沖合漁業の基地として栄えた下関漁港を有しています。同漁港は全国でも少なくなった2そうびきの沖合底びき網漁船7か統（14隻）の基地となっており、下関漁港市場の取扱金額の約4割を沖合底びき網漁業が占めています。この沖合底びき網漁業について、当地域では、山口県以東機船底曳網（いとうきせんそこびきあみ）漁業協同組合と下関市、山口県で構成する地域水産業再生委員会が、平成26（2014）年度から浜の活力再生プランの取組を策定・実行しています。

本委員会では、ブランド化による魚価向上やIT技術を活用した操業効率化、資源管理の推進等、複合的な取組により漁業所得の向上を達成しました。中でも、ブランド化による魚価向上の取組は、水揚量が全国1位にもかかわらず産地としてのイメージが低かったアンコウを中心に展開した結果、地元を中心に知名度は上がり、アンコウ以外の魚種についても魚価が上がるなど、漁業者の所得向上に大きく寄与しています。また、漁獲情報のデジタル化により情報を効率良く収集することで操業効率化や漁業者の労働環境を改善する漁業操業支援アプリを産学官の連携で開発し、全ての沖合底びき網漁船に導入しており、これまでの「勘に頼る漁業」からの脱却が促されているだけではなく、漁労作業の軽減や市場関係者の労働環境の改善等の成果も上がっています。

図　IT技術を活用した情報の流れ

洋上での情報入力

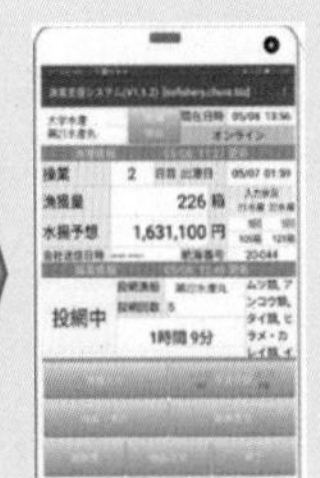
漁獲量のデジタル化

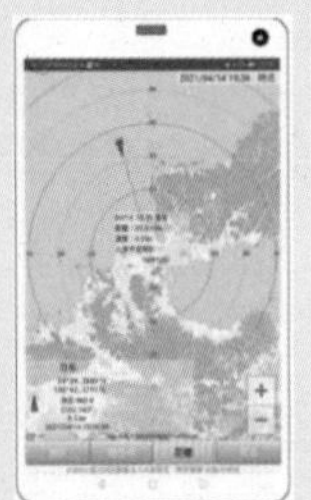
位置情報

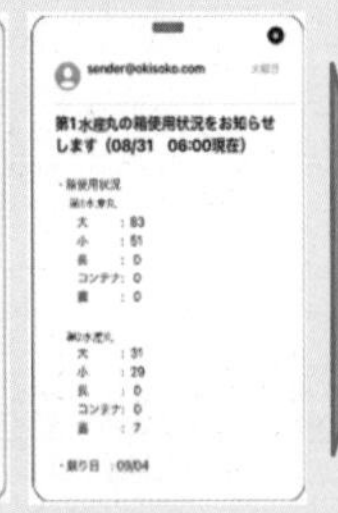
箱使用状況通知メール

関係先への迅速な情報提供

## （3）水産業の就業者をめぐる動向

### ア　漁業就業者の動向

**〈漁業就業者は13万5,660人〉**

我が国の漁業就業者は一貫して減少傾向にあり、令和2（2020）年には前年から6.3％減少して13万5,660人となっています（図表2－16）。漁業就業者数の総数が減少する中で、近年の新規漁業就業者数はおおむね2千人程度で推移していましたが、令和元（2019）年は1,729人、令和2（2020）年は1,707人と2年連続で1,700人台となり、平成30（2018）年（1,943人）と比べ1割の減少となりました（図表2－17）。

新規漁業就業者数について就業形態別に見ると、雇われでの就業は新型コロナウイルス感染症の影響等厳しい経営環境の中においても増加傾向にあります。他方、独立・自営を目指す新規就業者（以下「独立型新規就業者」といいます。）については、平成30（2018）年は858人でしたが、令和元（2019）年は633人、令和2（2020）年は574人と減少が続いている状況にあります。独立型新規就業者は年変動が大きく、都道府県の中には増加しているところもあることから、今後の動向を注視していく必要がありますが、独立型新規就業者の減少の背景には、就業希望者を受け入れて育成する現役漁業者の減少・高齢化や新型コロナウイ

ルス感染症の影響等により、リスクの高い独立型の就業を避ける傾向等があることが考えられます。

また、新規漁業就業者のうち39歳以下がおおむね７割程度であり、若い世代の参入が多く占める傾向が続いています。



## 図表2－16　漁業就業者数の推移

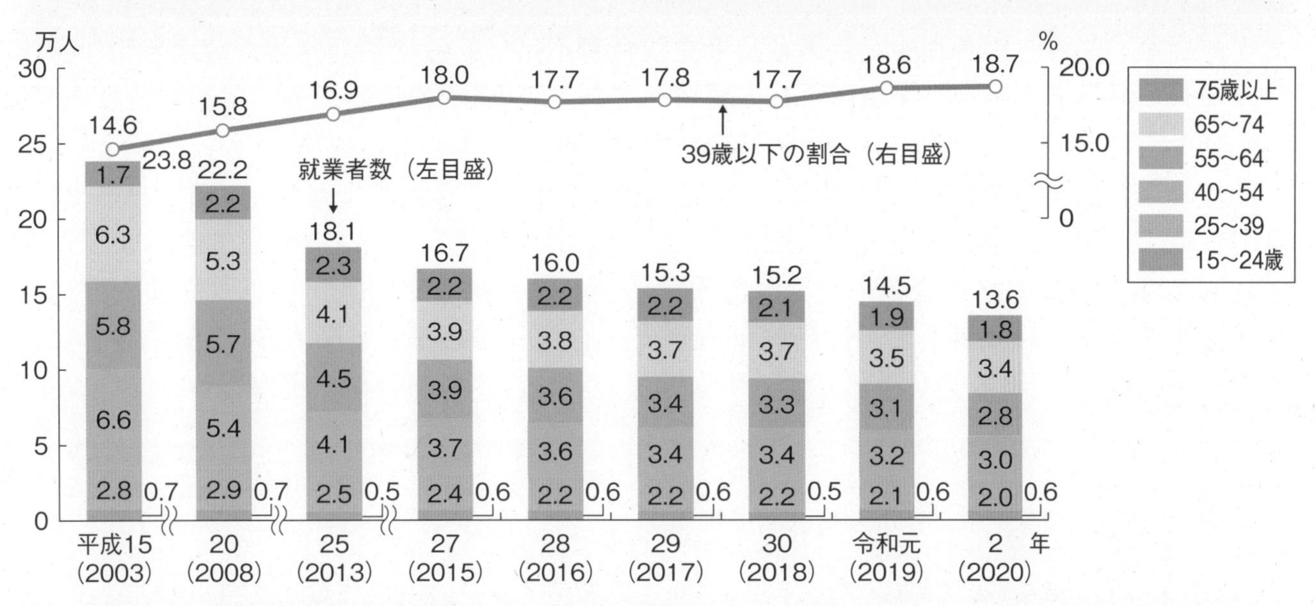


資料：農林水産省「漁業構造動態調査」（令和元（2019）年以降）、「漁業センサス」（平成15（2003）年、20（2008）年、25（2013）年及び30（2018）年）及び「漁業就業動向調査」（その他の年）

注：1）「漁業就業者」とは、満15歳以上で過去１年間に漁業の海上作業に30日以上従事した者。

2）平成20（2008）年以降は、雇い主である漁業経営体の側から調査を行ったため、これまでは含まれなかった非沿海市区町村に居住している者を含んでおり、平成15（2003）年とは連続しない。

## 図表2－17　新規漁業就業者数の推移

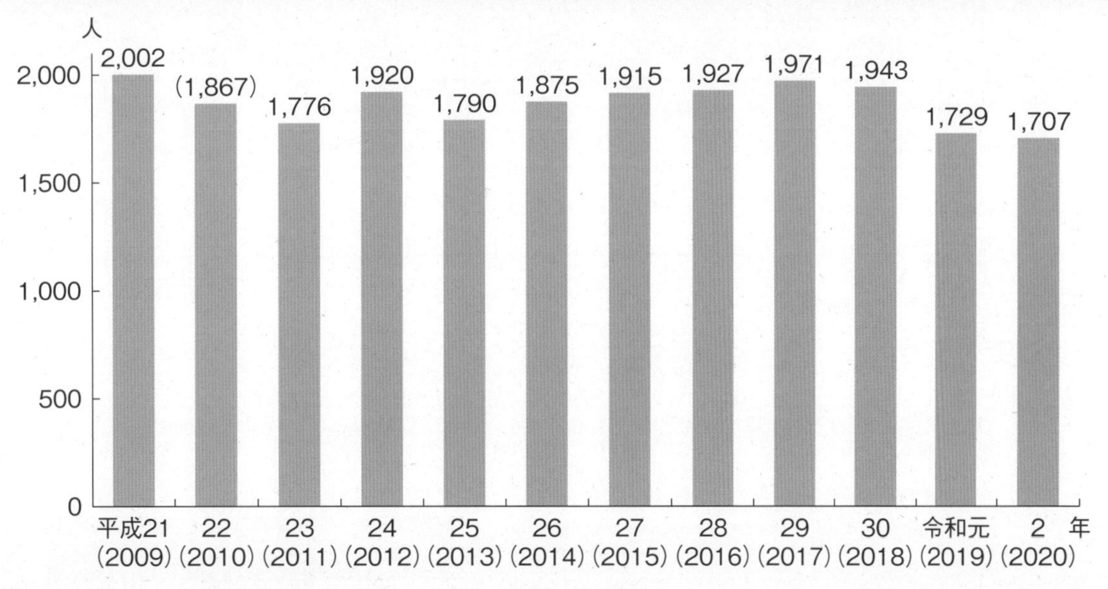


資料：都道府県が実施している新規漁業就業者に関する調査から水産庁で推計

注：平成22（2010）年は、東日本大震災により、岩手県、宮城県及び福島県の調査が実施できなかったため、平成21（2009）年の新規就業者数を基に、３県分除いた全国のすう勢から推測した数値を用いた。

## イ　新規漁業就業者の確保に向けた取組

### 〈新規就業者の段階に応じた支援を実施〉

我が国の漁業経営体の大宗を占めるのは、家族を中心に漁業を営む漁家であり、このような漁家の後継者の主体となってきたのは漁家で生まれ育った子弟です。しかしながら、近年、生活や仕事に対する価値観の多様化により、漁家の子弟が必ずしも漁業に就業するとは限らなくなっています。他方、新規漁業就業者のうち、他の産業から新たに漁業就業する人はおおむね7割[＊1]を占めており、就業先・転職先として漁業に関心を持つ都市出身者も少なくありません。こうした潜在的な就業希望者を後継者不足に悩む漁業経営体や地域とつなぎ、意欲のある漁業者を確保し担い手として育成していくことは、水産物の安定供給のみならず、水産業・漁村の多面的機能の発揮や地域の活性化の観点からも重要です。

このような状況を踏まえ、水産庁は、漁業経験ゼロからでも漁業に就業・定着できるよう、全国各地での漁業就業相談会の開催やインターンシップの受入れを支援するとともに、漁業学校[＊2]で学ぶ者に対する資金の交付、漁業就業後の漁業現場でのOJT[＊3]方式での長期研修を支援するなど、新規就業者の段階に応じた支援を行っています（図表２－18）。さらに、国の支援に加えて、地方公共団体においても地域の実情に応じた各種支援が行われています。

漁業就労の情報提供Webサイト「漁師.jp」（(一社) 全国漁業就業者確保育成センター）：
https://ryoushi.jp/

**図表2－18　国内人材確保及び海技資格取得に関する国の支援事業**

1．国内人材確保に向けた支援

就業前：
- 就業相談会の開催等（漁業への新規参入促進）
- 就業準備資金の交付（最大150万円、最長２年間）
- 夜間・休日等の学習支援

就業後（担い手として定着）：長期研修

| | | |
|---|---|---|
| 雇用型 | 雇用型 | 漁業経営体への就業を目指す<br>最長１年間※、最大14.1万円／月を支援 |
| 雇用型 | 幹部養成型 | 沖合・遠洋漁船に就業し、幹部を目指す<br>最長２年間※、最大18.8万円／月を支援 |
| 独立型 | | 独立・自営を目指す<br>最長３年間※、最大28.2万円／月を支援<br>実践型〔水揚目標等を定めた経営計画の実証〕<br>研修最終年の実践研修経費を交付<br>最長１年間、最大150万円／年 |

※就業準備資金の交付期間が１年以下の場合、長期研修の研修期間を最長１年間延長可能

経営・技術の向上を支援

2．海技資格取得に必要な乗船履歴を短期に取得するコースの運営等を支援

受講生募集 → 乗船実習コース → 海技士の受験資格を取得

＊１　都道府県が実施している新規漁業就業者に関する調査から水産庁で推計。

＊２　「学校教育法（昭和22（1947）年法律第26号）」に基づかない教育機関であり、漁業に特化したカリキュラムを組み、水産高校や水産系大学よりも短期間で即戦力となる漁業者を育成する学校。

＊３　On-the-Job Training：日常の業務を通じて必要な知識・技能を身に付けさせ、生産技術について学ばせる職業訓練。

## 【事例】漁船乗組員確保養成プロジェクトによる水産高校への働きかけ

「漁業ガイダンス」では、全国の水産高校に漁業者が出向き、少人数のブース形式で生徒が親しみやすい資料や写真・動画を活用して、漁法や漁師の生活スタイル、漁業の魅力等を説明しています。取組を開始した平成29（2017）年度から令和２（2020）年度までの４年間で、延べ81回、3,065人の生徒が参加し、参加した生徒からは「やりがいがあって楽しそうだと思った」、「漁業の仕事の具体的なイメージを持てるようになった」等のコメントが寄せられています。

**水産高校への働きかけ**

水産庁　⇔（連携・協力）⇔　文部科学省

※ 水産高校の実践的な職業教育の充実に向けて、水産庁と文部科学省は連携・協力

水産庁 →
・就職説明会開催費、参加旅費等を支援

文部科学省 →
・漁業者団体による水産高校（各都道府県教育委員会）への働きかけを支援

**漁業者団体**
**（事務局 大日本水産会）**

・中長期的な需要見込みに基づいた人材確保計画を水産高校に提示し、水産高校との協力体制を構築
・水産高校生に対し、説明会の開催等、求人活動を組織的、計画的、継続的に実施

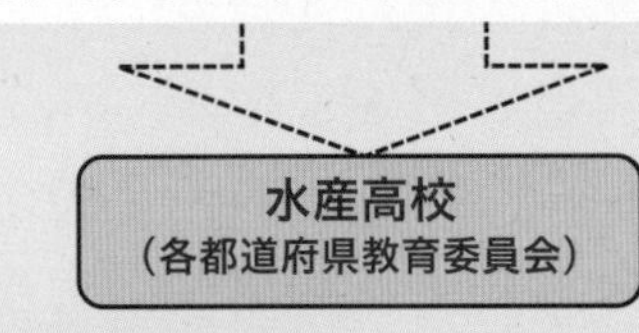

**水産高校**
**（各都道府県教育委員会）**

漁業ガイダンスの様子（写真提供：（一社）全国漁業就業者確保育成センター）

**漁業ガイダンスの開催実績**

| 実績（延べ） | 平成29(2017) | 30(2018) | 令和元(2019) | 2(2020)年度 |
|---|---|---|---|---|
| 実施校数 | 16校 | 24校 | 21校 | 5校 |
| 実施回数 | 20回 | 31回 | 24回 | 6回 |
| 参加生徒数 | 614人 | 1,426人 | 874人 | 151人 |

注：令和２（2020）年度は新型コロナウイルス感染症の影響等により開催回数を制限した。

**水産高校生（専攻科含む）の漁業への就職状況**

| | 平成29(2017) | 30(2018) | 令和元(2019) | 2(2020)年度 |
|---|---|---|---|---|
| 漁業への就業 | 260 | 285 | 251 | 271 |
| うち漁船漁業 | 148 | 141 | 113 | 137 |

資料：全国水産高等学校長協会が取りまとめた資料より抜粋

### ウ　漁業における海技士の確保・育成

#### 〈漁業における海技士の高齢化と不足が深刻化〉

20トン以上の船舶で漁業を営む場合は、漁船の航行の安全性を確保するため、それぞれの漁船の総トン数等に応じて、船長、機関長、通信長等として乗り組むために必要な海技資格の種別や人数が定められています。

海技資格を取得するためには国土交通大臣が行う海技士国家試験に合格する必要がありますが、航海期間が長期にわたる遠洋漁業においては、乗組員がより上級の海技資格を取得する機会を得にくいという実態があります。また、就業に対する意識や進路等が多様化する中で、水産高校等の卒業生が必ずしも漁業に就業するわけではなく、これまで地縁や血縁等の縁故採用が主であったこととあいまって、漁業における海技士の高齢化と不足が深刻化しています。

海技士の確保と育成は我が国の沖合・遠洋漁業の喫緊の課題であり、必要な人材を確保できず、操業を見合わせるようなことがないよう、関係団体等は、漁業就業相談会や水産高校等への積極的な働きかけを通じて乗組員を募るとともに、乗船時における海技資格の取得を目指した計画的研修の取組や免許取得費用の助成を行っています。

このような背景から、国は、平成30（2018）年度から、水産高校卒業生を対象とした新たな四級海技士養成のための履修コースを設置する取組について支援を行い、令和元（2019）年度から、６か月間の乗船実習を含む新たな履修コースが水産大学校で開始されました。また、令和４（2022）年度からは、五級海技士試験の受験に必要な乗船履歴を早期に取得できる仕組みの拡大・実践の取組を支援することとしています。これらによって、水産高校卒業生が四級又は五級海技士試験を受験するのに必要な乗船履歴を短縮することが可能となり、水産高校卒業生の早期の海技資格の取得が期待されます。

また、令和２（2020）年度より、総トン数20トン以上長さ24m未満の中規模漁船で100海里内の近海を操業するものについて、安全の確保を前提に、必要となる措置等を講じた上で、これまでの海技士（航海）及び海技士（機関）の２名の乗組みが必要だったものを小型船舶操縦士１名の乗組みで航行が可能となるよう、海技資格制度の見直しが行われました。

### エ　女性の活躍の推進

#### 〈漁業・漁村における女性の一層の活躍を推進〉

女性の活躍の推進は、漁業・漁村の課題の一つです。海上での長時間にわたる肉体労働が大きな部分を占める漁業においては、就業者に占める女性の割合は約11％となっていますが、漁獲物の仕分けや選別、カキの殻むきといった水揚げ後の陸上作業では約36％、漁獲物の主要な需要先である水産加工業では約60％を占めており、女性がより大きな役割を果たしています。このように、海女漁等の伝統漁業のみならず、水産物の付加価値向上に不可欠な陸上での活動を通し、女性の力は水産業を支えています。

一方、女性が漁業経営や漁村において重要な意思決定に参画する機会は、いまだ限定的です。例えば、令和２（2020）年の全国の漁業協同組合（以下「漁協」といいます。）における正組合員に占める女性の割合は5.2％となっています。また、漁協の女性役員は、全体の0.5％にとどまっています（図表２－19）。

### 図表2－19　漁協の正組合員及び役員に占める女性の割合

| | 女性正組合員数 | 女性役員数 |
|---|---|---|
| 平成23（2011）年 | 9,907人（5.8%） | 39人（0.4%） |
| 24（2012） | 9,436人（5.6%） | 37人（0.4%） |
| 25（2013） | 8,363人（5.4%） | 44人（0.5%） |
| 26（2014） | 8,077人（5.4%） | 44人（0.5%） |
| 27（2015） | 8,071人（5.6%） | 50人（0.5%） |
| 28（2016） | 7,971人（5.7%） | 50人（0.5%） |
| 29（2017） | 7,679人（5.7%） | 51人（0.5%） |
| 30（2018） | 7,158人（5.5%） | 47人（0.5%） |
| 令和元（2019） | 7,164人（5.7%） | 38人（0.4%） |
| 2（2020） | 6,296人（5.2%） | 39人（0.5%） |

資料：農林水産省「水産業協同組合統計表」

令和２（2020）年12月に閣議決定された「第５次男女共同参画基本計画～すべての女性が輝く令和の社会へ～」においては、農山漁村における地域の意思決定過程への女性の参画の拡大を図ることや、漁村の女性グループが行う起業的な取組等を支援すること等によって女性の経済的地位の向上を図ること等が盛り込まれています。

また、令和２（2020）年12月に施行された「漁業法等の一部を改正する等の法律[＊1]」による「水産業協同組合法[＊2]」の改正においては、漁協は、理事の年齢及び性別に著しい偏りが生じないように配慮しなければならないとする規定が新設されました。

漁業・漁村において女性の一層の活躍を推進するためには、固定的な性別役割分担意識を変革し、家庭内労働を男女が分担していくことや、漁業者の家族以外でも広く漁村で働く女性の活躍の場を増やすこと、さらには、保育所の充実等により女性の社会生活と家庭生活を両立するための支援を充実させていくことが重要です。このため、国は、水産物を用いた特産品の開発、消費拡大を目指すイベントの開催、直売所や食堂の経営等、漁村コミュニティにおける女性の様々な活動を推進するとともに、子供待機室や調理実習室等、女性の活動を支援する拠点となる施設の整備を支援しています。

また、平成30（2018）年11月に発足した「海の宝！水産女子の元気プロジェクト」は、水産業に従事する女性の知恵と多様な企業等の技術、ノウハウを結び付け、新たな商品やサービスの開発等を進める取組であり、水産業における女性の存在感と水産業の魅力を向上させることを目指しています。これまで、同プロジェクトのメンバーによる講演や企業等と連携したイベントへの参加等の活動が行われています。このような様々な活動や情報発信を通して、女性にとって働きやすい水産業の現場改革及び女性の仕事選びの対象としての水産業の魅力向上につながることが期待されます。

---

＊１　平成30（2018）年法律第95号
＊２　昭和23（1948）年法律第242号

「海の宝！水産女子の元気プロジェクト」について（水産庁）：https://www.jfa.maff.go.jp/j/kenkyu/suisanjoshi/181213.html



### オ　外国人労働をめぐる動向

#### 〈漁業・養殖業における特定技能外国人の受入れ及び技能実習の適正化〉

遠洋漁業に従事する我が国の漁船の多くは、主に海外の港等で漁獲物の水揚げや転載、燃料や食料等の補給、乗組員の交代等を行いながら操業しており、航海日数が１年以上に及ぶこともあります。このような遠洋漁業においては、日本人乗組員の確保・育成に努めつつ、一定の条件を満たした漁船に外国人が乗組員として乗り組むことが認められており、令和３（2021）年12月末現在、4,187人の外国人乗組員がマルシップ方式[*1]により我が国漁船に乗り組んでいます。

また、平成30（2018）年12月に成立した「出入国管理及び難民認定法及び法務省設置法の一部を改正する法律[*2]」を受け、新たに創設された在留資格「特定技能」の漁業分野（漁業、養殖業）及び飲食料品製造業分野（水産加工業を含む。）においても、平成31（2019）年４月以降、一定の基準[*3]を満たした外国人の受入れが始まりました。今後は、このような外国人と共生していくための環境整備が重要であり、漁業活動やコミュニティ活動の核となっている漁協等が、受入れ外国人との円滑な共生において適切な役割を果たすことが期待されることから、国においても必要な支援を行っています。令和３（2021）年12月末現在、漁業分野の特定技能１号在留外国人数は漁業で320人、養殖業で229人となっており、今後の受入れ拡大が期待されます。

外国人技能実習制度については、水産業においては、漁船漁業・養殖業における10種の作業[*4]及び水産加工食品製造業・水産練り製品製造業における10種の作業[*5]について技能実習が実施されており、技能実習生は、現場での作業を通じて技能等を身に付け、開発途上地域等の経済発展を担っていきます。

漁船漁業・養殖業分野における技能実習生は年々増加していましたが、新型コロナウイルス感染症拡大に伴う外国からの渡航者に対する入国制限の影響により、漁船漁業職種は1,027人（令和４(2022)年３月１日現在）[*6]、養殖業職種は2,092人（令和３(2021)年３月末現在、推計値）[*7]にとどまりました。国は、海上作業の伴う漁船漁業・養殖業について、その特有の事情に鑑みて、技能実習生の数や監理団体による監査の実施に関して固有の基準を定める

---

＊1　我が国の漁業会社が漁船を外国法人に貸し出し、外国人乗組員を配乗させた上で、これを定期用船する方式。

＊2　平成30（2018）年法律第102号

＊3　各分野の技能試験及び日本語試験への合格、又は各分野と関連のある職種において技能実習２号を良好に修了していること等。

＊4　かつお一本釣り漁業、延縄（はえなわ）漁業、いか釣り漁業、まき網漁業、ひき網漁業、刺し網漁業、定置網漁業、かに・えびかご漁業、棒受網漁業及びほたてがい・まがき養殖作業

＊5　節類製造、加熱乾製品製造、調味加工品製造、くん製品製造、塩蔵品製造、乾製品製造、発酵食品製造、調理加工品製造、生食用加工品製造及びかまぼこ製品製造作業

＊6　技能実習評価試験実施機関調べ

＊7　水産庁調べ（漁業技能実習事業協議会証明書交付件数から推計）

とともに、平成29（2017）年12月に漁業技能実習事業協議会を設立し、事業所管省庁及び関係団体が協議して技能実習生の保護を図る仕組みを設けるなど、漁船漁業・養殖業における技能実習の適正化に努めています。

## （4）漁業労働環境をめぐる動向

### ア　漁船の事故及び海中転落の状況

**〈漁業における災害発生率は陸上における全産業の平均の約５倍〉**

令和３（2021）年の漁船の船舶海難隻数は431隻、漁船の船舶海難に伴う死者・行方不明者数は29人となりました（図表２－20）。漁船の事故は、全ての船舶海難隻数の約２割、船舶海難に伴う死者・行方不明者数の約５割を占めています。漁船の事故の種類としては衝突が最も多く、その原因は、見張り不十分、操船不適切、居眠り運航といった人為的要因が多くを占めています。

漁船は、進路や速度を大きく変化させながら漁場を探索したり、停船して漁労作業を行ったりと、商船とは大きく異なる航行をします。また、操業中には見張りが不十分となることもあり、さらに、漁船の約９割を占める５トン未満の小型漁船は大型船からの視認性が悪いなど、事故のリスクを抱えています。

**図表2－20　漁船の船舶海難隻数及び船舶海難に伴う死者・行方不明者数の推移**

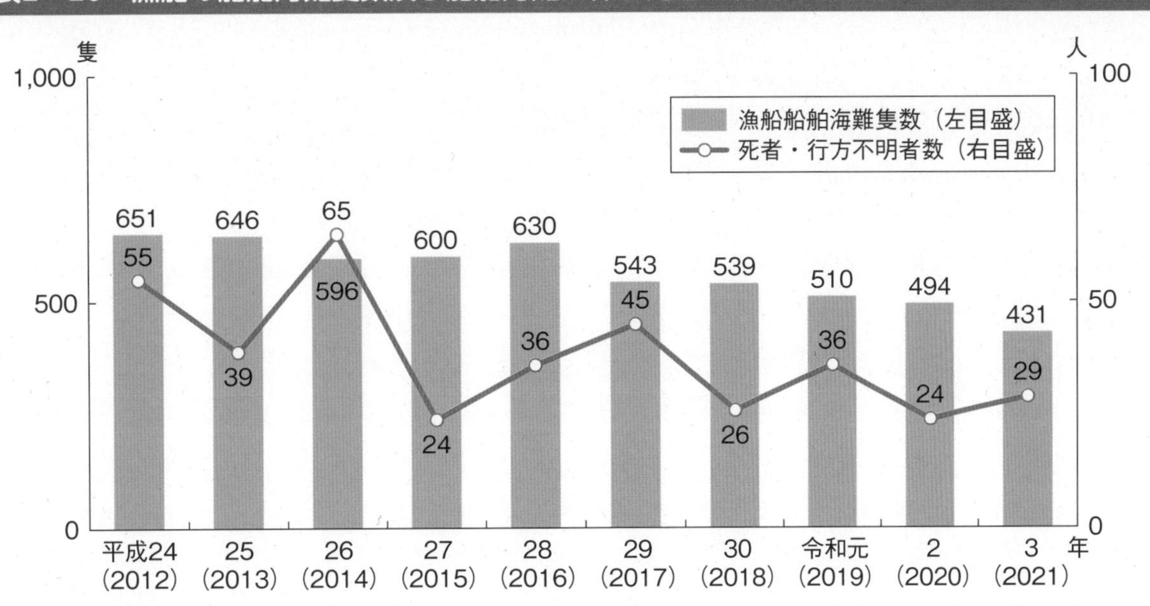


資料：海上保安庁調べ

船上で行われる漁労作業では、不慮の海中転落[＊1]も発生しています。令和３（2021）年における漁船からの海中転落者は65人となり、そのうち38人が死亡又は行方不明となっています（図表２－21）。

また、船舶海難や海中転落以外にも、漁船の甲板上では、機械への巻き込みや転倒等の思わぬ事故が発生しがちであり、漁業における災害発生率は、陸上における全産業の平均の５倍と、高い水準が続いています（図表２－22）。

＊1　ここでいう海中転落は、衝突、転覆等の船舶海難以外の理由により発生した船舶の乗船者の海中転落をいう。

第1部

第2章

## 図表2－21 漁船からの海中転落者数及び海中転落による死者・行方不明者数の推移

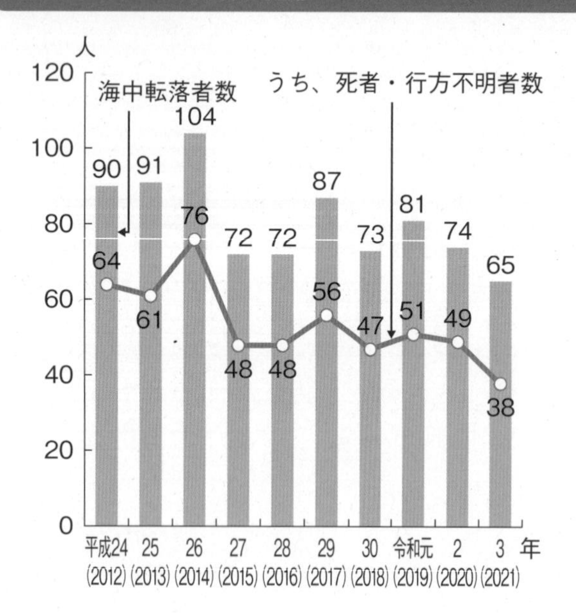


資料：海上保安庁調べ

## 図表2－22 船員及び陸上労働者災害発生率

（単位：千人率）

| | 平成30 (2018) | 令和元 (2019) | 2年度 (2020) |
|---|---|---|---|
| 船員（全船種） | 8.4 | 7.8 | 7.8 |
| 漁船 | 12.7 | 11.6 | 11.5 |
| 一般船舶 | 5.6 | 5.5 | 6.4 |
| 陸上労働者（全産業） | 2.3 | 2.2 | 2.3 |
| 林業 | 22.4 | 20.8 | 25.5 |
| 鉱業 | 10.7 | 10.2 | 10.0 |
| 運輸業（陸上貨物） | 8.9 | 8.5 | 8.9 |
| 建設業 | 4.5 | 4.5 | 4.5 |

資料：国土交通省「船員災害疾病発生状況報告（船員法第111条）集計書」
注：1）陸上労働者の災害発生率（暦年）は、厚生労働省の「職場のあんぜんサイト」で公表されている統計値。
2）災害発生率は、職務上休業４日以上の死傷者の数値。

### イ 漁業労働環境の改善に向けた取組

#### 〈海難事故の防止や事故の早期発見に関する取組〉

海中転落時には、ライフジャケットの着用が生存に大きな役割を果たします。令和３(2021)年のデータでは、漁業者の海中転落時のライフジャケット着用者の生存率（79%）は、非着用者の生存率（40%）の約２倍です（図表２－23）。

平成30（2018）年２月以降、原則、船室の外にいる全ての乗船者にライフジャケットの着用が義務付けられ、令和４（2022）年２月からは当該乗船者にライフジャケットを着用させなかった船長（小型船舶操縦者）に対する違反点数付与の適用が開始されています[*1]。令和３（2021）年の海中転落時におけるライフジャケット着用率は約６割となっており、国は、確実なライフジャケットの着用に向け、引き続き周知・啓発を行っていくこととしています。

さらに、海難事故の防止に向け、関係省庁と連携してAIS[*2]の普及促進のための周知・啓発等による利用の促進を図っていくとともに、AISの搭載ができない小型漁船の安全性向上のため、漁船の自船位置及び周辺船舶の位置情報等をスマートフォンに表示して船舶の接近等を漁業者にアラームを鳴らして知らせることにより、衝突、乗揚事故を回避するアプリのサービスが開始されており、漁業現場への普及が期待されています。また、事故の早期発見のために、落水を検知する専用ユニットとスマートフォンにより、落水事故の発生を即時に検知して周囲にSOSを発信するアプリ等の開発といった取組も見られています。

＊1 着用義務に違反した場合、船長（小型船舶操縦者）に違反点数が付与され、違反点数が行政処分基準に達すると最大で６か月の免許停止（業務停止）となる場合がある。

＊2 Automatic Identification System：自動船舶識別装置。洋上を航行する船舶同士が安全に航行するよう、船舶の位置、針路、速力等の航行情報を相互に交換することにより、衝突を予防することができるシステム。

### 図表2－23　ライフジャケットの着用・非着用別の漁船からの海中転落者の生存率

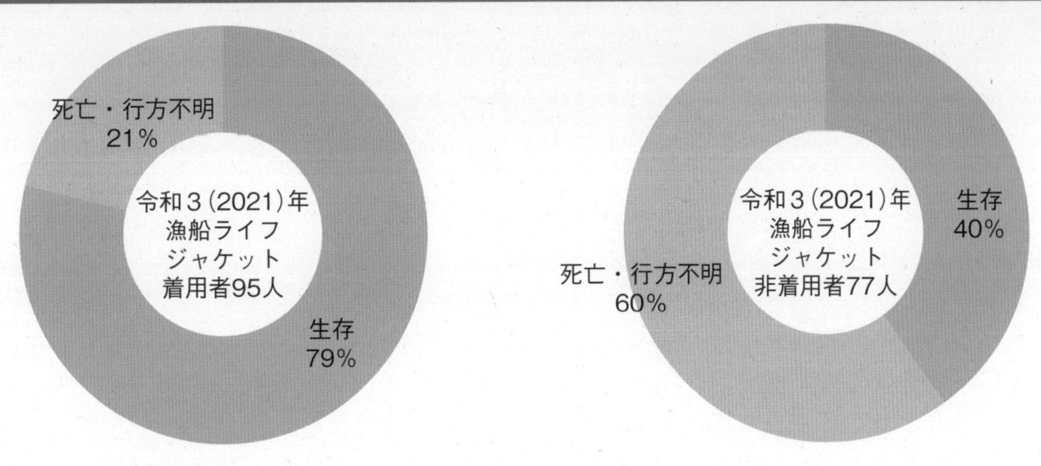


資料：海上保安庁調べ



**〈農林水産業・食品産業の分野を横断した作業安全対策の推進〉**

漁業労働における安全性の確保は、人命に関わる課題であるとともに、漁業に対する就労意欲にも影響します。これまでも、技術の向上等により漁船労働環境における安全性の確保を進めるとともに、水産庁は、全国で「漁業カイゼン講習会」を開催して漁業労働環境の改善や海難の未然防止に関する知識を持った安全推進員等を養成し、漁業者自らが漁業労働の安全性を向上させる取組を支援してきました。

加えて、漁業だけでなく、農林水産業・食品産業の現場では依然として毎年多くの死傷事故が発生しており、若者が将来を託せるより安全な職場を作っていくことが急務となっています。そのため、農林水産省は、これらの産業の分野を横断して作業安全対策を推進しています。令和３（2021）年２月には、「農林水産業・食品産業の現場の新たな作業安全対策に関する有識者会議」での議論を踏まえ、「農林水産業・食品産業の作業安全のための規範」を策定し、広く周知・啓発を行っています。引き続き、漁業等の現場の従事者の方々に作業安全の取組をチェックしてもらい、安全意識の向上を図っていくこととしています。

漁船の安全操業に関する情報（水産庁）：
https://www.jfa.maff.go.jp/j/kikaku/anzen.html

## 【コラム】「漁船の安全対策に関する優良な取組に対する表彰」で初のゴールド賞

水産庁は、毎年10月を「全国漁船安全操業推進月間」と位置付け、漁業関係団体等との連携による漁船事故防止に向けたキャンペーンを全国一斉に展開しています。その活動の一環として、安全対策に関する優良な取組を行っている漁業関係団体に対して、水産庁長官から取組に対する表彰を行うとともに、取組に応じた賞の授与を行っています。

授与する賞には、取組をおおむね３年以上継続し、かつ、漁船事故や海中転落による死者・行方不明者が３年以上発生していない団体に対するブロンズ賞、同じく５年以上の団体に対するシルバー賞、さらに７年以上の団体に対するゴールド賞があります。

令和３（2021）年の授賞式では、表彰制度開始以来初となるゴールド賞の表彰を行いました。ゴールド賞の受賞者の取組概要は、下表のとおりです。

この表彰制度を通じて優良な取組事例を積極的に広報することで、漁業者の安全に関する意識の向上と取組の推進を促し、重大な事故を減らすことが期待されています。

**【ゴールド賞の受賞団体と取組概要】**

| 受賞団体名 | 取組概要 |
|---|---|
| ひやま漁業協同組合<br>上ノ国（かみのくに）支所 | 海難防止パレードへの積極的な参加や救難所職員による救助訓練の実施等を通じ、模範となる海難防止活動を実施。<br>（37年２か月にわたり、死者・行方不明者の発生なし。） |
| 鵡川（むかわ）漁業協同組合<br>厚真（あつま）支所 | 海難防止パレードへの積極的な参加や救難所職員による救助訓練の実施等を通じ、模範となる海難防止活動を実施。<br>（37年２か月にわたり、死者・行方不明者の発生なし。） |
| 由比港（ゆいこう）漁業協同組合 | ライフジャケット着用の呼び掛けや独自のライフジャケットの着用義務付け等を通じ、海難防止活動を実施。<br>（12年11か月にわたり、死者・行方不明者の発生なし。） |
| 大井川港（おおいがわこう）漁業協同組合 | ライフジャケットの購入補助による着用推進や安全操業に関する規約の遵守等を通じ、海難防止活動を実施。<br>（11年３か月にわたり、死者・行方不明者の発生なし。） |
| いとう漁業協同組合 | 各種講習会の開催やライフジャケットを着用した落水訓練等の海難防止活動を実施。<br>（11年にわたり、死者・行方不明者の発生なし。） |

オンラインでの授賞式

〈海上のブロードバンド通信環境の普及を推進〉

狭い船内が主な生活の場となる漁業は、陸上に比べて生活環境が十分に整っているとはいえず、船内環境の向上に向けた整備・改善が強く望まれています。特に近年、陸上では、大容量の情報通信インフラの整備が進み、家族や友人等とのコミュニケーションの手段としてSNS[＊1]等が普及しています。他方、海上では、衛星通信が利用されていますが、陸上に比べて衛星通信サービスの通信容量は限定的であること、利用者が船舶関係者に限定され需要が少ないこと、従量制料金のサービスが中心で定額制料金のサービスが始まったばかりであること等、陸上と異なる制約があるため、ブロードバンドの普及に関して、陸上と海上との格差（海上のデジタルディバイド）が広がっています。

このため、船員・乗客が陸上と同じようにスマートフォンを利用できる環境を目指し、利用者である船舶サイドのニーズも踏まえた海上ブロードバンドの普及が喫緊の課題となっています。水産庁は、総務省や国土交通省と連携し、漁業者のニーズに応じたサービスが提供されるよう通信事業者等を交えた意見交換を実施したり、新たなサービスについて水産関係団体へ情報提供を行ったりするなど、海上ブロードバンドの普及を図っています。

## （5）スマート水産業の推進等に向けた技術の開発・活用

〈水産業の各分野でICT・AI等の様々な技術開発、導入及び普及を推進〉

漁業・養殖業生産量の減少、漁業就業者の高齢化・減少等の厳しい現状に直面している水産業を成長産業に変えていくためには、漁業の基礎である水産資源の維持・回復に加え、近年技術革新が著しいICT[＊2]・IoT[＊3]・AI[＊4]等の情報技術やドローン・ロボット等の技術を漁業・養殖業の現場へ導入・普及させていくことが重要です。これらの分野では、民間企業等で様々な技術開発や取組が進められていますが、その成果を導入・普及させていくとともに、更なる高度化を目指した検討・実証を進めていくことが重要です。

例えば、漁船漁業の分野では、従来、経験や勘に基づき行われてきた沿岸漁業の漁場の探索を支援するため、ICTを活用して、水温や塩分、潮流等の漁場環境を予測し、漁業者のスマートフォンに表示するための実証実験が行われています（図表２－24）。沖合・遠洋漁業では、人工衛星の海水温等のデータと漁獲データをAIで分析し、漁場形成予測を行うなどの取組が行われているほか、かつお一本釣り漁船への自動釣機導入に向けた実証等が進められています。このような新技術の導入が進むことで、データに基づく効率的な漁業や、省人化・省力化による収益性の高い漁業の実現が期待されます。

養殖業の分野では、ICTを活用した自動給餌システムの導入により遠隔操作で最適な給餌量の管理を行うほか、IoTや水中ドローンのカメラを活用した養殖場の見える化を図るなどの取組が進められています。

水産資源の評価・管理の分野では、生産現場から直接水揚げ情報を収集し、より多くの魚

---

＊1　Social Networking Service：登録された利用者同士が交流できるWebサイトの会員制サービス

＊2　Information and Communication Technology：情報通信技術

＊3　Internet of Things：モノのインターネットといわれる。自動車、家電、ロボット、施設等あらゆるモノがインターネットにつながり、情報のやり取りをすることで、モノのデータ化やそれに基づく自動化等が進展し、新たな付加価値を生み出す。

＊4　Artificial Intelligence：人工知能

種の資源状態を迅速かつ正確に把握していくため、漁協や産地市場の販売管理システムの改修等の電子的情報収集体制を構築しています。これらにより、資源評価に必要な各種データを収集し、より精度の高い資源評価を行い、資源状態の悪い魚種については適切な管理の実施につなげていくことを目指しています。

加えて、漁場情報を収集・発信するための海域環境観測施設の設置や漁港・産地市場における情報通信施設の整備等を推進し、漁海況予測情報が容易に得られる環境の実現や資源管理の実効性の向上、荷さばき作業の効率化等につなげていくこととしています。

水産物の加工・流通の分野では、先端技術を活用した加工やICT・IoTを活用した情報流・物流の高度化も進んでいます。例えば、画像センシング技術を活用し、様々な魚種を高速で選別する技術の開発を行っています。今後は、このような技術も活用して、生産と加工・流通が連携して水産バリューチェーンの生産性を改善する取組や輸出拡大の取組を推進していきます。

### 図表2－24　スマート水産業が目指す2027年の将来像

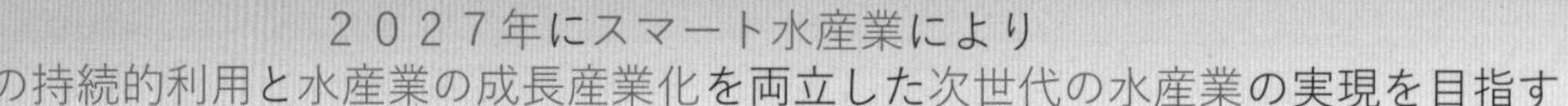

さらに、水産庁は、データの利活用を推進するため、水産業におけるICT利用について先行する民間企業、学識経験者、水産関係団体、試験研究機関等の協力を得て、「水産分野におけるデータ利活用のための環境整備に係る有識者協議会」を開催し、同協議会による議論を経て令和４（2022）年３月にデータの提供・利用の取決めに関するガイドラインとして「水産分野におけるデータ利活用ガイドライン」を策定しました。また、令和元（2019）年12月に公表した「水産新技術の現場実装推進プログラム」により、漁業者や企業、研究機関、行政等の関係者が、共通認識を持って連携しながら、水産現場への新技術の実装を図っていく

こととしています。

加えて、将来の水産業を担う人材の育成やスマート水産業の普及を目的として、水産庁は、「スマート水産業現場実装委員会」を令和2（2020）年9月に立ち上げ、専門家を水産高校等に派遣し、水産新技術に関する出前授業を行うなどの取組を行っています。

そのほかにも様々な技術開発が行われています。資源の減少が問題となっているニホンウナギや太平洋クロマグロについて、資源の回復を図りつつ天然資源に依存しない養殖種苗の安定供給を確保するため、人工種苗を量産するための技術開発が進められています。さらに、カキやホタテガイ等における貝毒検出方法に関する技術開発等、消費者の安全・安心につながる技術開発も行われています。

スマート水産業：
https://www.jfa.maff.go.jp/j/kenkyu/smart/index.html



## （6）漁業協同組合の動向

### ア　漁業協同組合の役割

**〈漁協は漁業経営の安定・発展や地域の活性化に様々な形で貢献〉**

漁協は、漁業者による協同組織として、組合員のために販売、購買等の事業を実施するとともに、漁業者が所得向上に向けて主体的に取り組む浜プラン等の取組をサポートするなど、漁業経営の安定・発展や地域の活性化に様々な形で貢献しています。また、漁業権の管理や組合員に対する指導を通じて水産資源の適切な利用と管理に主体的な役割を果たしているだけでなく、浜の清掃活動、河川の上流域での植樹活動、海難防止、国境監視等にも積極的に取り組んでおり、漁村の地域経済や社会活動を支える中核的な組織としての役割を担っています。

### イ　漁業協同組合の現状

**〈漁協の組合数は881組合〉**

漁協については、合併の進捗により、令和3（2021）年3月末現在の組合数（沿海地区）は881組合となっていますが、漁業者数の減少に伴って組合員数の減少が進んでおり、依然として小規模な組合が多い状況にあります。また、漁協の中心的な事業である販売事業の取扱高は近年減少傾向にあります（図表2－25、図表2－26）。今後とも漁協が漁業・漁村の中核的組織として漁業者の所得向上や適切な資源管理等の役割を果たしていくためには、引き続き合併等により組合の事業及び経営の基盤を強化するとともに、販売事業についてより一層の強化を図る必要があります。

## 図表2－25　沿海地区漁協数、合併参加漁協数及び販売事業取扱高の推移

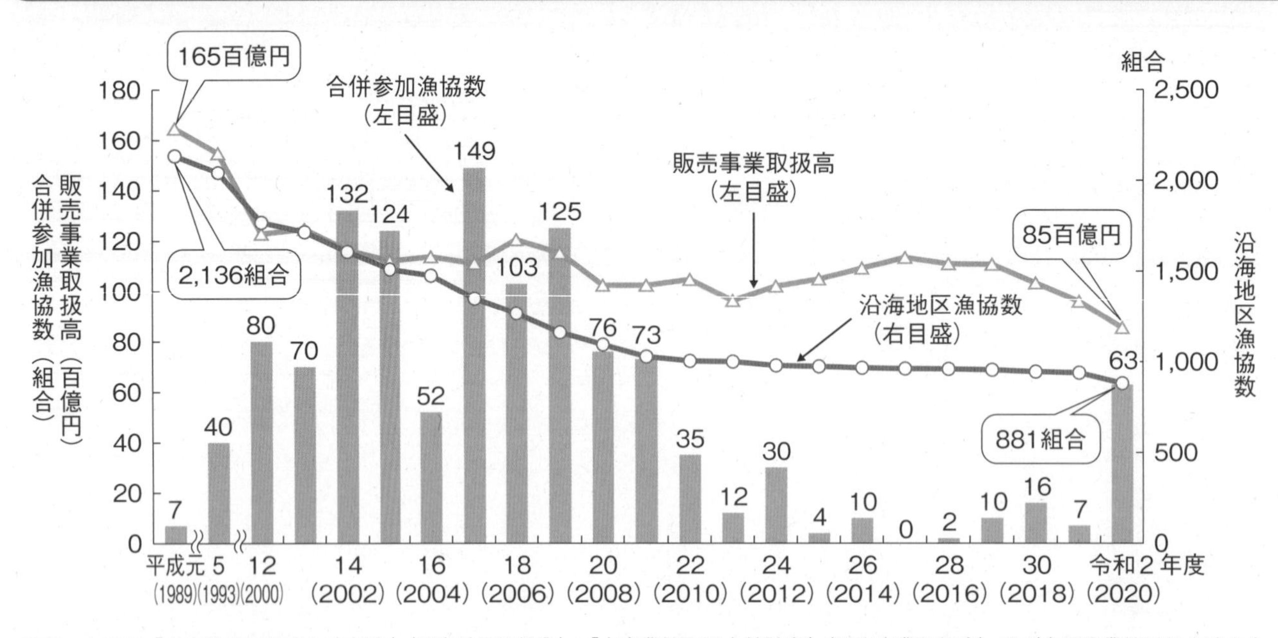


資料：水産庁「水産業協同組合年次報告」（沿海地区漁協数）、「水産業協同組合統計表」（販売事業取扱高）及び全国漁業協同組合連合会調べ（合併参加漁協数）

## 図表2－26　漁協の組合員数の推移

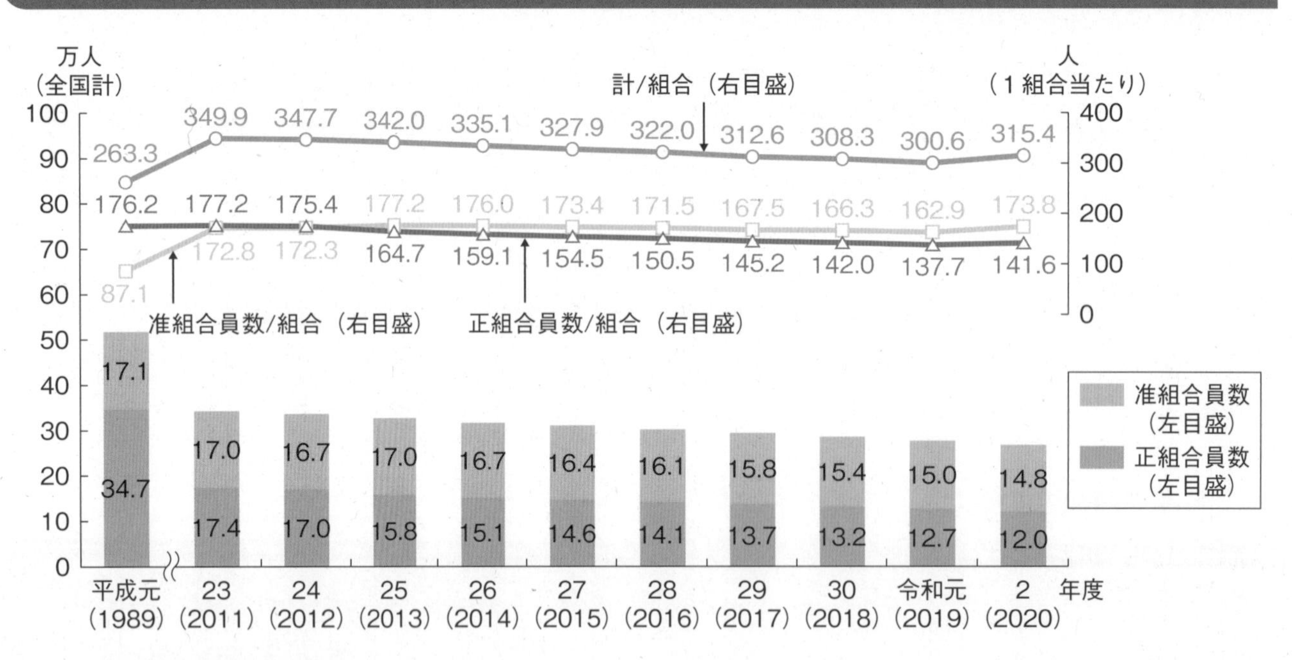


資料：水産庁「水産業協同組合統計表」

## （7）水産物の流通・加工の動向

### ア　水産物流通の動向

**〈市場外流通が増加〉**

近年、水産物の国内流通量が減少しています。また、平成30（2018）年度に消費地市場を経由して流通された水産物の量は、20年前の約５割となり、水産物の消費地卸売市場経由率は約47％と20年前と比較して約３割低下しました（図表２－27）。

**図表2－27　水産物の消費地卸売市場経由量と経由率の推移**

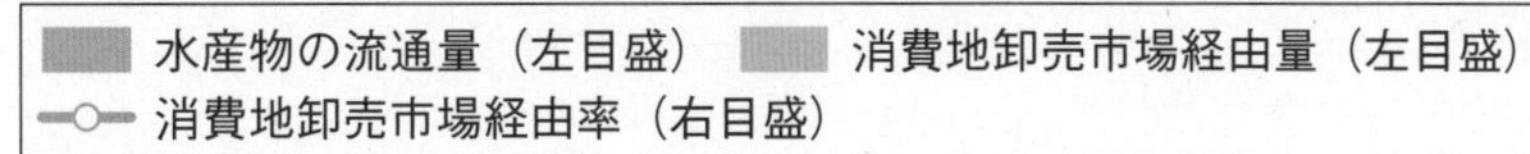


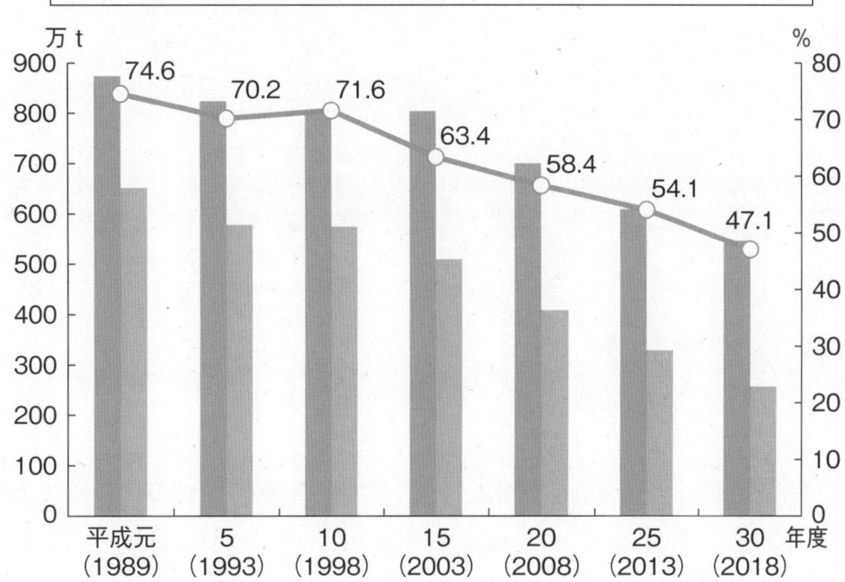


資料：農林水産省「卸売市場データ集」

**〈産地卸売市場数は横ばい、消費地卸売市場数は減少〉**

水産物卸売市場の数については、産地卸売市場は近年横ばい傾向にある一方、消費地卸売市場は減少しています（図表２－28）。

一方、小売・外食業者等と産地出荷業者との消費地卸売市場を介さない産地直送、漁業者と加工・小売・外食業者等との直接取引、インターネットを通じた消費者への生産者直売等、市場外流通が増加しつつあります。

図表2－28　水産物卸売市場数の推移

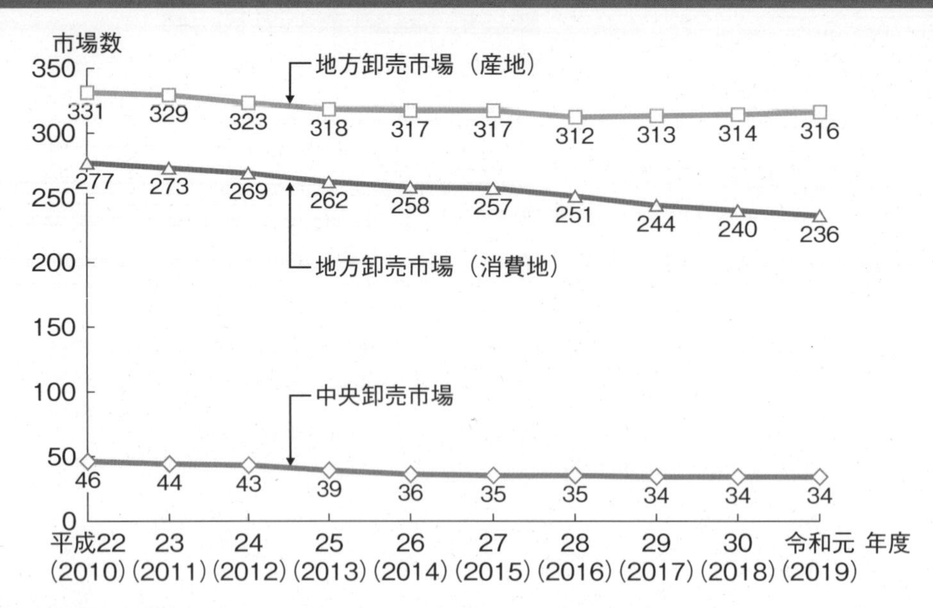


資料：農林水産省「卸売市場データ集」
注：1）中央卸売市場は年度末、地方卸売市場は平成23（2011）年度までは年度当初、平成24（2012）年度からは年度末のデータ。
2）中央卸売市場は都道府県又は人口20万人以上の市等が農林水産大臣の認可を受けて開設する卸売市場。地方卸売市場は中央卸売市場以外の卸売市場であって、卸売場の面積が一定規模（産地市場330㎡、消費地市場200㎡）以上のものについて、都道府県知事の認可を受けて開設されるもの。

### イ　水産物卸売市場の役割と課題

#### 〈卸売市場は水産物の効率的な流通において重要な役割〉

卸売市場には、1）商品である漁獲物や加工品を集め、ニーズに応じて必要な品目・量に仕分する集荷・分荷の機能、2）旬や産地、漁法や漁獲後の取扱いにより品質が大きく異なる水産物について、公正な評価によって価格を決定する価格形成機能、3）販売代金を迅速・確実に決済する決済機能、4）川上の生産や川下のニーズに関する情報を収集し、川上・川下のそれぞれに伝達する情報受発信機能があります。多様な魚種が各地で水揚げされる我が国において、卸売市場は、水産物を効率的に流通させる上で重要な役割を担っています（図表2－29）。

一方、卸売市場には様々な課題もあります。まず、輸出も見据え、施設の近代化により品質・衛生管理体制を強化することが重要です。また、産地卸売市場の多くは漁協によって運営されていますが、取引規模の小さい産地卸売市場は価格形成力が弱いこと等が課題となっており、市場の統廃合等により市場機能の維持・強化を図っていくことが求められます。さらに、消費地卸売市場を含めた食品流通においては、物流等の効率化、ICT等の活用、鮮度保持等の品質・衛生管理の強化、及び国内外の需要へ対応し、多様化する実需者等のニーズに的確に応えていくことが重要です。

このような状況の変化に対応して、生産者の所得の向上と消費者ニーズへの的確な対応を図るため、各卸売市場の実態に応じて創意工夫を活かした取組を促進するとともに、卸売市場を含めた食品流通の合理化と、その取引の適正化を図ることを目的として、「卸売市場法及び食品流通構造改善促進法の一部を改正する法律[＊1]」が平成30（2018）年6月に成立しました。この新制度により、各市場のルールやあり方は、その市場の関係者が話し合って決

＊1　平成30（2018）年法律第62号

めることになりました。卸売市場を含む水産物流通構造が改善され、魚の品質に見合った適正な価格形成が図られることで、１）漁業者にとっては所得の向上、２）加工流通業者にとっては経営の改善、３）消費者にとってはニーズに合った水産物の供給につながることが期待されます。

**図表2－29　水産物の一般的な流通経路**

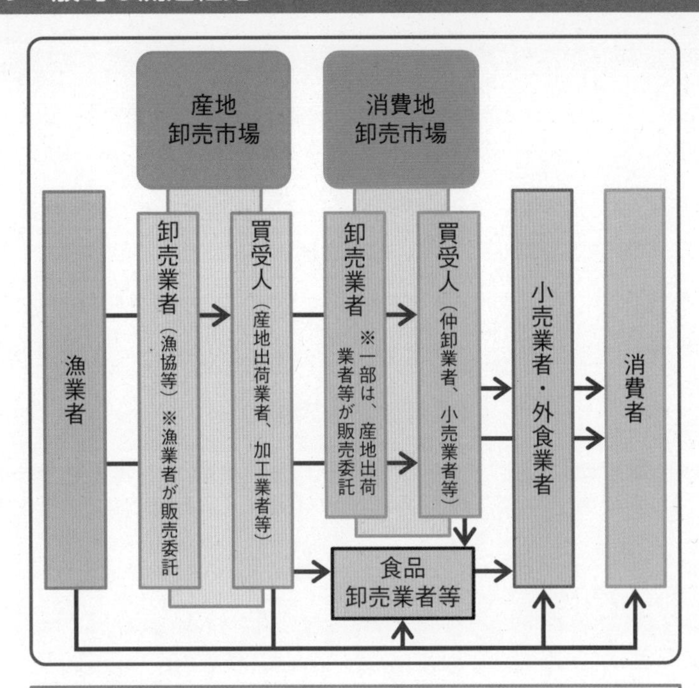


産地卸売市場
　産地に密着し、漁業者が水揚げした漁獲物の集荷、選別、販売等を行う。
消費地卸売市場
　各種産地卸売市場等から出荷された多様な水産物を集荷し、用途別に仕分け、小売店等に販売する。



### ウ　水産加工業の動向

**〈食用加工品生産量が減少傾向の中、ねり製品や冷凍食品は近年横ばい傾向〉**

水産加工品のうち食用加工品の生産量は、平成元（1989）年以降、総じて減少傾向にありましたが、ねり製品や冷凍食品の生産量については、平成21（2009）年頃から横ばい傾向となっています（図表２－30）。

また、生鮮の水産物を丸魚のまま、又はカットやすり身にしただけで凍結した生鮮冷凍水産物の生産量は、平成前期には食用加工品の生産量を上回っていましたが、平成７（1995）年以降は食用加工品の生産量の方が上回っています。このように、水産物は、ねり製品や冷凍食品等、多様な商品に加工され、供給されています。

図表2－30　水産加工品生産量の推移

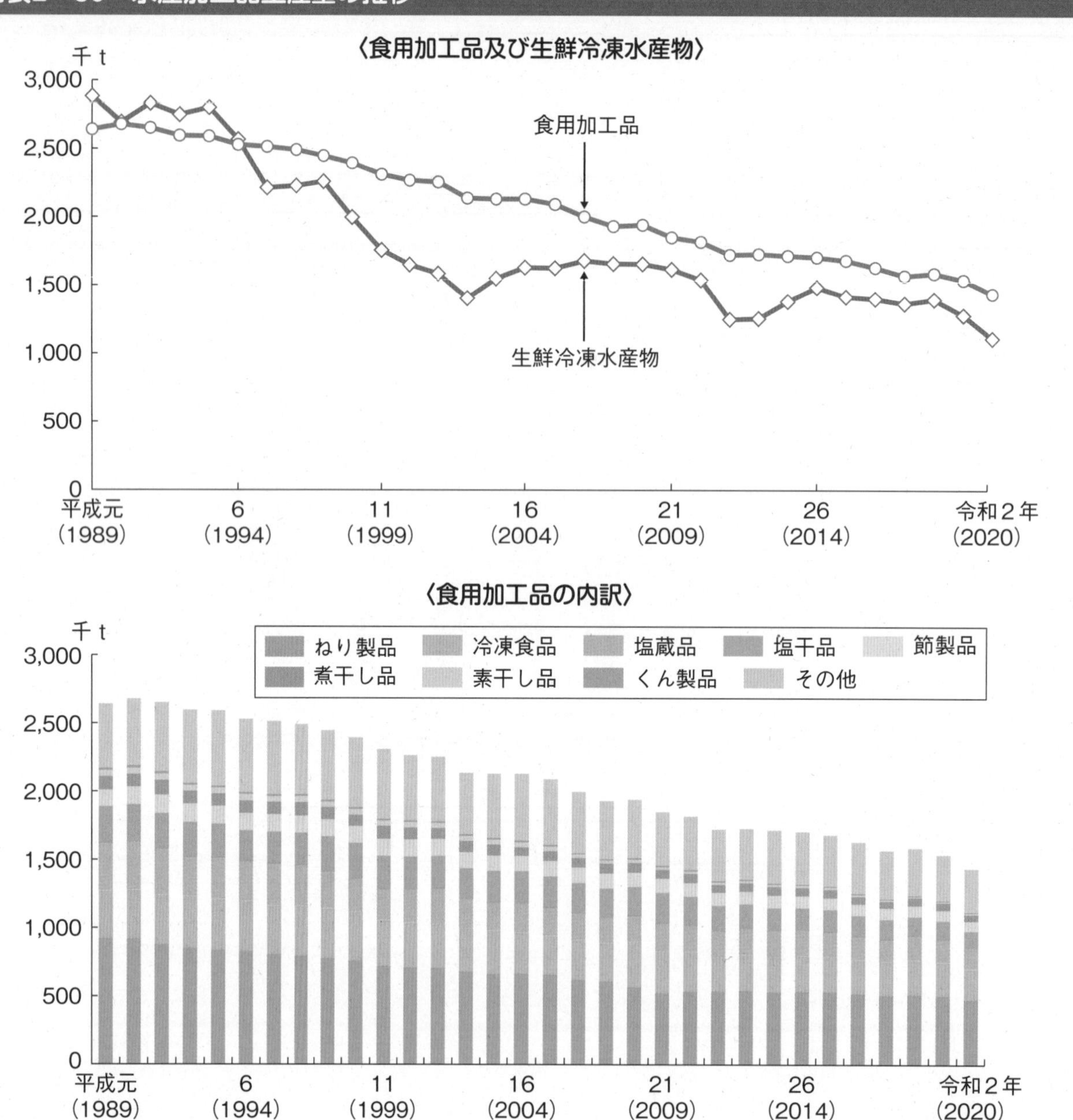


資料：農林水産省「水産物流通統計年報」（平成21（2009）年以前）、「漁業センサス」（平成25（2013）年及び30（2018）年）及び「水産加工統計調査」（その他の年）

注：水産加工品とは、水産動植物を主原料（原料割合50％以上）として製造された、食用加工品及び生鮮冷凍水産物をいう。焼・味付のり、缶詰・びん詰、寒天及び油脂は除く。

## エ　水産加工業の役割と課題

### 〈経営の脆弱性や従業員不足が重要な課題〉

我が国の食用魚介類の国内消費仕向量の７割は加工品として供給されており、水産加工業は漁業と共に車の両輪を担っています。また、水産加工場の多くは沿海地域に立地し、漁業と共に漁村地域の活性化に寄与しています。

水産加工業は、腐敗しやすい水産物の保存性を高める、家庭での調理の手間を軽減するといった機能を通じ、水産物の付加価値の向上に寄与しています。特に近年の消費者の食の簡便化志向の高まり等により、水産物消費における加工の重要性は高まっており、多様化する消費者ニーズを捉えた商品開発が求められています。

しかしながら、近年では、経営の脆弱性、さらには個々の加工業者では解決困難な課題に対応するための産地全体の機能強化等が、多くの水産加工業者にとっての課題となっていま

す。このため、小規模加工業者の負担軽減に資するよう、水産加工業協同組合等が漁協等と連携して行う共同利用施設を整備する取組を支援することとしています。

また、外国人技能実習生や特定技能外国人の円滑な受入れ、共生を図る取組を行うとともに、省人化・省力化を図るためのAI、ICT、ロボット等の新技術の開発・活用・導入を進めていくことが必要です。

さらに、近年のイカ、サンマ等の不漁による加工原料不足が大きな問題となっており、原料転換に対応した生産体制の構築が必要です。

加えて、産地全体の機能強化・活性化を図るべく、産地の取りまとめ役となる中核的人材や次世代の若手経営者を育成するとともに、各種水産施策や中小企業施策の円滑な利用が進むよう、国及び都道府県レベルにワンストップ窓口を設置し、水産加工業者の悩みや相談に迅速かつ適切に対応していくこととしています。

### オ　HACCPへの対応

**〈水産加工業等における対EU輸出認定施設数は101施設、対米輸出認定施設は538施設〉**



HACCP[*1]は、食品安全の管理方法として世界的に利用されていますが、EU（欧州連合）や米国等は、輸入食品に対してもHACCPの実施を義務付けているため、我が国からこれらの国・地域に水産物を輸出する際には、我が国の水産加工施設等が、輸出先国・地域から求められているHACCPを実施し、更に施設基準に適合していることが必要です。

水産加工業等におけるHACCP導入率は、令和２（2020）年10月１日現在で41％[*2]となっています。国は、輸出促進のため、EUや米国への輸出に際して必要なHACCPに基づく衛生管理及び施設基準等の追加的な要件を満たす施設として認定を取得するため、水産加工・流通施設の改修等を支援するとともに、水産物の流通拠点となる漁港等において高度な衛生管理に対応した荷さばき所等の整備を推進しています（図表２－31）。また、冷凍・冷蔵施設の老朽化が進行しており、その更新が課題となっています。このため、生産・流通機能の強化と効率化を図りつつ、冷凍・冷蔵施設の整備を推進しています。

特に、認定施設数が少数にとどまっていた対EU輸出認定施設については、認定の加速化に向け、厚生労働省に加え農林水産省も平成26（2014）年10月から認定主体となり、令和４（2022）年３月末までに54施設を認定し、厚生労働省の認定数と合わせ、我が国の水産加工業等における対EU輸出認定施設数は101施設[*3]となりました。同月末現在、対米輸出認定施設は538施設となっています（図表２－32）。

なお、国内消費者に安全な水産物を提供する上でも、卸売市場等における衛生管理を高度化するとともに、水産加工業等におけるHACCPに沿った衛生管理の導入を促進することが重要です。平成30（2018）年６月には「食品衛生法等の一部を改正する法律[*4]」が公布され、

---

＊１　Hazard Analysis and Critical Control Point：危害要因分析・重要管理点。原材料の受入れから最終製品に至るまでの工程ごとに、微生物による汚染や金属の混入等の食品の製造工程で発生するおそれのある危害要因をあらかじめ分析（HA）し、危害の防止につながる特に重要な工程を重要管理点（CCP）として継続的に監視・記録する工程管理システム。国際連合食糧農業機関（FAO）と世界保健機関（WHO）の合同機関である食品規格（コーデックス）委員会がガイドラインを策定して各国にその採用を推奨している。

＊２　農林水産省「令和２年度食品製造業におけるHACCPに沿った衛生管理の導入状況実態調査」

＊３　令和４（2022）年３月末時点で国内手続が完了したもの。

＊４　平成30（2018）年法律第46号

水産加工業者を含む原則として全ての食品等事業者を対象に、令和３（2021）年６月１日から、HACCPに沿った衛生管理の実施が義務化されています。

## 図表2－31　高度な衛生管理に対応した荷さばき所の整備状況（令和４（2022）年３月末時点）

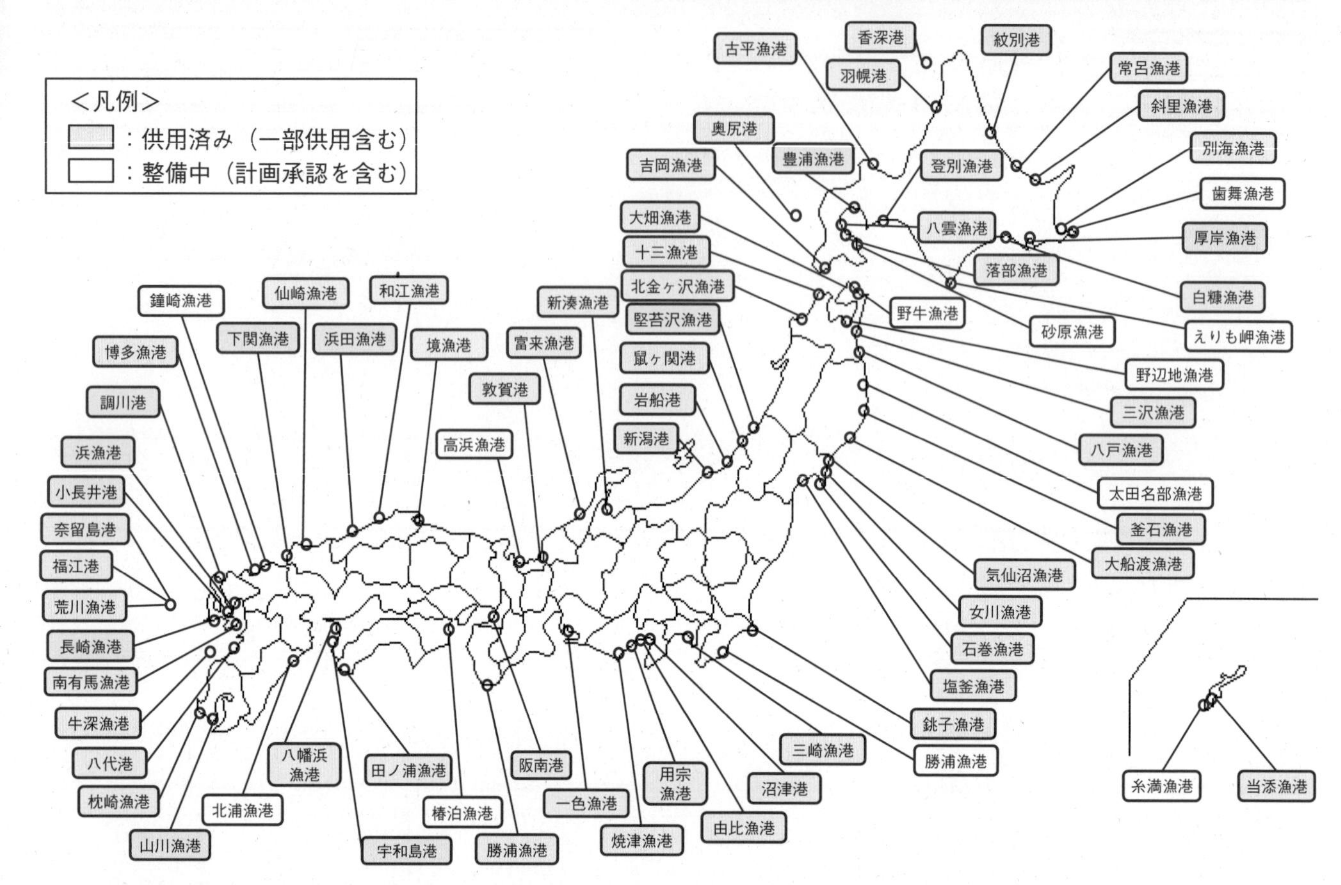


注：水産基盤整備事業、水産業強化支援事業（前身事業を含む）、水産業競争力強化緊急施設整備事業、水産物輸出拡大施設整備事業により整備した荷さばき所の整備状況

## 図表2－32　水産加工業等における対EU・米国輸出認定施設数の推移

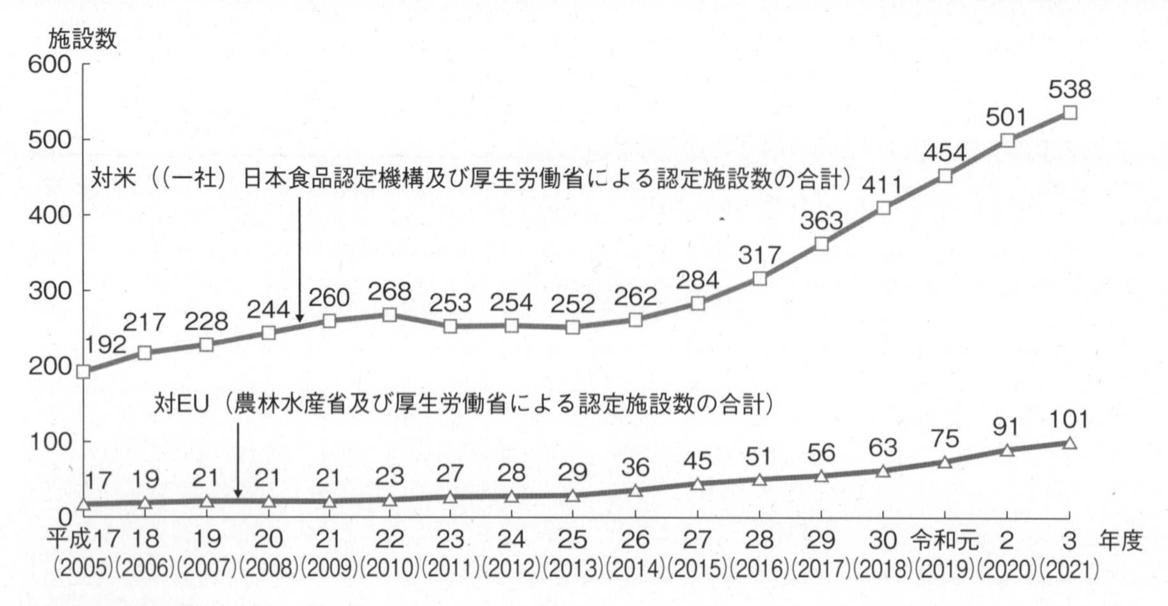


資料：農林水産省調べ

# 第３章

## 水産資源及び漁場環境をめぐる動き

## （1）我が国周辺の水産資源

### ア　我が国の漁業の特徴

**〈我が国周辺水域が含まれる太平洋北西部海域は、世界で最も漁獲量が多い海域〉**

我が国周辺水域が含まれる太平洋北西部海域は、世界で最も漁獲量が多い海域であり、令和２（2020）年の漁獲量は、世界の漁獲量の21％に当たる1,945万tとなりました（図表３－１）。

この海域に位置する我が国は、広大な領海及び排他的経済水域（以下「EEZ[＊1]」といいます。）を有しており、南北に長い我が国の沿岸には多くの暖流・寒流が流れ、海岸線も多様です。このため、その周辺水域には、世界127種の海生ほ乳類のうちの50種、世界約１万５千種の海水魚のうちの約3,700種（うち我が国固有種は約1,900種）[＊2]が生息しており、世界的に見ても極めて生物多様性の高い海域となっています。

このような豊かな海に囲まれているため、沿岸域から沖合・遠洋にかけて多くの漁業者が多様な漁法で様々な魚種を漁獲しています。

また、我が国は、国土の約３分の２を占める森林の水源涵養（かんよう）機能や、世界平均の約1.5倍程度の降水量等により豊かな水にも恵まれており、内水面においても地域ごとに特色のある漁業が営まれています。

**図表3－1　世界の主な漁場と漁獲量**

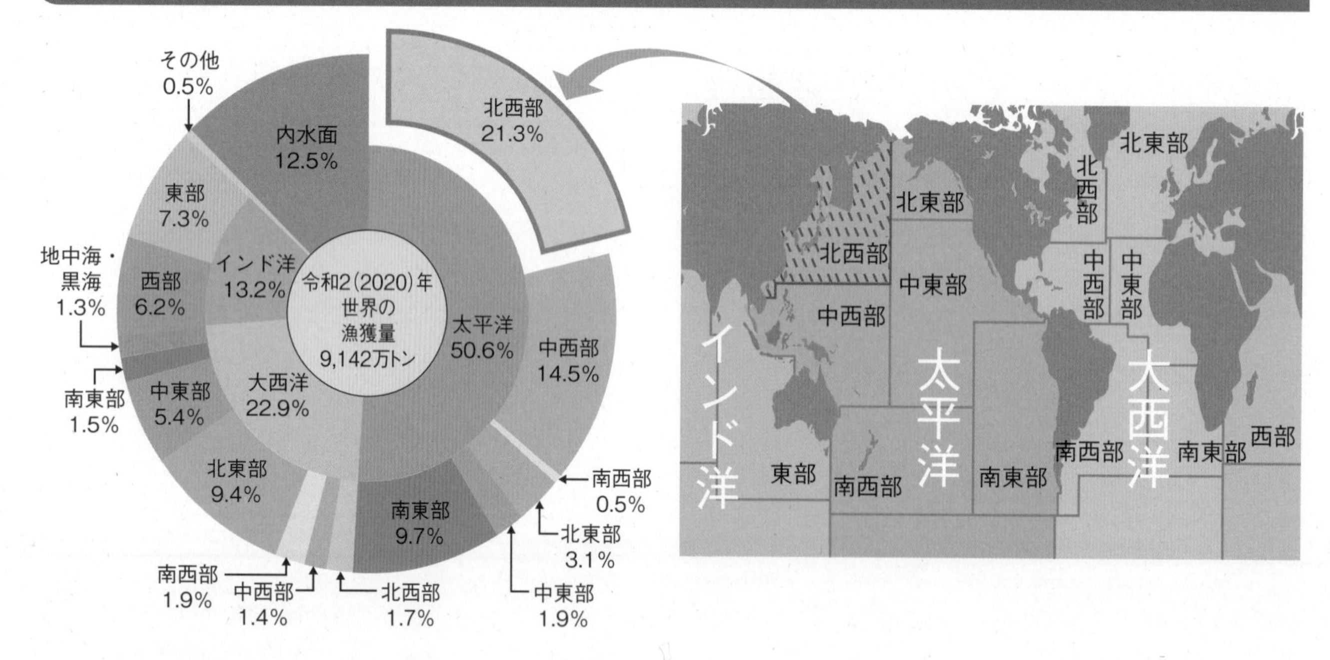


資料：FAO「Fishstat（Global capture production）」

### イ　資源評価の実施

**〈資源評価対象魚種を119魚種から192魚種に拡大〉**

水産資源は再生可能な資源であり、適切に管理すれば永続的な利用が可能です。水産資源

---

＊1　海上保安庁Webサイト（https://www1.kaiho.mlit.go.jp/JODC/ryokai/ryokai_setsuzoku.html）によると、日本の領海とEEZを合わせた面積は約447万㎢とされている。

＊2　生物多様性国家戦略2012－2020（平成24（2012）年９月閣議決定）による。

の管理においては、資源評価により資源量や漁獲の強さの水準と動向を把握し、その結果に基づき設定される資源管理の目標に向けて、適切な管理措置を執ることが重要です。近年では、気候変動等の環境変化が資源に与える影響や、外国漁船の漁獲の増加による資源への影響の把握も、我が国の資源評価の課題となっています。

我が国では、国立研究開発法人水産研究・教育機構を中心に、都道府県水産試験研究機関及び大学等と協力して、市場での漁獲物の調査、調査船による海洋観測及び生物学的調査等を通じて必要なデータを収集するとともに、漁業で得られたデータも活用して、我が国周辺水域の主要な水産資源について資源評価を実施しています。

平成30（2018）年12月には、「漁業法等の一部を改正する等の法律[＊1]」が成立し、改正後の「漁業法[＊2]」（以下「新漁業法」といいます。）では、農林水産大臣は、資源評価を行うために必要な情報を収集するための資源調査を行うこととし、その結果等に基づき、最新の科学的知見を踏まえて、全ての有用水産資源について資源評価を行うよう努めるものとすることが規定されました。また、国と都道府県との連携を図り、より多くの水産資源に対して効率的に精度の高い資源評価を行うため、都道府県知事は農林水産大臣に対して資源評価の要請ができることとするとともに、その際、都道府県知事は農林水産大臣の求めに応じて資源調査に協力すること等が規定されました。

このことを受け、水産庁は、都道府県及び（研）水産研究・教育機構と共に、広域に流通している魚種や都道府県から資源評価の要請があった魚種等を新たに資源評価対象魚種に選定しました。令和３（2021）年度には、資源評価対象魚種を119魚種から192魚種まで拡大し、漁獲量、努力量及び体長組成等の資源評価のためのデータ収集を開始しました（図表３－２）。



そのうち、新たに９魚種12系群[＊3]について、新たな資源管理の実施に向け、過去の資源量等の推移に基づく資源の水準と動向の評価から、最大持続生産量（MSY）[＊4]を達成するために必要な資源量と漁獲の強さを算出し、過去から現在までの推移を神戸チャート[＊5]により示しました。さらに、資源管理のための科学的助言として、MSYを達成する資源水準の数値（目標管理基準値）案、乱獲を未然に防止するための数値（限界管理基準値）案及び目標に向かい、どのように管理していくのかを検討するための漁獲シナリオ案等に関する助言を（研）水産研究・教育機構、都道府県水産試験研究機関等が行いました。また、資源管理の進め方を検討するに当たり、（研）水産研究・教育機構等が、関係する漁業者等に、神戸チャート及び科学的助言の説明を行いました。このような手順を踏んだ上で、MSYに基づく神戸チャートにより資源量と漁獲の強さを示す資源は、既存の８魚種14系群と合わせて、17魚種26系群となりました。

新たな資源管理の推進に向け、今後とも、（研）水産研究・教育機構、都道府県、大学等が協力し、継続的な調査を通じてデータを蓄積するとともに、情報収集体制を強化し、資源評価の向上を図っていくことが重要です。

---

＊１　平成30（2018）年法律第95号

＊２　昭和24（1949）年法律第267号

＊３　一つの魚種の中で、産卵場、産卵期、回遊経路等の生活史が同じ集団。資源変動の基本単位。

＊４　Maximum Sustainable Yield：現在の環境下において持続的に採捕可能な最大の漁獲量。

＊５　資源量（横軸）と漁獲の強さ（縦軸）について、MSYを達成する水準（MSY水準）と比較した形で過去から現在までの推移を示したもの。

図表3－2　資源評価対象魚種数

## 平成30年度（計50魚種）

令和３年度時点でMSYベースの資源評価*1を行っている17魚種
・スケトウダラ*2・マアジ・マイワシ・マサバ・ゴマサバ・スルメイカ・ズワイガニ*2
・ホッケ*2・カタクチイワシ*2・ブリ・ウルメイワシ*2・マダラ*2・ソウハチ*2
・ムシガレイ・ヤナギムシガレイ・マダイ*2・ヒラメ*2

MSYベース以外の資源評価により水準・動向の判断を行っている42魚種
・アオダイ・アカガレイ・アカアマダイ・イカナゴ・イカナゴ類・イトヒキダラ・ウマヅラハギ
・ウルメイワシ*2・エソ類・オオヒメ・カタクチイワシ*2・カレイ類・キアンコウ・キダイ
・キチジ・キンメダイ・ケンサキイカ・サメガレイ・サワラ・シャコ・ソウハチ*2・タチウオ
・トラフグ・ニギス・ニシン・ハタハタ・ハマダイ・ハモ・ヒメダイ・ヒラメ*2
・ベニズワイガニ・ホッケ*2・ホッコクアカエビ・マアナゴ・マガレイ・マダイ*2・マダラ*2
・マナガツオ類・ムロアジ類・ヤリイカ・スケトウダラ*2・ズワイガニ*2

## 令和元年度（計67魚種）

令和元年度に新たに調査を開始した17魚種
・アイナメ・アカムツ・イサキ・イシガレイ・ウスメバル・ガザミ・キビナゴ
・クマエビ・クルマエビ・コウイカ・ツクシトビウオ・ツノナシオキアミ
・ハマトビウオ・ホソトビウオ・マコガレイ・マルソウダ・メイタガレイ

## 令和２年度（計119魚種）

令和２年度に新たに調査を開始した52魚種
・アオメエソ・アオリイカ・アカカマス・アブラガレイ・イシカワシラウオ・イセエビ
・イボダイ・イラコアナゴ・ウチワエビ・チゴダラ・オニオコゼ・カイワリ
・カサゴ・カワハギ・キジハタ・キツネメバル・キントキダイ・クエ・クロザコエビ
・クロソイ・クロダイ・ケガニ・コノシロ・サヨリ・サルエビ・シイラ・シログチ
・シロサバフグ・シロメバル・ジンドウイカ・スジアラ・スズキ・ソデイカ
・タイワンガザミ・チダイ・トゲザコエビ・ハツメ・ババガレイ・ヒレグロ・ホウボウ
・ホシガレイ・ホタルジャコ・ボタンエビ・マダコ・マトウダイ・ミギガレイ・ミズダコ
・モロトゲアカエビ・ヤナギダコ・ヤマトカマス・ヨシエビ・ヨロイイタチウオ

## 令和３年度（計192魚種）

令和３年度に新たに調査を開始した73魚種
・アイゴ・アカエイ・アカエビ・アカガイ・アカシタビラメ・アカマンボウ・アカヤガラ
・アサリ・アブラボウズ・アラ・アンコウ・イイダコ・イシガキダイ・イシダイ
・イトヨリダイ・イヌノシタ・ウバガイ・ウミタナゴ・エゾアワビ・エゾボラモドキ
・エッチュウバイ・カガミダイ・カナガシラ・カミナリイカ・カンパチ・キュウセン
・クジメ・クロアワビ・クロウシノシタ・クロガシラガレイ・ケムシカジカ
・コウライアカシタビラメ・コショウダイ・コブダイ・コマイ・サザエ・シバエビ
・シマアジ・ショウサイフグ・シライトマキバイ・シラエビ・シリヤケイカ・シロギス
・スナガレイ・スマ・タカベ・タナカゲンゲ・チカメキントキ・トコブシ・トヤマエビ
・トリガイ・ナガヅカ・ニベ・ネズミゴチ・ノロゲンゲ・ハガツオ・ハマグリ
・バラメヌケ・ヒメジ・ヒラツメガニ・ヒラマサ・ホタルイカ・ボラ・マゴチ
・マダカアワビ・マナマコ・マハタ・マフグ・マルアジ・メガイアワビ・メジナ・メダイ
・ユメカサゴ

*1神戸チャートを公表している魚種
*2系群によってMSYベースの資源評価とMSYベース以外の資源評価に分かれる

### ウ　我が国周辺水域の水産資源の状況

**〈17魚種26系群でMSYベースの資源評価、42魚種61系群で「高位・中位・低位」の３区分による資源評価を実施〉**

令和３（2021）年度の我が国周辺水域の資源評価結果によれば、MSYベースの資源評価を行った17魚種26系群のうち、資源量も漁獲の強さも共に適切な状態であるものはマアジ対馬暖流系群等の６魚種６系群（23%）、資源量は適切な状態にあるが漁獲の強さは過剰であるものはマイワシ太平洋系群等の２魚種２系群（８%）、資源量はMSY水準よりも少ないが漁獲の強さは適切な状態であるものはホッケ道北系群等の７魚種７系群（27%）、資源量はMSY水準よりも少なく漁獲の強さは過剰であるものはマサバ太平洋系群等の９魚種11系群（42%）と評価されました（図表３－３）。

「高位・中位・低位」の３区分による資源評価により、資源の水準と動向を評価した42魚種61系群について、資源水準が高位にあるものは11系群（18%）、中位にあるものは16系群（26%）、低位にあるものは34系群（56%）と評価されました（図表３－４）。魚種・系群別に見ると、マダラ北海道日本海やサワラ瀬戸内海系群については資源量の増加傾向が見られる一方で、カタクチイワシ瀬戸内海系群やベニズワイガニ日本海系群については資源量の減少傾向が見られています。

わが国周辺の水産資源の現状を知るために（（研）水産研究・教育機構）：
http://abchan.fra.go.jp/

図表3－3　我が国周辺の資源水準の状況（MSYをベースとした資源評価　17魚種26系群）

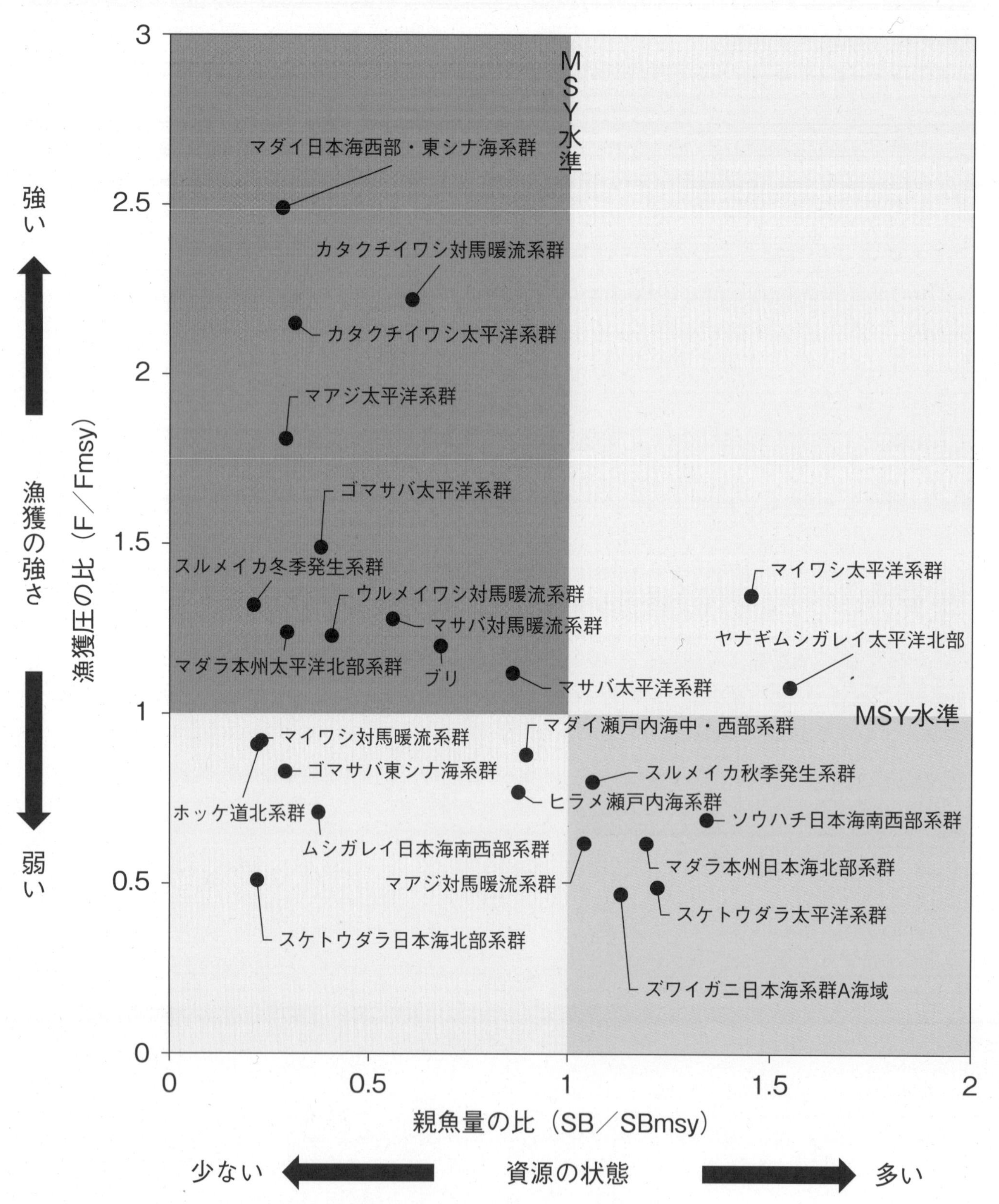


資料：水産庁・（研）水産研究・教育機構「我が国周辺水域の漁業資源評価」に基づき水産庁で作成

## 図表３－４　我が国周辺資源水準の状況（「高位・中位・低位」の３区分による資源評価42魚種61系群）

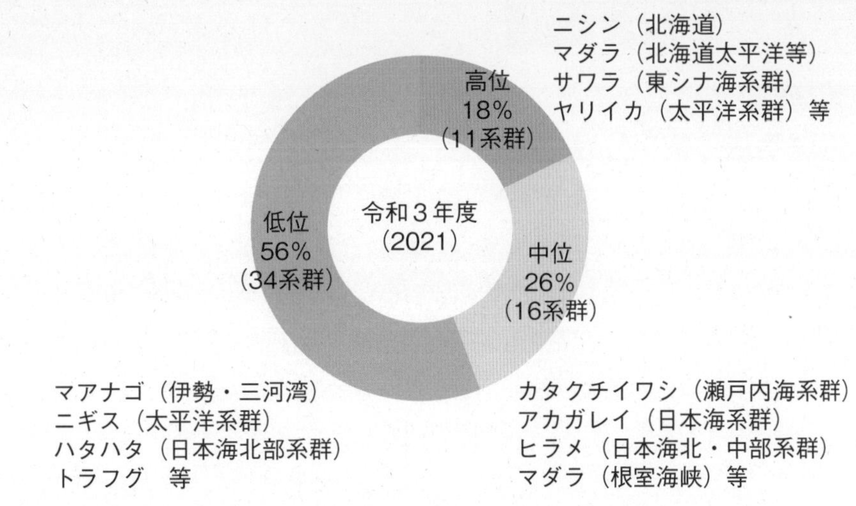


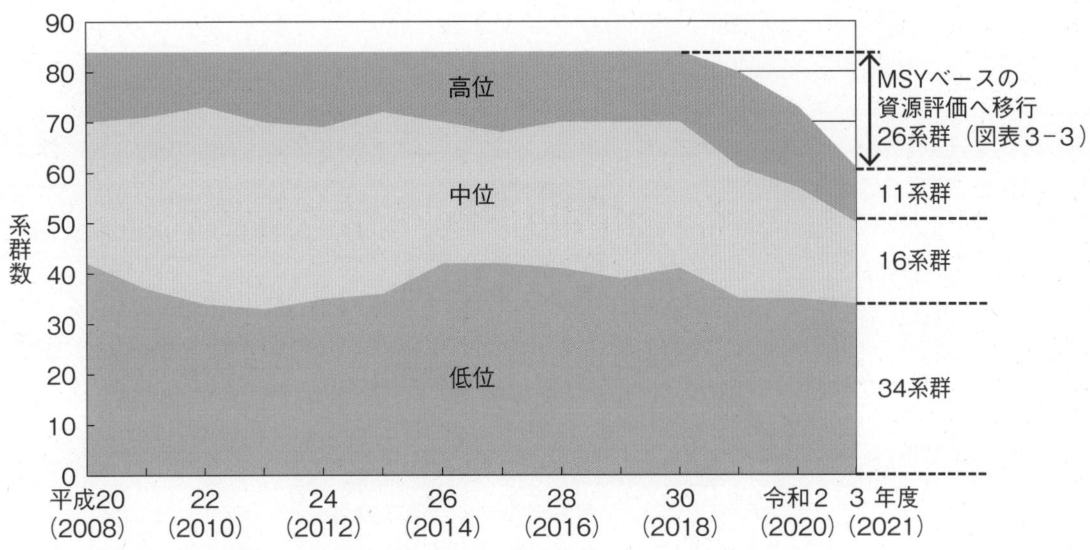


資料：水産庁・（研）水産研究・教育機構「我が国周辺水域の漁業資源評価」に基づき水産庁で作成
注：資源水準及び動向を評価した魚種・系群数は、以下のとおり。
令和元年度：MSYベースの資源評価に移行したサバ類等４魚種７系群を除く48魚種80系群
令和２年度：MSYベースの資源評価に移行したマアジ、マイワシ等８魚種14系群を除く45魚種73系群
令和３年度：MSYベースの資源評価に移行したカタクチイワシ、ウルメイワシ等17魚種26系群を除く42魚種61系群
令和２年度以降は、スケトウダラオホーツク海南部等２魚種６系群について、資源評価結果に記載されている資源量指数等を基に「高位・中位・低位」を判断。

## （2）我が国の資源管理  

### ア　我が国の資源管理制度

**〈我が国は様々な管理手法の使い分けや組合せにより資源管理を実施〉**

資源管理の手法は、１）漁船の隻数や規模、漁獲日数等を制限することによって漁獲圧力を入口で制限する投入量規制（インプットコントロール）、２）漁船設備や漁具の仕様を規制すること等により若齢魚の保護等特定の管理効果を発揮する技術的規制（テクニカルコントロール）、３）漁獲可能量（TAC：Total Allowable Catch）の設定等により漁獲量を制限し、漁獲圧力を出口で制限する産出量規制（アウトプットコントロール）の三つに大別されます（図表３－５）。我が国では、各漁業の特性や関係する漁業者の数、対象となる資源の状況等により、これらの管理手法を使い分け、公的な管理だけでなく自主的な管理も組み合わせながら資源管理を行ってきました。

**図表3－5　資源管理手法の相関図**

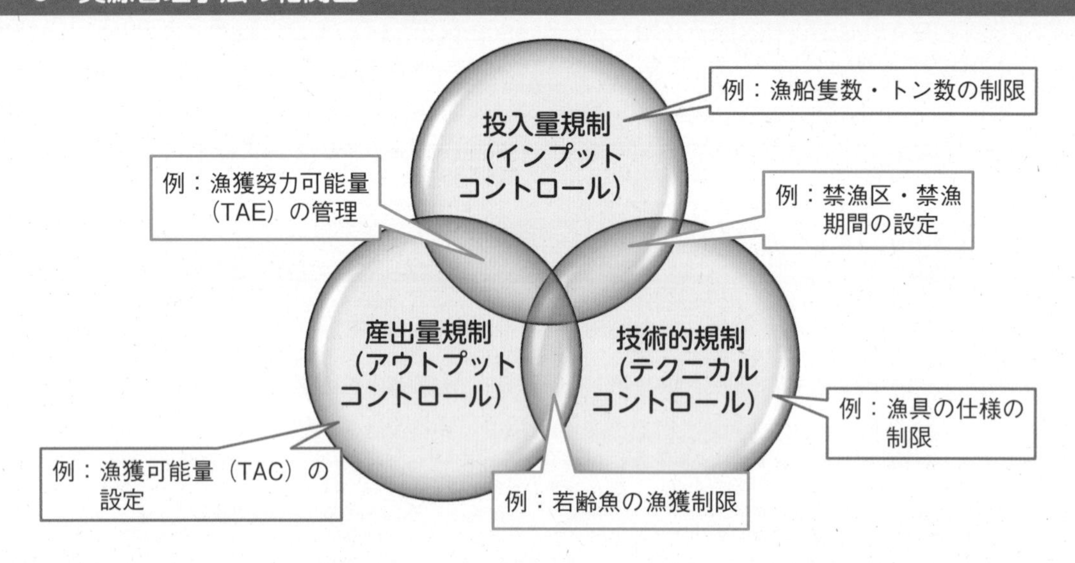


**〈沿岸漁業における漁業権制度及び沖合・遠洋漁業における漁業許可制度で管理〉**

沿岸の定着性の高い資源を対象とした採貝・採藻等の漁業、一定の海面を占有して営まれる定置漁業や養殖業、内水面漁業等については、都道府県知事が漁業協同組合（以下「漁協」といいます。）やその他の法人等に漁業権を免許します。他方、より漁船規模が大きく、広い海域を漁場とする沖合・遠洋漁業については、資源に与える影響が大きく、他の地域や他の漁業種類との調整が必要な場合もあることから、農林水産大臣又は都道府県知事による許可制度が設けられています。この許可に際して漁船隻数や総トン数の制限（投入量規制）を行い、さらに、必要に応じて操業期間・区域、漁法等の制限措置（技術的規制）を定めることによって資源管理を行っています（図表３－６）。

## 図表3－6　漁業権制度及び漁業許可制度の概念図

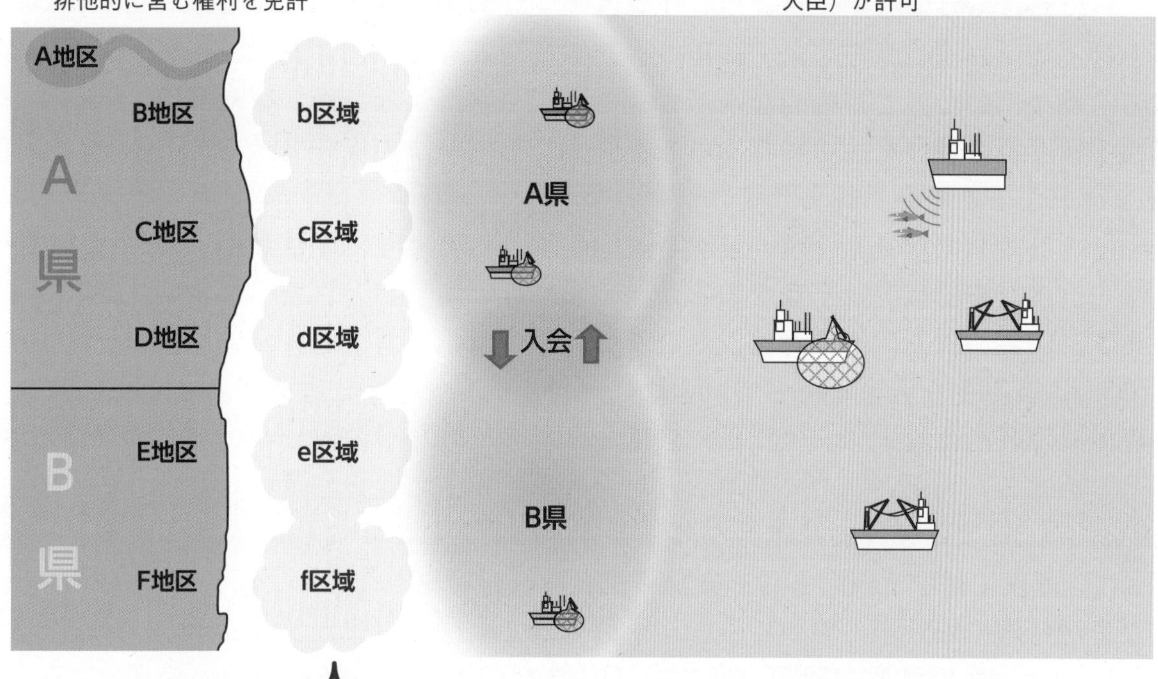

漁業権漁業
知事が漁協又は個人・法人に対し、特定の沿岸漁業・養殖業を排他的に営む権利を免許
知事許可漁業
都道府県の沖合で操業する漁業について知事が許可
大臣許可漁業
複数県の沖合や外国へ出漁する漁業について国（農林水産大臣）が許可
A地区
B地区
C地区
D地区
E地区
F地区
A県
B県
b区域
c区域
d区域
e区域
f区域
A県
入会
B県
漁業権漁業に関する水面の立体的・重複的な利用のイメージ

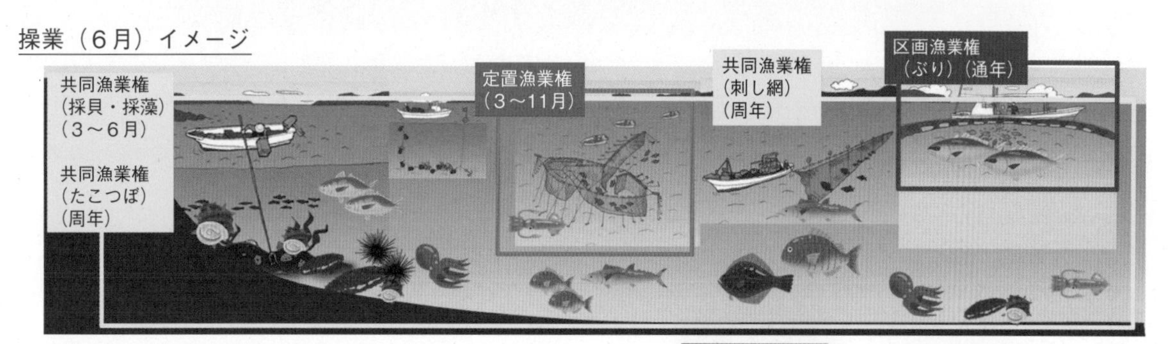

操業（6月）イメージ
共同漁業権（採貝・採藻）（3～6月）
共同漁業権（たこつぼ）（周年）
定置漁業権（3～11月）
共同漁業権（刺し網）（周年）
区画漁業権（ぶり）（通年）

操業（12月）イメージ
共同漁業権（たこつぼ）（周年）
共同漁業権（刺し網）（周年）
区画漁業権（のり）（10～3月）
区画漁業権（ぶり）（通年）

### イ　新漁業法に基づく新たな資源管理の推進

**〈新漁業法に基づく水産資源の保存及び管理を適切に実施〉**

我が国においては、これまで様々な資源管理の取組を行ってきましたが、一方で、漁獲量が長期的に減少傾向にあるという課題に直面しています。その要因は、海洋環境の変化や、周辺水域における外国漁船の操業活発化等、様々な要因が考えられますが、より適切に資源管理を行っていれば減少を防止・緩和できた水産資源も多いと考えられます。このような状況の中、将来にわたって持続的な水産資源の利用を確保するため、新漁業法においては、水産資源の保存及び管理を適切に行うことを国及び都道府県の責務とするとともに、漁獲量がMSYを達成することを目標として、資源を管理し、管理手法はTACによる管理を基本とすることとされました。資源管理の目標を設定することにより、関係者が、いつまで、どれだけ我慢すれば、資源状況はどうなるのか、それに伴い漁獲がどれだけ増大するかが明確に示されます。これにより、漁業者は、ただ単に将来の資源の増加と安定的な漁獲が確保されるだけでなく、長期的な展望を持って計画的に経営を組み立てることができるようになります。この資源管理目標を設定する際には、漁獲シナリオや管理手法について、実践者となる漁業者をはじめとした関係者間での丁寧な意見交換を踏まえて決定していくこととしています。

なお、TACによる管理の基本となる漁獲量等の報告については、漁業者に課せられた義務として、違反に対する罰則も含め新漁業法に位置付けられており、国や都道府県とともに、適切な資源管理に取り組んでいくことが求められています。また、TACによる管理に加え、これまで行われていた操業期間、漁具の制限等のTACによる管理以外の手法による管理についても、実態を踏まえて組み合わせ、資源の保存及び管理を適切に行うこととしています。

漁業の成長産業化のためには、基礎となる資源を維持・回復し、適切に管理することが重要です。このため、資源調査に基づいて、資源評価を行い、漁獲量がMSYを達成することを目標として資源を管理する、国際的に見て遜色のない科学的・効果的な評価方法及び管理方法の導入を進めています（図表3－7）。

新たな資源管理の部屋（水産庁）：
https://www.jfa.maff.go.jp/j/suisin/

### 図表3－7　資源管理の流れ

**【資源調査】**
（行政機関／研究機関／漁業者）

○漁獲・水揚情報の収集
- 漁獲情報（漁獲量、努力量等）
- 漁獲物の測定（体長・体重組成等）

○調査船による調査
- 海洋観測（水温・塩分・海流等）
- 仔稚魚調査（資源の発生状況等）等

○海洋環境と資源変動の関係解明
- 最新の技術を活用した、生産力の基礎となるプランクトンの発生状況把握
- 海洋環境と資源変動の因果関係解明に向けた解析

○操業・漁場環境情報の収集強化
- 操業場所・時期
- 魚群反応、水温、塩分等

**【資源評価】**
（研究機関）
行政機関から独立して実施

○資源評価結果（毎年）
- 資源量
- 漁獲の強さ
- 神戸チャート等

○資源管理目標等の検討材料（設定・更新時）
1. 資源管理目標の案
2. 目標とする資源水準までの達成期間、毎年の資源量や漁獲量等の推移（複数の漁獲シナリオ案を提示）

**【資源管理目標】**
（行政機関）
関係者に説明

1. ①最大持続生産量を達成する資源水準の値（目標管理基準値）
   ②乱獲を未然に防止するための値（限界管理基準値）
2. その他の目標となる値（1. を定めることができないとき）

**【漁獲管理規則（漁獲シナリオ）】**
（行政機関）
関係者の意見を聴く

**【管理措置】**
関係者の意見を聴く

TAC・IQ
- TACは資源量と漁獲シナリオから研究機関が算定したABCの範囲内で設定
- 漁獲の実態を踏まえ、実行上の柔軟性を確保
- 準備が整った区分からIQを実施

資源管理協定
- 自主的管理の内容は、資源管理協定として、都道府県知事の認定を受ける。
- 資源評価の結果と取組内容の公表を通じ管理目標の達成を目指す。

**【操業（データ収集）】**
（漁業者）

○漁獲・水揚情報の収集
- ICTを活用した情報収集

## 〈新たな資源管理の推進に向けたロードマップ〉

水産庁は、令和２（2020）年12月の新漁業法の施行に先立ち、新たな資源管理システムの構築のため、科学的な資源調査・評価の充実、資源評価に基づくTACによる管理の推進等の具体的な「行程」を示した「新たな資源管理の推進に向けたロードマップ」（以下「ロードマップ」といいます。）を令和２（2020）年９月に決定・公表しました（図表３－８）。

ロードマップでは、新たな資源管理システムの推進によって、令和12（2030）年度に、444万tまで漁獲量[＊1]を回復させることを目標とし、令和５（2023）年度までに、１）資源評価対象魚種を200種程度に拡大するとともに、漁獲等情報の収集のために水揚情報を電子的に収集する体制を整備すること、２）漁獲量[＊2]ベースで８割をTACによる管理とすること、３)TAC魚種を主な漁獲対象とする大臣許可漁業に漁獲割当て（IQ：Individual Quota）による管理を原則導入すること、４）現在、漁業者が実行している自主的な資源管理（資源管理計画）については、新漁業法に基づく資源管理協定に移行すること、といった具体的な取組を進めることとしています。

現在、ロードマップに盛り込まれた行程を、漁業者をはじめとする関係者の理解と協力を得た上で、着実に実施しているところです。

---

＊１　海面及び内水面の漁獲量から藻類及び海産ほ乳類の漁獲量を除いたもの。
＊２　遠洋漁業で漁獲される魚類、国際的な枠組みで管理される魚類（かつお・まぐろ・かじき類）、さけ・ます類、貝類、藻類、うに類、海産ほ乳類は除く。

## 図表3－8　新たな資源管理の推進に向けたロードマップ

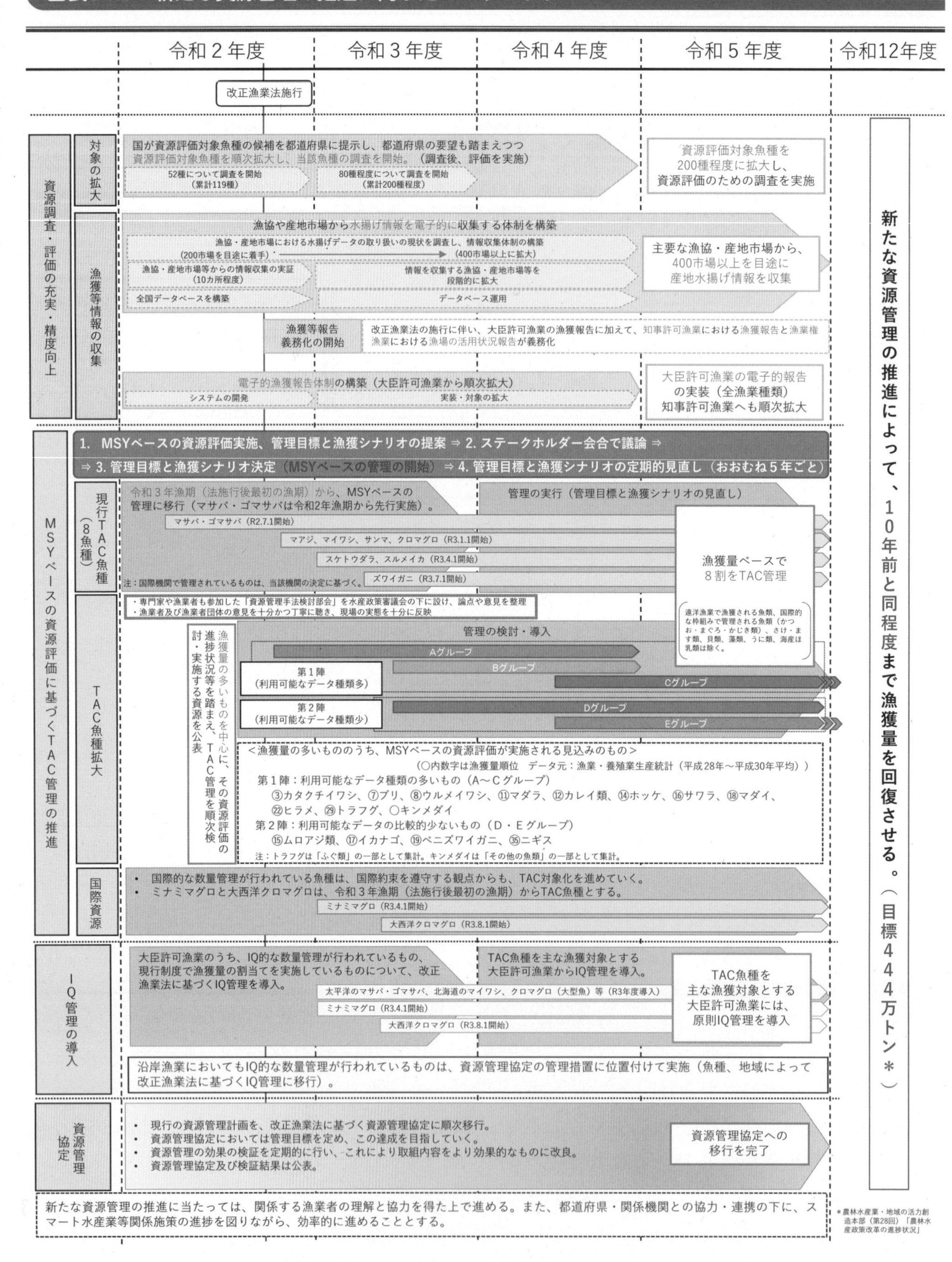

### 〈資源管理基本方針等の策定〉

新漁業法に基づく新たな資源管理の基本的な考え方や水産資源ごとの具体的な管理については、新漁業法第11条第１項に基づき、資源評価を踏まえて、資源管理に関する基本方針（以下「資源管理基本方針」といいます。）を農林水産大臣が定めることとしており、新漁業法の施行に先立って、令和２（2020）年10月に資源管理基本方針を告示しました。

資源管理基本方針には、資源管理に関する基本的事項や水産資源ごとの資源管理の目標、特定水産資源（後述）、TACによる管理に必要となる大臣管理区分の設定や大臣管理区分及び都道府県へのTACの配分基準等を定めています。

また、都道府県における資源管理の基本的な考え方や都道府県内の水産資源ごとの具体的な管理については、新漁業法第14条第１項に基づき、資源管理基本方針に則して、都道府県知事が都道府県資源管理方針を定めることとしており、TACによる管理に必要となる知事管理区分の設定や都道府県に配分されたTACに関する知事管理区分への配分基準等を定めています。

このように、資源管理基本方針や都道府県資源管理方針が、新たな資源管理を支える基本原則であるとともに、水産資源ごとの資源管理の進捗に応じて、必要な見直しを行っていきます。

### 〈新漁業法の下でのTACによる管理の推進及び拡大〉

新漁業法では、TACによる管理を行う資源（TAC魚種）は、農林水産大臣が定める資源管理基本方針において、「特定水産資源」として定めています。特定水産資源については、それぞれ、資源評価に基づき、目標管理基準値や限界管理基準値等の資源管理の目標を設定し、その目標を達成するようあらかじめ定めておく漁獲シナリオに則してTACを決定するとともに、限界管理基準値を下回った場合には目標管理基準値まで回復させるための計画を定めて実行することとなっています。現在、TAC魚種は漁獲量の６割を占めていますが、魚種を順次拡大し、令和５（2023）年度までに、漁獲量の８割がTAC魚種となることを目指すこととしています。

TAC魚種の拡大については、令和３（2021）年３月に公表した「TAC魚種拡大に向けたスケジュール」に基づき、１）漁獲量が多い魚種（漁獲量上位35種を中心とする）、２）MSYベースの資源評価が近い将来実施される見込みの魚種、という二つの条件に合致するものから、新たなTAC管理の検討を順次開始していくこととしています（図表３－９）。

また、新たなTAC魚種の候補については、現場の漁業者の意見を十分に聴き、必要な意見交換を行うこととし、専門家や漁業者も参加した資源管理手法検討部会を農林水産大臣の諮問機関である水産政策審議会の下に設けました。同部会においては、資源評価結果や水産庁が検討している内容について報告し、水産資源の特性及びその採捕の実態や漁業現場等の意見を踏まえて論点や意見の整理をし、同部会での整理を踏まえ、水産庁は資源管理方針に関する検討会（ステークホルダー会合）を開催することとしています。

具体的には、令和３（2021）年９月に、カタクチイワシ（太平洋系群及び対馬暖流系群）、ウルメイワシ（太平洋系群及び対馬暖流系群）、マダラ本州太平洋北部系群について、同年12月に、マダラ本州日本海北部系群、カレイ類（ソウハチ日本海南西部系群、ムシガレイ日本海南西部系群、ヤナギムシガレイ太平洋北部、サメガレイ太平洋北部）、マダイ（瀬戸内海中・西部系群、日本海西部・東シナ海系群）、ヒラメ瀬戸内海系群、ニギス日本海系群について、令和４（2022）年１月に、ブリについて、MSYベースの資源評価結果が公表されました。

さらに、令和３（2021）年11月に、カタクチイワシ及びウルメイワシの太平洋系群について、同年12月に、カタクチイワシ及びウルメイワシの対馬暖流系群について、資源管理手法検討部会を開催し、出席した漁業者等から水産資源の特性や漁業の実態、数量管理に向けた課題等について意見が出され、今後の具体的な管理の検討に向けた論点や意見を取りまとめました。この結果を踏まえ、令和４（2022）年３月に、カタクチイワシ及びウルメイワシについて、系群ごとにステークホルダー会合を開催し、漁業者をはじめとする関係者間で活発な意見交換を行いました。

また、令和４（2022）年２月に、ヒラメ瀬戸内海系群、マダラ本州日本海北部系群、ソウハチ日本海南西部系群、ムシガレイ日本海南西部系群、ニギス日本海系群について、同年３月に、マダラ本州太平洋北部系群、ヤナギムシガレイ太平洋北部、サメガレイ太平洋北部に関する資源管理手法検討部会を開催し、順次TAC魚種拡大に向けた議論を進めています。今後も、資源評価結果が公表された魚種から議論を開始することとしています。

## 図表3－9　TAC魚種拡大に向けたスケジュール

- 新たなTAC管理の検討は、以下の二つの条件に合致するものから順次開始する。
  ①漁獲量が多い魚種（漁獲量上位35種を中心とする）　②MSYベースの資源評価が近い将来実施される見込みの魚種
- 専門家や漁業者も参加した「資源管理手法検討部会」を水産政策審議会の下に設け、論点や意見を整理。
- 漁業者及び漁業者団体の意見を十分かつ丁寧に聴き、現場の実態を十分に反映し、関係する漁業者の理解と協力を得た上で進める。

<漁獲量の多いもののうち、MSYベースの資源評価が実施される見込みのもの>
第１陣：利用可能なデータ種類の多いもの（Aグループ、Bグループ、Cグループ）　第２陣：利用可能なデータの比較的少ないもの（Dグループ、Eグループ）

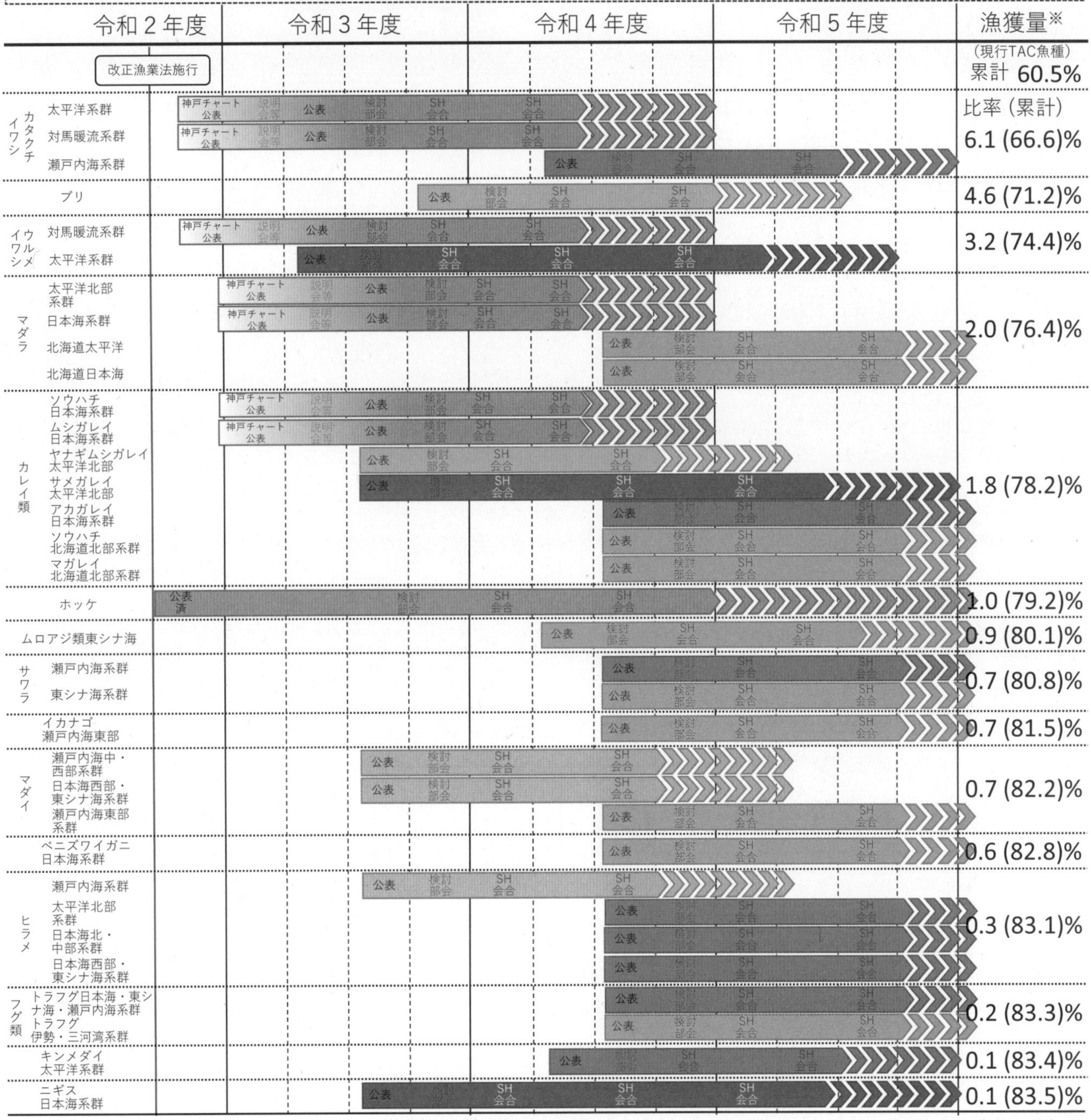

令和２年度　令和３年度　令和４年度　令和５年度

改正漁業法施行

| | | 漁獲量※ |
|---|---|---|
| | | （現行TAC魚種）累計 60.5% |
| | | 比率（累計） |
| カタクチイワシ | 太平洋系群 | 6.1 (66.6)% |
| | 対馬暖流系群 | |
| | 瀬戸内海系群 | |
| ブリ | | 4.6 (71.2)% |
| ウルメイワシ | 対馬暖流系群 | 3.2 (74.4)% |
| | 太平洋系群 | |
| マダラ | 太平洋北部系群 | 2.0 (76.4)% |
| | 日本海系群 | |
| | 北海道太平洋 | |
| | 北海道日本海 | |
| カレイ類 | ソウハチ日本海系群 | 1.8 (78.2)% |
| | ムシガレイ日本海系群 | |
| | ヤナギムシガレイ太平洋北部 | |
| | サメガレイ太平洋北部 | |
| | アカガレイ日本海系群 | |
| | ソウハチ北海道北部系群 | |
| | マガレイ北海道北部系群 | |
| ホッケ | | 1.0 (79.2)% |
| ムロアジ類東シナ海 | | 0.9 (80.1)% |
| サワラ | 瀬戸内海系群 | 0.7 (80.8)% |
| | 東シナ海系群 | |
| イカナゴ瀬戸内海東部 | | 0.7 (81.5)% |
| マダイ | 瀬戸内海中・西部系群 | 0.7 (82.2)% |
| | 日本海西部・東シナ海系群 | |
| | 瀬戸内海東部系群 | |
| ベニズワイガニ日本海系群 | | 0.6 (82.8)% |
| ヒラメ | 瀬戸内海系群 | 0.3 (83.1)% |
| | 太平洋北部系群 | |
| | 日本海北・中部系群 | |
| | 日本海西部・東シナ海系群 | |
| フグ類 | トラフグ日本海・東シナ海・瀬戸内海系群 | 0.2 (83.3)% |
| | トラフグ伊勢・三河湾系群 | |
| キンメダイ太平洋系群 | | 0.1 (83.4)% |
| ニギス日本海系群 | | 0.1 (83.5)% |

（各魚種のスケジュール：神戸チャート公表／公表済、説明会等、公表、検討部会、SH会合）

- 公表：資源評価結果の公表、神戸チャート公表：過去から現在までの資源状況を表した神戸チャートを公表、検討部会：資源管理手法検討部会、SH会合：資源管理方針に関する検討会（ステークホルダー会合）、説明会等：必要に応じ、説明会等を実施（検討部会、SH会合、説明会等の開催スケジュールはイメージ。必要に応じ、複数回開催する。）
- 資源評価結果は毎年更新される。
- 資源評価の進捗状況によって、上記のスケジュールは時期が前後する場合がある。
- 令和５年度までに、漁獲量ベースで８割をTAC管理とする。
  （遠洋漁業で漁獲される魚類、国際的な枠組みで管理される魚類（かつお・まぐろ・かじき類）、さけ・ます類、貝類、藻類、うに類、海産ほ乳類は除く。）

※ データ元：漁業・養殖業生産統計（平成28年～平成30年平均）

## 〈大臣許可漁業からIQ方式を順次導入〉

TACを個々の漁業者又は船舶ごとに割り当て、割当量を超える漁獲を禁止することによりTACによる管理を行うIQ方式は、産出量規制の一つの方式です。

これまでの我が国EEZ内のTAC制度の下での漁獲量の管理は、漁業者の漁獲を総量管理しているため、漁業者間の過剰な漁獲競争が生じることや、他人が多く漁獲することによって自らの漁獲が制限されるおそれがあることといった課題が指摘されてきました。そこで、新漁業法では、TACによる管理は、船舶等ごとに数量を割り当てるIQを基本とすることとされました。このため、大臣許可漁業については、令和５（2023）年度までに、TAC魚種を主な漁獲対象とする大臣許可漁業にIQ方式による管理を原則導入することとしています。

これを踏まえ、従来IQ方式による管理を行ってきたミナミマグロ及び大西洋クロマグロの遠洋まぐろはえ縄漁業に対し、令和２（2020）管理年度から新漁業法に基づくIQ方式による管理を導入し、令和３（2021）管理年度からは、サバ類の大中型まき網漁業において、令和４（2022）管理年度からは、マイワシとクロマグロ（大型魚）の大中型まき網漁業及びクロマグロ（大型魚）のかつお・まぐろ漁業において、IQ方式による管理を導入しました。今後も引き続きIQ方式による管理の導入・検討を進めていきます（図表３－10）。

### 図表3－10　IQ管理の導入のイメージ

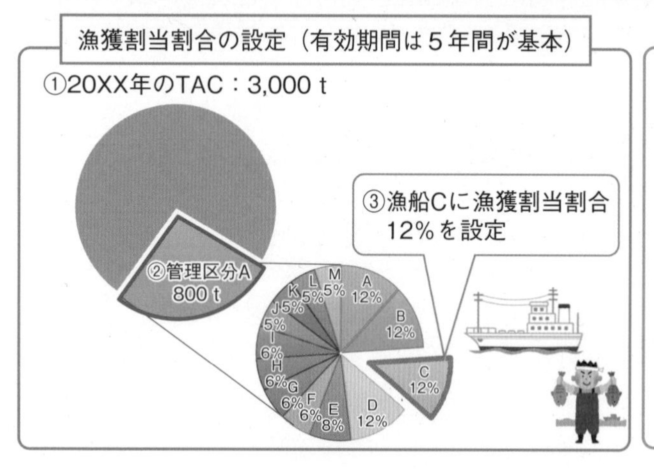


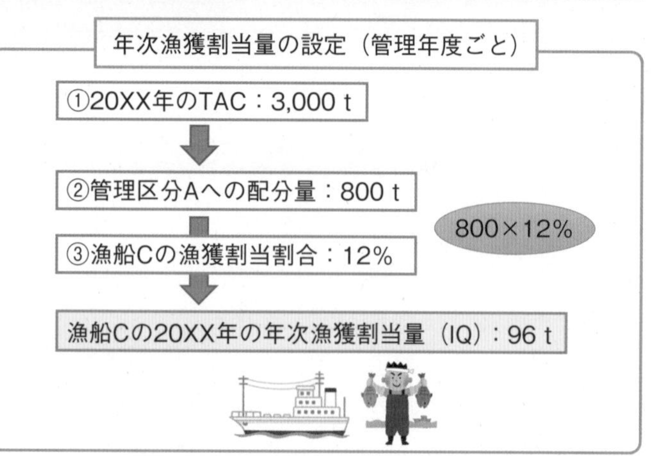


## 〈IQ方式による管理の導入が進んだ漁業は船舶規模に係る規制を見直し〉

漁船漁業の目指すべき将来像として、漁獲対象魚種の相当部分がIQ方式による管理の対象となった船舶については、トン数制限等の船舶の規模に関する制限を定めないこととしています。これにより、生産コストの削減、船舶の居住性・安全性・作業性の向上、漁獲物の鮮度保持による高付加価値化等が図られ、若者に魅力ある船舶の建造が行われると考えられます。なお、このような船舶については、他の漁業者の経営に悪影響を生じさせないため、国が責任を持って関係漁業者間の調整を行い、操業期間や区域、体長制限等の資源管理措置を講ずることにより、資源管理の実施や紛争の防止が確保されていることを確認することとしています。

## 〈資源管理計画は、新漁業法に基づく資源管理協定へと順次移行〉

我が国では、公的規制と漁業者の自主的取組の組合せによる資源管理の推進のため、国及び都道府県が資源管理指針を策定し、これに沿って、関係する漁業者団体が資源管理計画を

作成・実践する資源管理指針・計画体制を平成23（2011）年度から実施しています。

新漁業法に基づく新たな資源管理システムにおいても、国や都道府県による公的規制と漁業者の自主的取組の組合せによる資源管理推進の枠組みを存続することとしており、特に、TAC魚種以外の水産資源の管理については、漁業者による自主的な資源管理措置を定める資源管理協定の活用を図ることとしています。

資源管理協定を策定する際には、１）資源評価対象魚種については、資源評価結果に基づき、資源管理目標を設定すること、２）資源評価が未実施のものについては、報告された漁業関連データや都道府県水産試験研究機関等が行う資源調査を含め、利用可能な最善の科学情報を用い、資源管理目標を設定すること、としています。

また、資源管理協定は、農林水産大臣又は都道府県知事が認定・公表し、資源管理計画から資源管理協定への移行（図表３－11）は、令和５（2023）年度までに完了します。なお、移行完了後には、資源管理指針・計画体制は廃止することとしています。

さらに、資源管理の効果の検証を定期的に行い、取組内容をより効果的なものに改良していくとともに、その検証結果を公表し、透明性の確保を図っていくこととしています。

このような資源管理協定を策定し、これに参加する漁業者は、漁業収入安定対策（図表３－12）により支援していくことになります。

令和３（2021）年度は、従来のTAC魚種を対象とした大臣許可漁業に係る資源管理計画について、令和４（2022）年度から資源管理協定に基づく取組を開始するための準備を行いました。沿岸漁業においても、都道府県知事が認定する資源管理協定への移行が順次進められています。



### 図表３－11　資源管理計画から資源管理協定への移行のイメージ

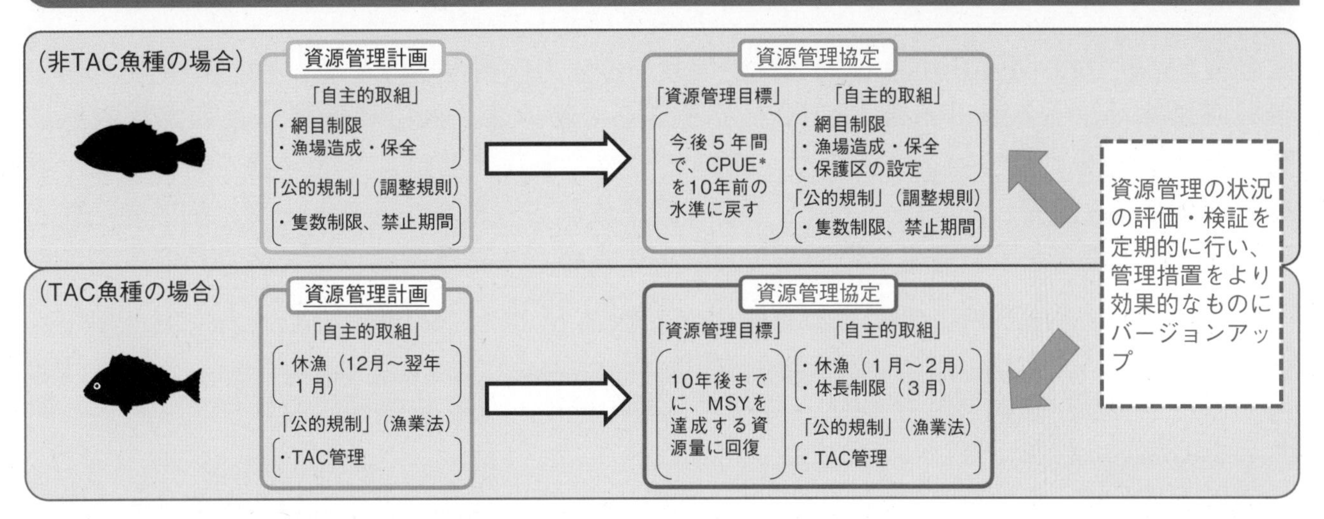


＊Catch Per Unit Effort：単位努力量当たりの漁獲量

## 図表3－12　漁業収入安定対策の概要

**資源管理への取組**

- 国・都道府県が作成する「資源管理方針」に基づき、漁業者（団体）が休漁、漁獲量制限、漁具制限等の自ら取り組む資源管理措置について記載した資源管理協定（令和５年度までは資源管理指針に基づく資源管理計画を含む）を作成し、これを確実に実施。
- 養殖の場合、漁場改善の観点から、持続的養殖生産確保法に基づき、漁業協同組合等が作成する漁場改善計画において定める適正養殖可能数量を遵守。

**漁業収入安定対策事業の実施**

漁業共済・積立ぷらすを活用して、資源管理の取組に対する支援を実施。
✓　基準収入（注）から一定以上の減収が生じた場合、「漁業共済」（原則８割まで）、「積立ぷらす」（原則９割まで）により減収を補てん
✓　漁業共済の掛金の一部を補助
※補助額は、積立ぷらすの積立金（漁業者１：国３）の国庫負担分、共済掛金の30％（平均）に相当

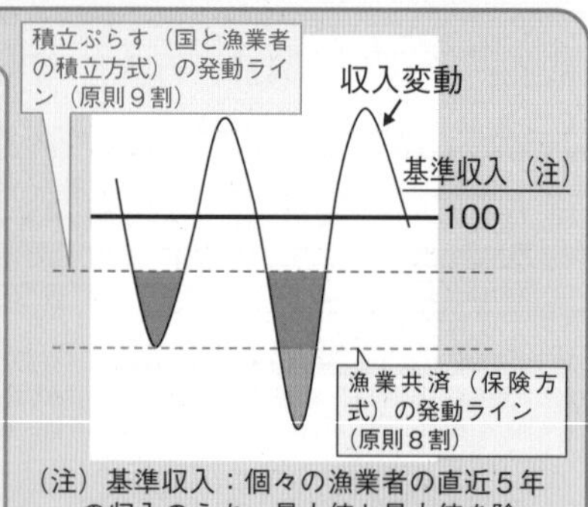

（注）基準収入：個々の漁業者の直近５年の収入のうち、最大値と最小値を除いた中庸３か年（５中３）の平均値

### ウ　太平洋クロマグロの資源管理

#### 〈TAC制度によるクロマグロの資源管理〉

クロマグロについては、中西部太平洋まぐろ類委員会（WCPFC）[＊1]の合意を受け、平成23（2011）年から大中型まき網漁業による小型魚（30kg未満）の管理を行ってきました。平成26（2014）年12月のWCPFCの決定事項に従い、平成27（2015）年１月からは小型魚の漁獲を基準年（平成14（2002）～16（2004）年）の水準から半減させる厳しい措置と、大型魚（30kg以上）の漁獲を基準年の水準から増加させない措置を導入し、大中型まき網漁業に加えて、かつお・まぐろ漁業等の大臣許可漁業や、定置漁業等の沿岸漁業においても漁獲管理を開始しました。平成30（2018）年漁期[＊2]からは、「海洋生物資源の保存及び管理に関する法律[＊3]」に基づく管理措置に移行しました。

令和元（2019）年漁期[＊4]の開始に当たっては、数量配分の透明性を確保するため、水産政策審議会の資源管理分科会にくろまぐろ部会を設置し、沿岸・沖合・養殖の各漁業者の意見を踏まえ、令和元（2019）年漁期以降の配分の考え方を取りまとめました。令和元（2019）年漁期以降は、くろまぐろ部会の配分の考え方に基づき、大臣管理区分及び都道府県にTACの配分等を行っています。また、クロマグロの来遊状況により配分量の消化状況が異なることから、漁獲したクロマグロをやむを得ず放流する地域がある一方で、配分量を残して漁期を終了する地域も発生していました。このため、くろまぐろ部会では都道府県や漁業種類の間で配分量を融通するルールを作り、平成30（2018）年漁期から配分量の有効活用を図っています。

令和３（2021）年漁期[＊5]からは、令和２（2020）年12月の新漁業法の施行を受けて、新漁業法に基づく管理に移行しました。

令和４（2022）年漁期以降については、令和３（2021）年12月のWCPFC年次会合において決定された大型魚の漁獲上限の増加等を踏まえ、配分の考え方について見直しを行いまし

---

＊1　WCPFCについては、142ページ参照。
＊2　平成30（2018）年漁期（第４管理期間）の大臣管理漁業の管理期間は１～12月、知事管理漁業の管理期間は７～翌３月。
＊3　平成８（1996）年法律第77号。令和２（2020）年12月廃止。
＊4　令和元（2019）年漁期（第５管理期間）の大臣管理漁業の管理期間は１～12月、知事管理漁業の管理期間は４～翌３月。
＊5　令和３（2021）年漁期以降の大臣管理区分の管理期間は１～12月、都道府県の管理期間は４～翌３月。

た。

令和4（2022）年3月末現在において、小型魚の漁獲実績は漁獲上限4,238.1tに対して3,354.3t、大型魚の漁獲実績は漁獲上限6,161.9tに対して5,549.6tとなっています。

**〈クロマグロの遊漁の資源管理の方向性〉**

これまで遊漁者に対しては、漁業者の取組に準じて採捕停止等の協力を求めてきましたが、資源管理の実効性を確保するため、漁業者が取り組む資源管理の枠組みに遊漁者が参加する制度を構築することが課題となっていました。

遊漁に対する規制は、不特定多数の者が対象となることから、罰則を伴う規制の導入には、十分な周知期間を設け、試行的取組を段階的に進めることが妥当であるため、いきなりTAC制度を導入するのではなく、広域漁業調整委員会指示＊1（以下「委員会指示」といいます。）により管理を行うこととしました。具体的には、令和3（2021）年6月1日から令和4年（2022）年5月31日までの間、小型魚は採捕禁止（意図せず採捕した場合には直ちに海中に放流）、大型魚を採捕した場合には尾数や採捕した海域等を水産庁に報告しなければならないこととしました。

その後、当初想定していた水準を上回る大型魚の採捕数量が報告され、漁業者を含めた資源管理に支障を来すおそれが生じたため、令和3（2021）年8月21日から令和4年（2022）年5月31日までの間、大型魚も採捕禁止としました。

今後は、上記のような委員会指示による管理に取り組みつつ、その実施状況を踏まえ、将来的には本格的な資源管理制度に移行する予定です。

くろまぐろの部屋（水産庁）：
https://www.jfa.maff.go.jp/j/tuna/maguro_gyogyou/bluefinkanri.html

＊1　広域漁業調整委員会は漁業法に基づき設置され、水産動植物の繁殖保護や漁業調整のために必要があると認められるときは、水産動植物の採捕に関する制限又は禁止等、必要な指示をすることができる。委員会指示に違反した場合、直ちに罰則が適用されるわけではないが、指導に繰り返し従わないなどの悪質な者に対しては、農林水産大臣が指示に従うよう命令を出すことができ、その命令に従わなかった場合、漁業法に基づく罰則が適用される。

## （3）実効ある資源管理のための取組 

### ア　我が国の沿岸等における密漁防止・漁業取締り

〈漁業者以外による密漁の増加を受け、大幅な罰則強化〉

水産庁が各都道府県を通じて取りまとめた調査結果によると、令和２（2020）年の全国の海上保安部、都道府県警察及び都道府県における漁業関係法令違反（以下「密漁」といいます。）の検挙件数は、1,426件（うち海面1,368件、内水面58件）となりました。近年では、漁業者による違反操業が減少している一方、漁業者以外による密漁が増加し、悪質化・巧妙化しています（図表３－13）。

**図表3－13　我が国の海面における漁業関係法令違反の検挙件数の推移**

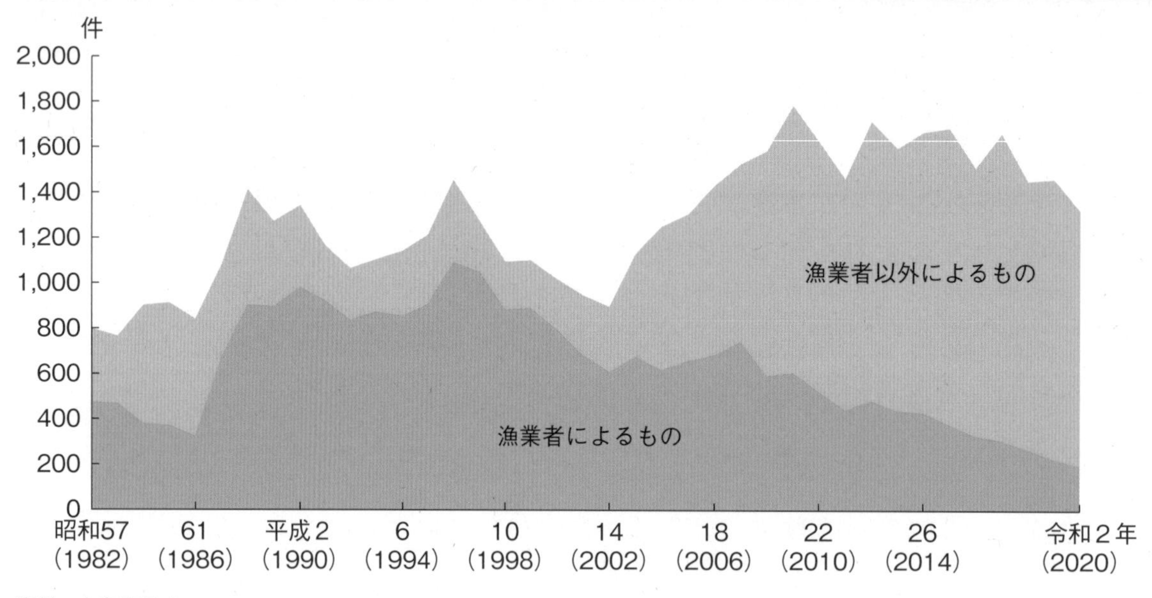


資料：水産庁調べ

アワビ、サザエ等のいわゆる磯根資源は、多くの地域で共同漁業権の対象となっており、関係漁業者は、種苗放流、禁漁期間・区域の設定、漁獲サイズの制限等、資源の保全と管理のために多大な努力を払っています。一方、このような磯根資源は、容易に採捕できることから密漁の対象とされやすく、組織的な密漁も横行しています。また、資源管理のルールを十分に認識していない一般市民による個人的な消費を目的としたものも各地で発生しています。このため、一般市民に対するルールの普及啓発を目的として、水産庁は密漁対策のWebサイトを立ち上げたほか、ポスターやパンフレットを作成し配布するなど密漁の防止を図っています。

また、新漁業法の施行に伴い、悪質な密漁が行われているアワビ、ナマコ等を「特定水産動植物」に指定し、漁業権や漁業の許可等に基づいて採捕する場合を除いて採捕を原則禁止とし、これに違反した場合には、３年以下の懲役又は3,000万円以下の罰金が科されることになりました。また、密漁品の流通を防止するため、違法に採捕されたことを知りながら特定水産動植物を運搬、保管、取得又は処分の媒介・あっせんをした者に対しても密漁者と同じ罰則が適用されることになるなど、大幅な罰則強化がされています（図表３－14）。

## 図表3－14　新漁業法に基づく罰則強化の概要

| | 採捕禁止違反の罪<br>密漁品流通の罪 | 無許可操業等の罪 | 漁業権侵害の罪 |
|---|---|---|---|
| 改正前 | | 3年以下の懲役<br>200万円以下の罰金 | 20万円以下の罰金 |
| | | ↓ | ↓ |
| 改正後 | 3年以下の懲役<br>3,000万円以下の罰金 | 3年以下の懲役<br>300万円以下の罰金 | 100万円以下の罰金 |

密漁を抑止するには、夜間や休漁中の漁場監視や密漁者を発見した際の取締機関への速やかな通報等、日頃の現場における活動が重要です。

取締りについては、海上保安官及び警察官と共に、水産庁等の職員から任命される漁業監督官や都道府県職員から任命される漁業監督吏員が実施しており、今後も、罰則が強化された新漁業法も活用しながら関係機関と連携して取締りを強化していきます。

密漁を許さない ～水産庁の密漁対策～（水産庁）：
https://www.jfa.maff.go.jp/j/enoki/mitsuryotaisaku.html



### 〈「特定水産動植物等の国内流通の適正化等に関する法律」の成立〉

令和２（2020）年の第203回国会において、違法に採捕された水産動植物の流通過程での混入やIUU[＊1]漁業由来の水産動植物の流入を防止することを目的とした「特定水産動植物等の国内流通の適正化等に関する法律[＊2]」が成立し、同年12月11日に公布されました。本法律は、特定の水産動植物を取り扱う漁業者等の行政機関への届出、漁獲番号等の伝達、取引記録の作成・保存等を義務付けることとしています（図表３－15）。特定の水産動植物については、国内において違法かつ過剰な採捕が行われるおそれが大きい水産動植物であって資源管理を行うことが特に必要なものを「特定第一種水産動植物」、外国漁船によって違法な採捕が行われるおそれが大きい等の事由により輸入規制を講ずることが必要な水産動植物を「特定第二種水産動植物」と定義しており、特定第一種水産動植物は、あわび、なまこ及びしらすうなぎ[＊3]、特定第二種水産動植物は、さば、さんま、まいわし及びいかとすることとしています。

令和４（2022）年12月の施行に向けて、説明会やポスター・リーフレット等を活用し、幅広く制度の周知・普及を推進しています。

＊１　Illegal, Unreported and Unregulated：違法・無報告・無規制。FAOは、無許可操業（Illegal）、無報告又は虚偽報告された操業（Unreported）、無国籍の漁船、地域漁業管理機関の非加盟国の漁船による違反操業（Unregulated）等、各国の国内法や国際的な操業ルールに従わない無秩序な漁業活動をIUU漁業としている。145ページ参照。
＊２　令和２（2020）年法律第79号
＊３　しらすうなぎについては、令和７（2025）年12月から適用。

## 図表3－15　水産流通適正化制度の概要

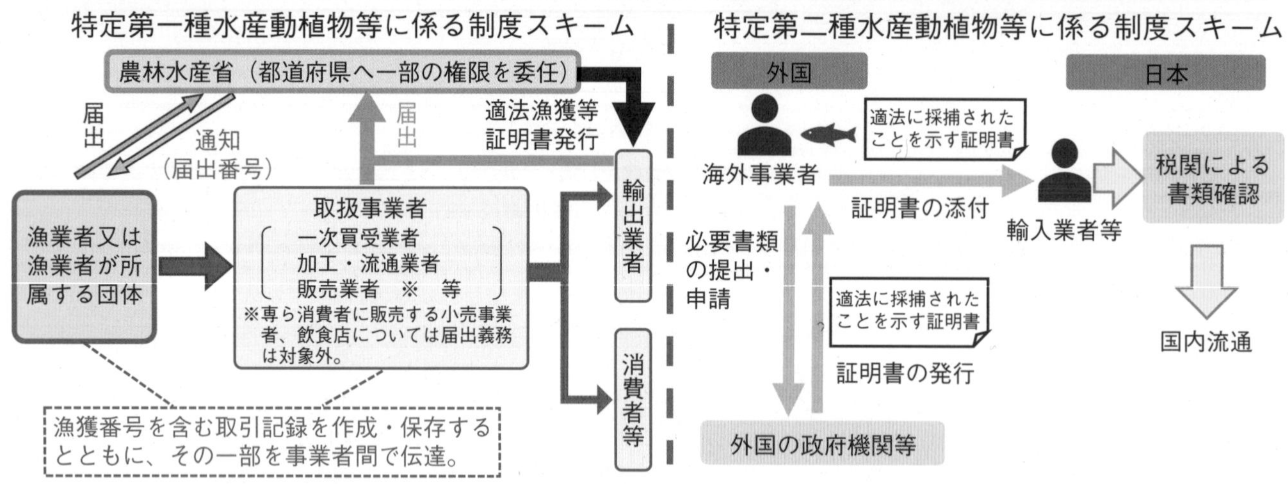


注：届出義務、伝達義務、取引記録義務、輸出入時の証明書添付義務等に違反した場合は罰則あり。

特定水産動植物等の国内流通の適正化等に関する法律（水産庁）：
https://www.jfa.maff.go.jp/j/kakou/tekiseika.html

### イ　外国漁船の監視・取締り

**〈我が国の漁業秩序を脅かす外国漁船の違法操業に厳正に対応〉**

我が国の周辺水域においては、二国間の漁業協定等に基づき、外国漁船が我が国EEZにて操業するほか、我が国EEZ境界線の外側においても多数の外国漁船が操業しており、水産庁は、これら外国漁船が違法操業を行うことがないよう、漁業取締りを実施しています。水産庁による令和３（2021）年の外国漁船への取締実績は、立入検査２件、我が国EEZで発見された外国漁船によるものと見られる違法設置漁具の押収18件でした（図表３－16）。

また、北太平洋公海において、サンマやマサバ等を管理する北太平洋漁業委員会（NPFC）が定める保存管理措置の遵守状況を聞き取り及び３件の乗船検査により確認し、延べ22隻の外国漁船等へ注意指導又は警告措置を実施しました。

令和３年の外国漁船取締実績について（水産庁）：
https://www.jfa.maff.go.jp/j/press/kanri/220225.html

**図表3－16　水産庁による外国漁船の拿捕・立入検査等の件数の推移**

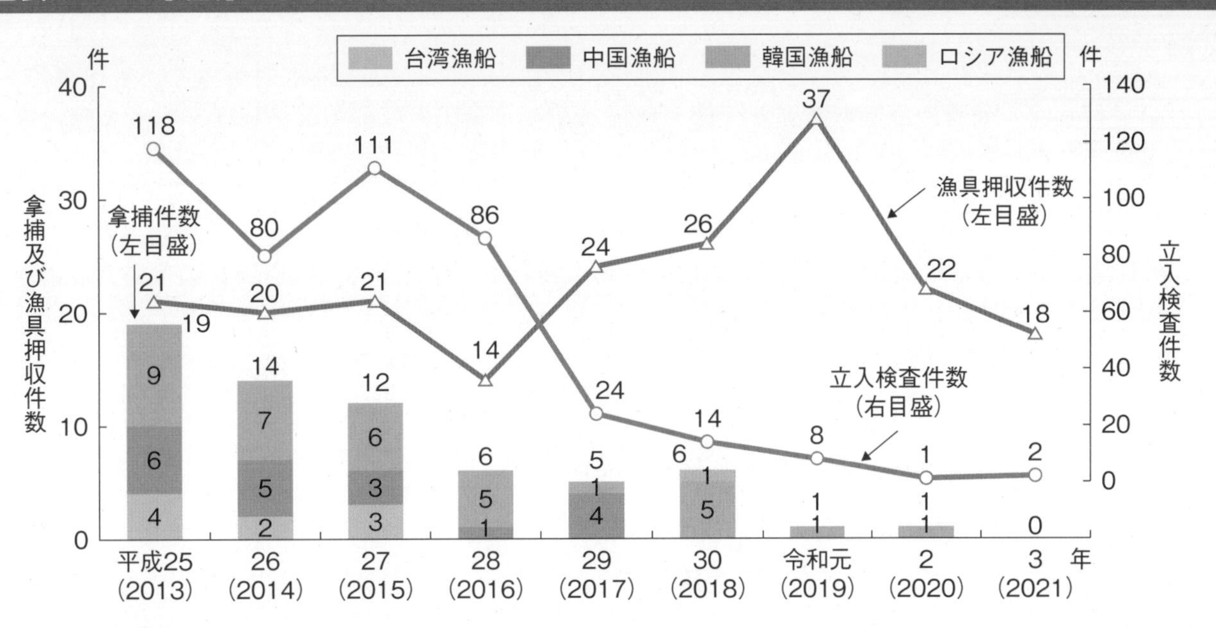


資料：水産庁調べ
注：公海における乗船検査を含まない。

### 〈日本海大和堆周辺水域での取締りを強化〉

日本海大和堆（やまとたい）周辺の我が国EEZでの中国漁船及び北朝鮮漁船による操業については、違法であるのみならず、我が国漁業者の安全操業の妨げにもなっており、極めて問題となっています。このため、我が国漁業者が安全に操業できる状況を確保することを第一に、水産庁は、違法操業を行う多数の中国漁船等に対し、放水等の厳しい措置により我が国EEZから退去させています。令和２（2020）年３月に就航した大型漁業取締船２隻を含む漁業取締船が、いか釣り漁業の漁期が始まる前の５月から同水域で重点的に取締活動を実施するとともに、海上保安庁と連携した対応を行っています。

令和３（2021）年の水産庁による退去警告隻数は、延べ582隻でした。同年は、同水域において北朝鮮漁船は確認されておらず、退去警告を行った外国漁船は全て中国漁船でした。

また、大和堆西方の我が国EEZでは、違法操業を行う外国漁船の出現といった状況は依然として継続している状況であり、水産庁は、我が国漁船の安全を確保しつつ、操業を行い得るよう、引き続き海上保安庁と連携して万全の対応を行っていきます。

我が国EEZから中国漁船を退去させる
水産庁漁業取締船

上：大和堆周辺水域の中国漁船群
下：我が国EEZから中国漁船群を退去させる
水産庁漁業取締船

## 【コラム】漁業取締り強化に向けた水産庁の取組

水産庁は、平成30（2018）年に漁業取締本部を設置し、令和４(2022)年３月時点で官船[＊1]９隻、用船[＊2]37隻、計46隻の漁業取締船と４機の取締航空機を全国に配備して、昼夜を問わず我が国周辺水域を中心に漁業取締りを実施しています。

令和３（2021）年度には、2,000トン級の新造船の鳳翔丸(ほうしょうまる)を竣工させるとともに、福岡に配備されている白萩丸(しらはぎまる)を代船[＊3]（499トンから916トンへ）しました。近年建造される漁業取締船は、強力な放水銃の装備や防弾化により高い取締能力を持っているほか、荒れた海象の下でも取締りに従事できる大型の漁業取締船です。

また、日本海大和堆周辺水域においては、海上保安庁との連携強化の一環として、前年に引き続き、令和３（2021）年５月に、大和堆周辺水域において、漁業取締船と海上保安庁の巡視船等が放水訓練等の合同訓練を行いました。

このように、水産庁では漁業取締体制の強化を図っています。

＊１　国が所有する漁業取締船
＊２　民間船を民間乗組員付きで借り上げ、漁業監督官が乗船して取締りを実施する漁業取締船
＊３　建造してから年数が経った船を新しく造り直し更新したもの

「鳳翔丸」の進水式の様子

水産庁と海上保安庁の合同訓練の様子

漁業取締本部（水産庁）：https://www.jfa.maff.go.jp/j/kanri/torishimari/torishimari2.html

## （4）資源を積極的に増やすための取組

### ア　種苗放流の取組

**〈全国で約70種を対象とした水産動物の種苗放流を実施〉**

多くの水産動物は、産卵やふ化の後に捕食されるなどして、成魚まで育つものはごく僅かです。このため、一定の大きさになるまで人工的に育成し、ある程度成長してから放流することによって資源を積極的に増やすことを目的とする種苗放流の取組が各地で行われています。

現在、都道府県の栽培漁業センター等を中心として、ヒラメ、マダイ、ウニ類、アワビ類等、全国で約70種を対象とした水産動物の種苗放流が、地域の実情や海域の特性等を踏まえて実施されています（図表３－17）。

なお、国は、種苗放流等は資源管理の一環として実施することとし、１）従来実施してきた事業は、資源評価を行い、事業の資源造成効果を検証し、検証の結果、資源造成の目的を達成したものや効果の認められないものは実施しない、２）資源造成効果の高い手法や対象魚種は、今後も事業を実施するが、その際、都道府県と適切に役割を分担し、ヒラメやトラフグのように都道府県の区域を越えて移動する広域回遊魚種等は、複数の都道府県が共同で種苗放流等を実施する取組を促進すること等により、効果のあるものを見極めた上で重点化することとしています。

また、「秋サケ」として親しまれている我が国のサケ（シロサケ）は、親魚を捕獲し、人工的に採卵、受精、ふ化させて稚魚を河川に放流するふ化放流の取組により資源が造成されていますが、近年、放流した稚魚の回帰率の低下により、資源が減少しています。気候変動による海洋環境の変化が、海に降りた後の稚魚の生残に影響しているとの指摘もあり、国は、環境の変化に対応した放流手法の改善の取組等を支援しています。

**図表3－17　種苗放流の主な対象種と放流実績**

（単位：万尾（万個））

| | | 平成23<br>(2011) | 24<br>(2012) | 25<br>(2013) | 26<br>(2014) | 27<br>(2015) | 28<br>(2016) | 29<br>(2017) | 30<br>(2018) | 令和元年度<br>(2019) |
|---|---|---|---|---|---|---|---|---|---|---|
| 地先種 | アワビ類 | 1,362 | 1,251 | 1,250 | 1,458 | 2,190 | 1,966 | 2,043 | 1,887 | 1,850 |
| | ウニ類 | 5,799 | 6,325 | 5,876 | 6,503 | 6,065 | 6,168 | 6,299 | 6,262 | 6,326 |
| | ホタテガイ | 318,095 | 329,632 | 318,183 | 320,769 | 350,303 | 351,080 | 344,506 | 332,633 | 318,653 |
| 広域種 | マダイ | 1,223 | 1,104 | 1,012 | 994 | 960 | 827 | 910 | 885 | 914 |
| | ヒラメ | 1,589 | 1,549 | 1,632 | 1,424 | 1,414 | 1,520 | 1,541 | 1,480 | 1,706 |
| | クルマエビ | 10,795 | 13,284 | 12,422 | 10,730 | 9,251 | 8,563 | 7,444 | 7,681 | 7,352 |
| サケ（シロサケ） | | 164,300 | 162,200 | 177,200 | 177,800 | 176,700 | 163,000 | 156,100 | 178,100 | 147,000 |

資料：（研）水産研究・教育機構・（公社）全国豊かな海づくり推進協会「栽培漁業・海面養殖用種苗の生産・入手・放流実績」
注：サケ（シロサケ）放流数は暫定値。

## 【コラム】第40回全国豊かな海づくり大会

全国豊かな海づくり大会は、水産資源の保護・管理と海や河川・湖沼の環境保全の大切さを広く国民に訴えるとともに、つくり育てる漁業の推進を通じて、明日の我が国漁業の振興と発展を図ることを目的として、昭和56（1981）年に大分県において第１回大会が開催されて以降、令和２（2020）年の新型コロナウィルス感染症拡大の影響による延期を除き、毎年開催されています。

令和３（2021）年は、「第40 回全国豊かな海づくり大会~食材王国みやぎ大会~」が、天皇皇后両陛下のオンラインによる御臨席の下、「よみがえる　豊かな海を　輝く未来へ」を大会テーマに宮城県石巻（いしのまき）市で開催されました。

式典行事では、天皇陛下より、豊かな海づくりへの思いや願いが述べられたほか、東日本大震災の犠牲者への哀悼の意が表されるとともに、震災の被災者にお見舞いが述べられました。また、震災からの復興に尽力した人々の努力に敬意が表されるとともに、新型コロナウィルス感染症による困難な現状を国民が力を合わせて乗り越えていくことへの願いが述べられました。

次回の第41回大会は、令和４（2022）年11月に、「広げよう　碧（あお）く豊かな　海づくり」を大会テーマに兵庫県明石（あかし）市で開催される予定です。

**オンラインで御臨席された天皇皇后両陛下**
**（写真提供：宮城県）**



### イ　沖合域における生産力の向上

**〈水産資源の保護・増殖のため、保護育成礁やマウンド礁の整備を実施〉**

沖合域は、アジ、サバ等の多獲性浮魚類、スケトウダラ、マダラ等の底魚類、ズワイガニ等のカニ類等、我が国の漁業にとって重要な水産資源が生息する海域です。これらの資源については、種苗放流によって資源量の増大を図ることが困難であるため、資源管理と併せて生息環境を改善することにより、資源を積極的に増大させる取組が重要です。

これまで、各地で人工魚礁等が設置され、水産生物に産卵場、生息場、餌場等を提供し、再生産力の向上に寄与しています。また、国は、沖合域における水産資源の増大を目的として、ズワイガニ等の生息海域にブロック等を設置することにより産卵や育成を促進する保護育成礁や、上層と底層の海水が混ざり合う鉛直混合[*1]を発生させることで海域の生産力を高めるマウンド礁の整備を実施しており、水産資源の保護・増殖に大きな効果が見られています（図表３－18）。

＊１　上層と底層の海水が互いに混ざり合うこと。鉛直混合の発生により底層にたまった栄養塩類が上層に供給され、植物プランクトンの繁殖が促進されて海域の生産力が向上する。

## 図表3－18　国のフロンティア漁場整備事業の概要

### ①整備箇所

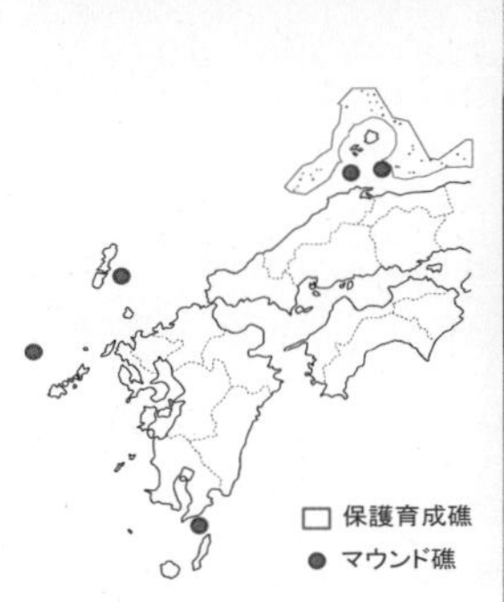


### ②保護育成礁の仕組み（イメージ）と保護効果の例

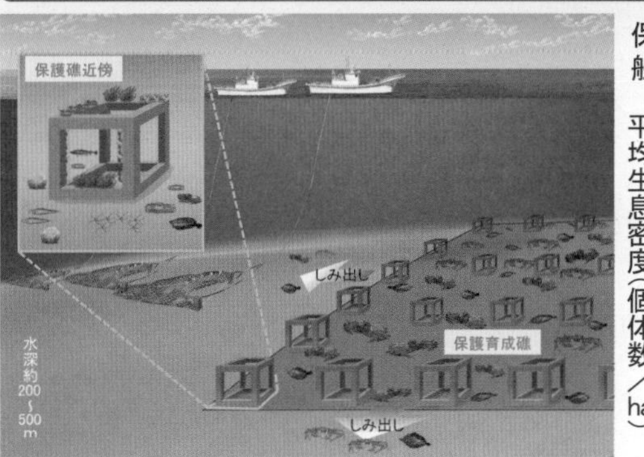


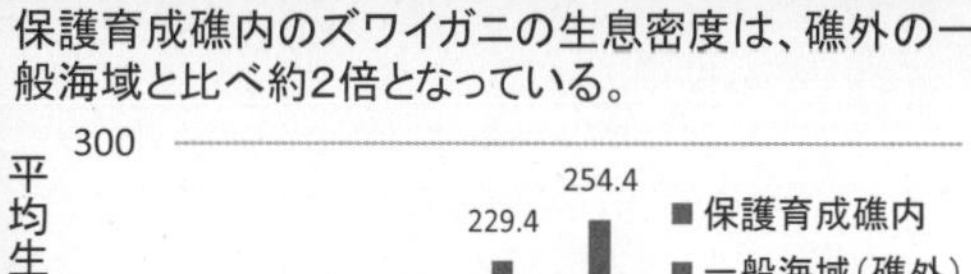

保護育成礁内のズワイガニの生息密度は、礁外の一般海域と比べ約2倍となっている。

漁獲調査から推定したズワイガニ平均生息密度の比較

### ③マウンド礁の仕組み（イメージ）と増殖効果の例

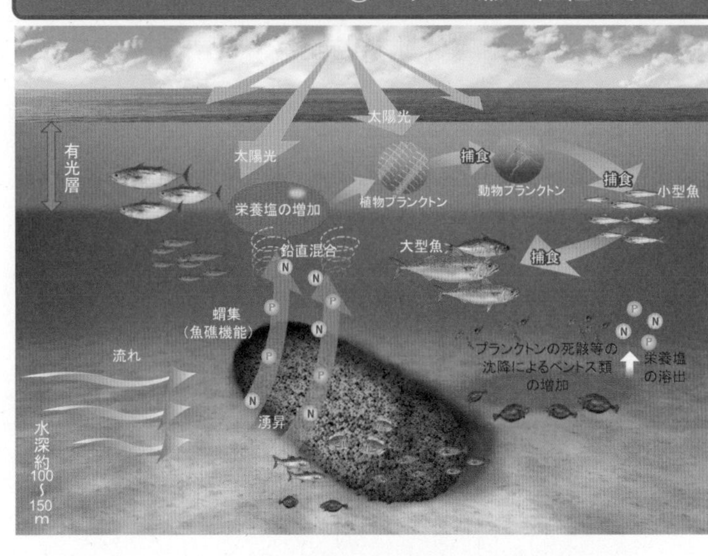


マウンド礁周辺のマアジの平均体重は、一般海域と比べ約1.5倍となっている。

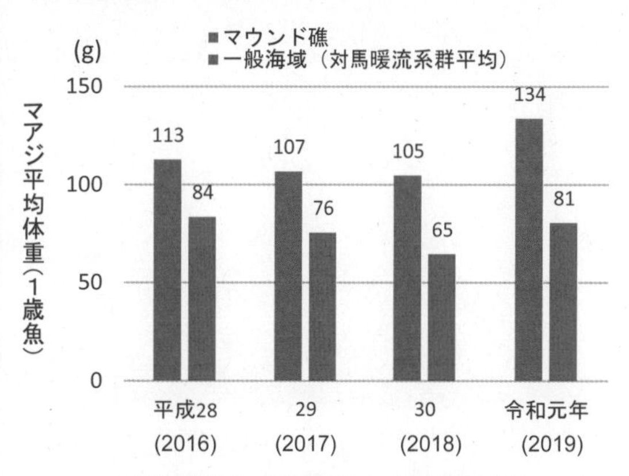


五島西方沖地区におけるマウンド礁周辺と
一般海域のマアジの体重比較

## ウ　内水面における資源の増殖と漁業管理

### 〈資源の維持増大や漁場環境の保全のため、種苗放流や産卵場の整備を実施〉

河川・湖沼等の内水面では、「漁業法」に基づき、水産動植物の採捕を目的とする漁業権の免許を受けた漁協及び漁業協同組合連合会には水産動植物を増殖する義務が課される一方、遊漁者の採捕を制限する場合には遊漁規則を定め、遊漁者から遊漁料を徴収することが認められており、遊漁料により増殖費用が賄われています。これは、一般に海面と比べて生産力が低いことに加え、遊漁者等、漁業者以外の利用者も多く、採捕が資源に与える影響が大きいためです。このような制度の下、内水面の漁協等が主体となってアユやウナギ等の種苗放流や産卵場の整備を実施し、資源の維持増大や漁場環境の保全に大きな役割を果たしています。

このような内水面における増殖活動の重要性を踏まえ、令和2（2020）年12月に施行された「漁業法等の一部を改正する等の法律」による「水産業協同組合法[*1]」の改正によって、内水面の漁協における個人の正組合員資格について、従来の漁業者、漁業従事者、水産動植物を採捕する者及び養殖する者に加え、「水産動植物を増殖する者」を新たに追加するとともに、河川と湖沼の組合員資格を統一しました。

＊1　昭和23（1948）年法律第242号

## （5）漁場環境をめぐる動き

### ア　藻場・干潟の保全と再生

**〈藻場・干潟の保全や機能の回復によって生態系全体の生産力を底上げ〉**

藻場は、繁茂した海藻や海草が水中の二酸化炭素を吸収して酸素を供給し、水産生物に産卵場、幼稚仔魚等の生息場、餌場等を提供するなど、水産資源の増殖に大きな役割を果たしています。また、河口部に多い干潟は、潮汐の作用により、陸上からの栄養塩や有機物と海からの様々なプランクトンが供給されることにより、高い生物生産性を有しています。藻場・干潟は、二枚貝等の底生生物や幼稚仔魚の生息場となるだけでなく、このような生物による水質の浄化機能や、陸から流入する栄養塩濃度の急激な変動を抑える緩衝地帯としての機能も担っています。

しかしながら、このような藻場・干潟は、海水温の上昇に伴う海藻の立ち枯れや種組成の変化、海藻を食い荒らすアイゴ等の植食性魚類やウニの活発化・分布の拡大による影響、貧酸素水塊の発生、陸上からの土砂の供給量の減少等による衰退が指摘されています。

藻場・干潟の保全や機能の回復によって、生態系全体の生産力の底上げを図ることが重要であり、国は、地方公共団体が実施する藻場・干潟の造成と、漁業者や地域住民等によって行われる食害生物の駆除や母藻の設置等の藻場造成、干潟の耕うん等の保全活動が一体となった広域的な対策を推進しています。

藻場の造成の様子

造成後に海藻類が繁茂している状況（黒い部分）

藻場の保全（ウニの駆除）

干潟等の保全（干潟の耕うん）

### イ　内湾域等における漁場環境の改善

#### 〈漁場環境改善のため、赤潮等の被害対策、栄養塩類管理、適正養殖可能数量の設定等を推進〉

海藻類の成長、魚類や二枚貝等の餌となる動物・植物プランクトンの増殖のためには、陸域や海底等から供給される窒素やリン等の栄養塩類が必要となります。瀬戸内海をはじめとした閉鎖性水域において、栄養塩類の減少等が海域の基礎的生産力を低下させ、養殖ノリの色落ちや魚介類の減少の要因となっている可能性が、漁業者や地方公共団体の研究機関から示唆されています。一方で、窒素、リン等の栄養塩類、水温、塩分、日照、競合するプランクトン等の要因が複合的に影響することにより赤潮が発生し、魚類養殖業等に大きな被害をもたらすことも指摘されています。

瀬戸内海においては、これらの状況に鑑み、令和３（2021）年６月に成立した「瀬戸内海環境保全特別措置法の一部を改正する法律[*1]」において、必要に応じて栄養塩類の供給・管理を可能とする栄養塩類管理制度の導入が盛り込まれ、水質汚濁の改善と水産資源の持続可能な利用の確保の調和・両立を進めることとしています。また、東京湾や伊勢・三河湾においても、漁業関係者や行政が連携し、栄養塩類の管理に係る研究成果等の情報共有を図っています。

また、国は、沿岸県と連携し、海域の栄養塩類が水産資源の基礎を支えるプランクトン等の餌生物等に対して与える影響に関する調査研究、適切な栄養塩類の管理のための基礎的なデータの収集、栄養塩類の供給手法の開発等の漁場改善実証試験の支援を行うとともに、赤潮による漁業被害の軽減対策として、関係地方公共団体及び研究機関等と連携して、赤潮発生の広域モニタリング技術の開発、赤潮の発生メカニズムの解明等による発生予察手法の開発、被害軽減技術の開発に取り組んでいます。



さらに、北海道太平洋沿岸において、令和３（2021）年９月中旬から赤潮が発生し、ウニやサケ等に漁業被害が発生したことから、北海道や研究機関等と連携し、調査や漁場回復の取組への支援を行っています（後述のコラム参照）。

また、有明海や八代海では、近年底質の泥化や有機物の堆積等、海域の環境が悪化し、赤潮の増加や貧酸素水塊の発生等が見られる中で、二枚貝をはじめとする水産資源の悪化が進み、海面漁業生産が減少しました。これらの状況に鑑み、平成12（2000）年度のノリの不作を契機に「有明海及び八代海を再生するための特別措置に関する法律[*2]」が平成14（2002）年に制定され、関係県は環境の保全及び改善並びに水産資源の回復等による漁業の振興に関し実施すべき施策に関する計画を策定し、有明海及び八代海等の再生に向けた各種施策を実施しています。国は、同法に基づき、関係県等の事業を支援し、有明海及び八代海等の再生を図っています。

このほか、養殖漁場については、「持続的養殖生産確保法[*3]」に基づき、漁協等が養殖漁場の水質等に関する目標、適正養殖可能数量、その他の漁場環境改善のための取組等をまとめた漁場改善計画を策定し、これを漁業収入安定対策[*4]により支援しています。

また、新漁業法においては、漁場を利用する者が広く受益する赤潮監視、漁場清掃等の保

---

＊１　令和３（2021）年法律第59号
＊２　平成14（2002）年法律第120号。平成23（2011）年に法律名を「有明海及び八代海等を再生するための特別措置に関する法律」に改正。
＊３　平成11（1999）年法律第51号
＊４　図表３－12（110ページ）参照

全活動を実施する場合に、都道府県が申請に基づいて漁協等を指定し、一定のルールを定めて沿岸漁場の管理業務を行わせることができる仕組みが新たに設けられました。

**【コラム】北海道太平洋沿岸における漁業被害**

令和３（2021）年９月中旬から、北海道太平洋沿岸において赤潮が発生し、サケやウニのへい死等の漁業被害が発生しました。

北海道の公表によると、令和４（2022）年２月28日時点の被害見込みとしては、サケが約0.7億円、ウニが約74億円（ウニの資源回復に４年程度かかるものとして試算）など、計約82億円に及ぶとしており、被害原因の究明と漁業経営の再建が重要な課題となっています。

今回の漁業被害のうち、１）漁業共済の対象となっているサケ等については、漁業共済及び漁業収入安定対策事業により減収の補てんを行うとともに、２）漁船で漁獲していないウニ漁業については、漁業共済の対象となっていませんが、令和３（2021）年度補正予算に盛り込んだ北海道赤潮対策緊急支援事業において、国は漁業関係者等の地元関係者が取り組む漁場環境の回復の取組を支援し、経営継続を支援していくこととしています。このほか、同事業においては、１）広域モニタリング技術の開発、２）赤潮の発生メカニズムの解明等による発生予察手法の開発、３）赤潮原因プランクトンの水産生物に対する毒性の影響等の調査を行うこととしています。

これらの措置により、国は、今般の被害地域の漁業の維持・回復を図っていくこととしています。

海底でへい死した大量のウニ
（写真提供：北海道）

えらが白くなっており、酸欠で死亡したと推測されるサケ（写真提供：北海道）

### ウ　河川・湖沼における生息環境の再生

**〈内水面の生息環境や生態系の保全のため、魚道の設置等の取組を推進〉**

河川・湖沼は、それら自体が水産生物を育んで内水面漁業者や遊漁者の漁場となるだけでなく、自然体験活動の場等の自然と親しむ機会を国民に提供しています。また、河川は、森林や陸域から適切な量の土砂や有機物、栄養塩類を海域に安定的に流下させることにより、干潟や砂浜を形成し、海域における豊かな生態系を維持する役割も担っています。しかしながら、河川をはじめとする内水面の環境は、ダム・堰堤（えんてい）等の構造物の設置、排水や濁水等による水質の悪化、水の利用による流量の減少等の人間活動の影響を特に強く受けています。このため、内水面における生息環境の再生と保全に向けた取組を推進していく必要があります。

国は、「内水面漁業の振興に関する法律[＊1]」に基づいて策定した「内水面漁業の振興に関する基本的な方針[＊2]」により、関係省庁、地方公共団体、内水面の漁協等の連携の下、水

＊１　平成26（2014）年法律第103号
＊２　平成26（2014）年策定、平成29（2017）年改正。

質や水量の確保、森林の整備及び保全、自然との共生や環境との調和に配慮した多自然川づくりを進めています。また、内水面の生息環境や生態系を保全するため、堰（せき）等における魚道の設置や改良、産卵場となる砂礫（されき）底や植生の保全・造成、様々な水生生物の生息場となる石倉増殖礁（石を積み上げて網で囲った構造物）の設置等の取組を推進しています。

さらに、同法では、共同漁業権の免許を受けた者からの申出により、都道府県知事が内水面の水産資源の回復や漁場環境の再生等に関して必要な措置について協議を行うための協議会を設置できることになっており、令和３（2021）年末時点で、山形県、東京都、滋賀県、兵庫県及び宮崎県において協議会が設置され、良好な河川漁場保全に向けた関係者間の連携が進められています。

内水面に関する情報（水産庁）：
https://www.jfa.maff.go.jp/j/enoki/naisuimeninfo.html

### エ　気候変動による影響と対策

#### 〈顕在化しつつある漁業への気候変動の影響〉

気候変動は、地球温暖化による海水温の上昇等により、水産資源や漁業・養殖業に影響を与えます。我が国近海における令和２（2020）年までのおよそ100年間にわたる海域平均海面水温（年平均）の上昇率は+1.19℃/100年で（図表３－19）、世界全体での平均海面水温の上昇率（+0.56℃/100年）よりも大きく、我が国の気温の上昇率（+1.28℃/100年）と同程度の数値でした。一方、我が国近海の海面水温は10年規模で変動することが知られており、近年は平成12（2000）年頃に極大、平成22（2010）年頃に極小となった後、上昇傾向が続いています。さらに黒潮大蛇行等、局所的な海況の変化も日々起こっており、水産資源の現状や漁業・養殖業への影響を考える際には、これら様々なスケールの変動・変化を考慮する必要があります。



**図表3－19　日本近海の平均海面水温の推移**

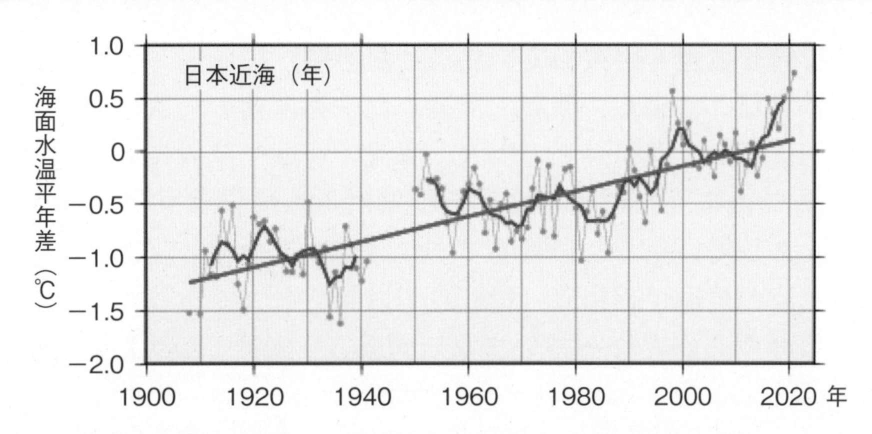


資料：気象庁地球環境・海洋部「海面水温の長期変化傾向（日本近海）」より抜粋。
注：図の青丸は各年の平年差を、青の太い実線は５年移動平均値を示す。赤の太い実線は長期変化傾向を示す。

気候変動に関する報告書としては、令和３（2021）年７月下旬から８月上旬に開催された「気候変動に関する政府間パネル（IPCC）第54回総会」において承認・受諾されたIPCC第６次評価報告書WG１報告書（自然科学的根拠）＊1があります。この中では、人間の影響が大気、海洋及び陸域を温暖化させてきたことには疑う余地がなく、大気、海洋、雪氷圏及び生物圏において、広範囲かつ急速な変化が現れているとされています。国内では、令和２（2020）年12月に環境省により作成、公表された「気候変動影響評価報告書」でも指摘されているとおり、近年、我が国近海では海水温の上昇が主要因と考えられる現象が顕在化しています。具体的には、北海道でのブリの豊漁やサワラの分布域の北上、マサバの産卵場の北上（図表３－20）等が継続して確認されています。

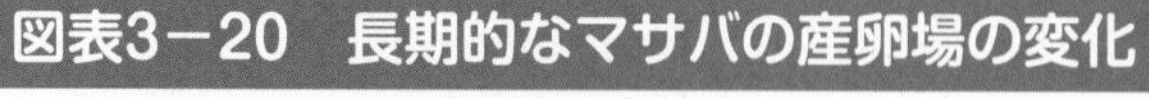
図表3－20　長期的なマサバの産卵場の変化

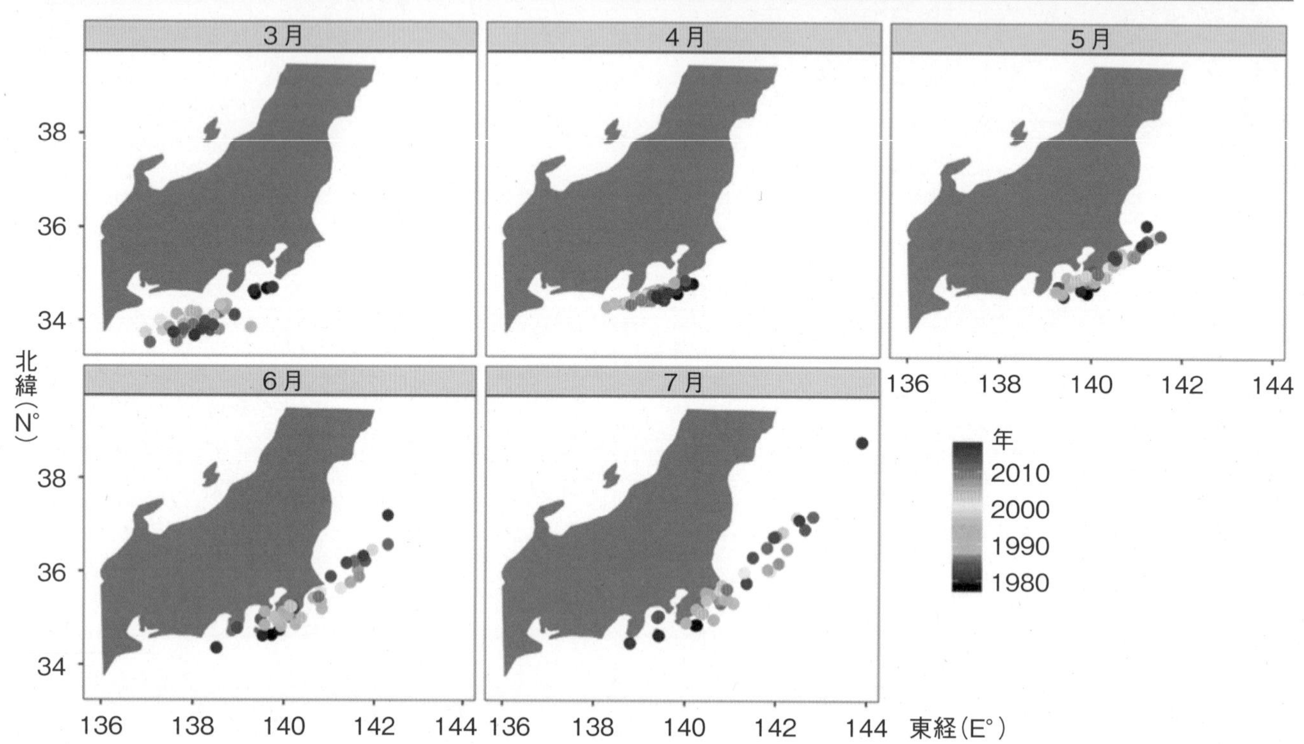


資料：原著論文　Kanamori et al. (2019) Marine Ecological Progress Series 624: 155-166　より抜粋。
注：マサバ卵が出現した海域は、近年、北上の傾向。

### 〈気候変動による影響を調査・研究していくことが必要〉

気候変動は、海水温だけでなく、深層に堆積した栄養塩類を一次生産が行われる表層まで送り届ける海水の鉛直混合、表層海水の塩分、海流の速度や位置にも影響を与えるものと推測されています＊2。このような環境の変化を把握するためには、調査船や人工衛星により継続的にモニタリングしていくことが重要です。例えば、令和３（2021）年に北太平洋の西部で発生した海洋熱波の規模が昭和57（1982）年以降で最大であったことが、人工衛星によるモニタリングにより明らかとなっています（図表３－21）。このような現象は、北太平洋

＊１　正式名称：「気候変動に関する政府間パネル第６次評価報告書　第１作業部会（WG１）報告書（自然科学的根拠）」
＊２　温暖化により表層の水温が上昇すると、表層の海水の密度が低くなり沈みにくくなるため、深層との鉛直混合が弱まると予測されている。

の東部でも確認されており、水産資源や生態系等への影響が懸念されています。また、地域の水産資源や水産業に将来どのような影響が生じ得るかを把握するため、関係省庁や大学等が連携して、数値予測モデルを使った研究や影響評価、採り得る対策案を事前に検討する取組も進められており、今後もこれらを強化していくことが重要です。

さらに、国際的な連携の構築も重要です。我が国は、各地の地域漁業管理機関のみならず、北太平洋海洋科学機関（PICES）等の国際科学機関にも参画し、気候変動が海洋環境や海洋生物に与える影響や海洋熱波に代表される現象について広域的な調査･研究を進めています。令和３（2021）～12（2030）年は、持続可能な開発目標（SDGs）「14. 海の豊かさを守ろう」等を達成するための「持続可能な開発のための国連海洋科学の10年」です。ますます活発化する海洋に関わる国際的な研究活動に、我が国も大きく貢献していきます。

**図表３－21　北西太平洋で確認された海洋熱波**

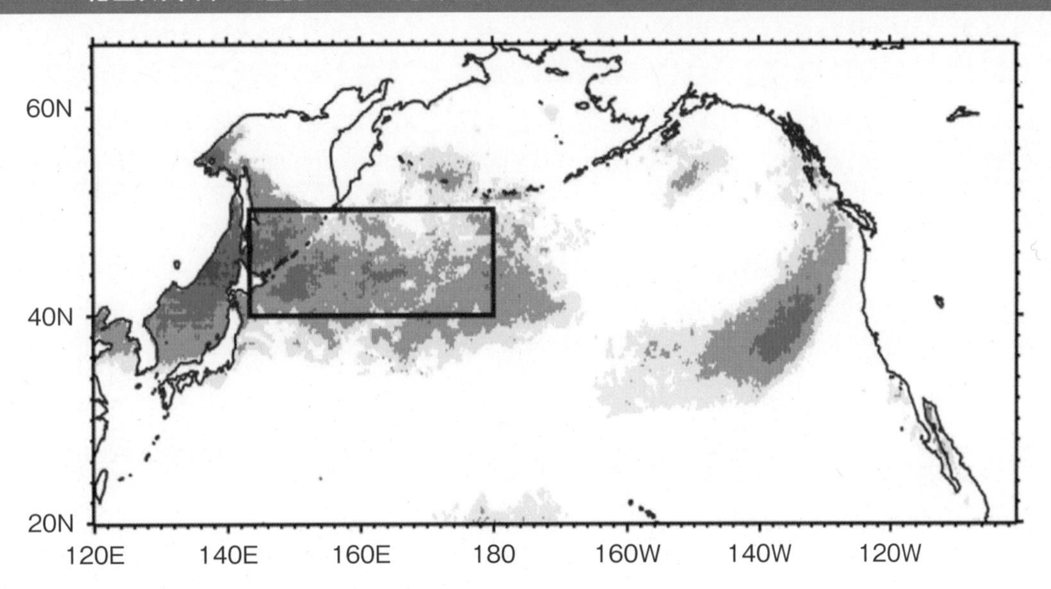


資料：原著論文　Kuroda and Setou（2021）Remote Sens. 13, 3989　より抜粋。
注：図中の色は、令和３（2021）年７月30日の海洋熱波の強度（30年間の日別水温からの差を規格化）を示す。
黒枠の領域での令和３（2021）年７～８月の海洋熱波は、昭和57（1982）年以降で最大であった。

### 〈気候変動には「緩和」と「適応」の両面からの対策が重要〉

気候変動に対しては、温室効果ガスの排出削減等による「緩和」と、現在生じており、又は将来予測される被害を回避・軽減する「適応」の両面から対策を進めることが重要です。

このうち、「緩和」に関しては、国連気候変動枠組条約第21回締約国会議（平成27（2015）年）で採択されたパリ協定において、気候変動緩和策として、世界の平均気温上昇を産業革命以前に比べて２℃より十分下回るよう抑制するとともに、1.5℃に抑える努力を追求することが示されました。また、IPCC1.5℃特別報告書（平成30（2018）年10月公表）において、将来の平均気温上昇が1.5℃を大きく超えないように抑えるシナリオでは、2050年前後には世界の人為起源の二酸化炭素排出量が正味ゼロに達するとされており、カーボンニュートラルを達成することの必要性が示唆されています。このような知見も踏まえ、地球温暖化対策を総合的かつ計画的に推進するための政府の「地球温暖化対策計画」が令和３（2021）年10月に改定され、農林水産省も、同月に「農林水産省地球温暖化対策計画」を改定しました。例えば、太陽光、風力等の再生可能エネルギーについては、「農林漁業の健全な発展と調和

第1部

第3章

のとれた再生可能エネルギー電気の発電の促進に関する法律[*1]」に基づき漁村における取組を促進するほか、荷さばき所等の漁港施設の機能向上を図るための再生可能エネルギーを活用した発電設備等の一体的整備を推進することとしています。また、我が国が2050年カーボンニュートラルを宣言したことを踏まえ、令和2（2020）年12月に関係省庁連携の下で、温暖化への対応を成長の機会と捉える「2050年カーボンニュートラルに伴うグリーン成長戦略」が策定されました（令和3（2021）年6月改定）。また、令和3（2021）年5月に農林水産省は、食料・農林水産業の生産力の向上と持続性の両立をイノベーションで実現するため、「みどりの食料システム戦略」を策定しました。この戦略において、水産分野では、漁船の電化・水素燃料電池化の推進等により温室効果ガス排出削減を図るとともに、ブルーカーボン（海洋生態系に貯留される炭素）の二酸化炭素吸収源としての可能性を追求すること等を改めて明記しており、この一環として、藻場の二酸化炭素吸収効果に関する研究等を行っています。他方、「適応」については、平成30（2018）年6月に、気候変動適応を法的に位置付ける「気候変動適応法[*2]」が公布され、これに基づき同年11月に閣議決定された「気候変動適応計画」が令和3（2021）年10月に改定されたことから、災害や気候変動に強い持続的な食料システムの構築についても規定する「みどりの食料システム戦略」等を踏まえ、農林水産分野における適応策について必要な見直しを行い、同月に「農林水産省気候変動適応計画」を改定しました。

水産分野においては、海面漁業、海面養殖業、内水面漁業・養殖業、造成漁場及び漁港・漁村について、気候変動による影響の現状と将来予測を示し、当面10年程度に必要な取組を中心に工程表を整理しました（図表3－22）。

例えば、海面漁業では、サンマ、スルメイカ、サケに見られるような近年の不漁が今後長期的に継続する可能性があることを踏まえ、海洋環境の変化に対応し得るサケ稚魚等の放流手法等を開発しています。

海面養殖業では、高水温耐性等を有する養殖品種の開発、有害赤潮プランクトンや疾病への対策等が求められています。高水温耐性を有する養殖品種開発については、ノリについての研究開発が進んでいます。既存品種では水温が23℃以下にならないと安定的に生育できないため、秋季の高水温が生産開始の遅れと収獲量の減少の一因になると考えられています。そこで、育種により24℃以上でも2週間以上生育可能な高水温適応素材を開発し、野外養殖試験を行った結果、高水温条件下での発育障害が軽減されることが観察されたことを受け、実用化に向けた実証実験を進めています（図表3－23）。

魚病については、水温上昇に伴い養殖ブリ類の代表的な寄生虫であるハダムシの繁殖可能期間の長期化が予測されています。ハダムシがブリ類に付着すると、魚が体を生け簀(す)の網に擦り付けることで表皮が傷つき、その傷から他の病原性細菌等が体内に侵入する二次感染によって養殖ブリ類が大量に死亡することがあります。そのため、ハダムシの付着しにくい特徴を持つ系統を選抜し、その有効性を検証する試験を行っています。

内水面漁業・養殖業では、海洋と河川の水温上昇によるアユの遡上時期の早まりや遡上数の減少が予測されることから、水温上昇がアユの遡上・流下や成長に及ぼす影響を分析し、適切なサイズの稚アユを適切なタイミングで放流することで、種苗放流の効果を最大化する

＊1　平成25（2013）年法律第81号
＊2　平成30（2018）年法律第50号

放流手法の開発を行っています。

　また、海水温上昇による海洋生物の分布域・生息場の変化を的確に把握し、それに対応した水産生物のすみかや産卵場等となる漁場整備が求められており、山口県の日本海側では、寒海性のカレイ類が減少する一方で、暖海性魚類のキジハタにとって生息しやすい海域が拡大していることを踏まえ、キジハタの成長段階に応じた漁場整備が進められています。

みどりの食料システム戦略（農林水産省）：
https://www.maff.go.jp/j/kanbo/kankyo/seisaku/midori/

農林水産省気候変動適応計画（農林水産省）：
https://www.maff.go.jp/j/kanbo/kankyo/seisaku/climate/adapt/top.html

## 図表3－22　農林水産省気候変動適応計画の概要（水産分野の一部）

| | 現状 | 将来予測 | 取組 |
|---|---|---|---|
| 海面漁業 | サンマ漁場と産卵場の沖合化、スルメイカの発生・生残の悪化やシロサケの回帰率の低下 | サンマ漁場の沖合化、スルメイカは分布密度の低い海域が拡大、さけ・ます類の分布域の減少 | 漁場予測・資源評価の高精度化や順応的な漁業生産活動を可能とする施策の推進 |
| 海面養殖業 | 養殖ノリについて、種付け時期の遅れによる年間収獲量の減少 | 養殖適地が北上し、養殖に不適になる海域が出ることが予測 | 高水温耐性等を有する養殖品種の開発 |
| 内水面漁業・養殖業 | 湖沼の湖水循環の停滞と貧酸素化 | 高水温によるワカサギ漁獲量の減少やアユの遡上数の減少 | 河川湖沼の環境変化と重要資源の生息域や資源量に及ぼす影響評価 |
| 造成漁場 | 南方系魚種数の増加や北方系魚種数の減少 | 多くの漁獲対象種の分布域が北上 | 気候変動による海洋生物の分布域の変化の把握及びそれに対応した漁場整備の推進 |
| 漁港・漁村 | 海面水位が上昇傾向であるほか、高波の有義波高の最大値が増加傾向 | 海面水位の上昇による漁港施設等の機能低下、高潮や高波による漁港施設等への被害の及ぶおそれ | 防波堤、物揚場等の漁港施設の嵩上げや粘り強い構造を持つ海岸保全施設の整備を引き続き計画的に推進 |

資料：農林水産省「農林水産省気候変動適応計画概要」に基づき水産庁で作成

## 図表3－23　ノリ養殖における秋季高水温の影響評価と適応計画に基づく取組事例

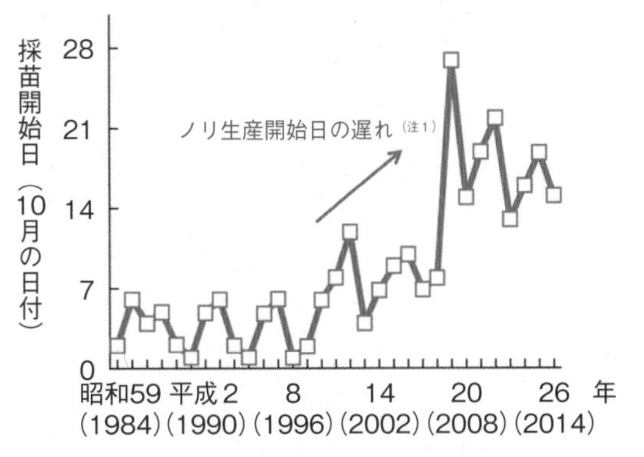


ノリ生産開始日の経年変化

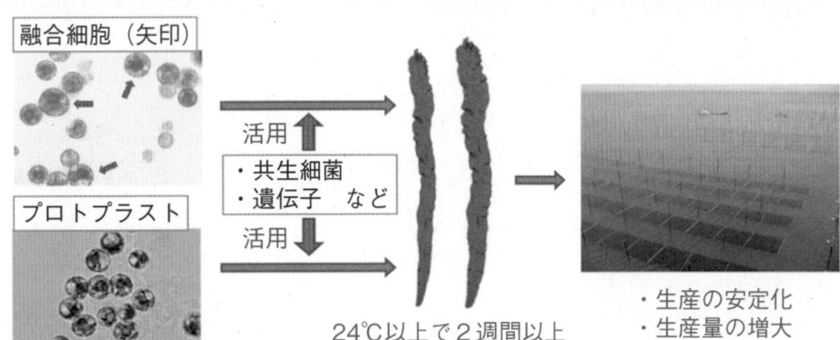


細胞融合技術やプロトプラスト（注2）選抜技術等の育種技術を用いた高水温適応素材開発の流れ

資料：（研）水産研究・教育機構
注：1）生産開始日の遅れ及び生産量の変化には、地球温暖化以外の要因も考えられる。
　　2）植物細胞、細菌、菌類等から細胞壁を取り除いた細胞。

### オ　海洋におけるプラスチックごみの問題

#### 〈海洋プラスチックごみの影響への懸念の高まり〉

海に流出するプラスチックごみの増加の問題が世界的に注目を集めています。年間数百万tを超えるプラスチックごみが海洋に流出しているとの推定[*1]もあり、我が国の海岸にも、海外で流出したと考えられるものも含めて多くのごみが漂着しています。

海に流出したプラスチックごみは、海鳥や海洋生物が誤食することによる生物被害や、投棄・遺失漁具（網やロープ等）に海洋生物が絡まって死亡するゴーストフィッシング、海岸の自然景観の劣化等、様々な形で環境や生態系に影響を与えるとともに、漁獲物へのごみの混入や漁船のスクリューへのごみの絡まりによる航行への影響等、漁業活動にも損害を与えます。さらに、紫外線等により次第に劣化し破砕・細分化されてできるマイクロプラスチック[*2]は、表面に有害な化学物質が吸着する性質があることが指摘されており、吸着又は含有する有害な化学物質が食物連鎖を通して海洋生物へ影響を与えることが懸念されています。

我が国では、令和元（2019）年５月に、「海洋プラスチックごみ対策アクションプラン」が関係閣僚会議で策定されたほか、海岸漂着物処理推進法[*3]に基づく「海岸漂着物対策を総合的かつ効果的に推進するための基本的な方針」の変更及び「第四次循環型社会形成推進基本計画[*4]」に基づく「プラスチック資源循環戦略」の策定を行い、海洋プラスチックごみ問題に関連する政府全体の取組方針を示しました。

また、令和３（2021）年６月に、海洋プラスチックごみ問題への対応を契機の一つとして、「プラスチックに係る資源循環の促進等に関する法律[*5]」が成立したほか、令和４（2022）年３月に、海洋プラスチック汚染をはじめとするプラスチック汚染対策に関する法的拘束力のある文書の作成に向けた決議が国連環境総会で採択されるなど、国内外の海洋プラスチックごみ問題への取組が加速化しています。

#### 〈海洋生分解性プラスチック製の漁具の開発や漁業者による海洋ごみの持ち帰りを促進〉

海洋プラスチックごみの主な発生源は陸域であると指摘されていますが、海域を発生源とする海洋プラスチックごみも一定程度あり、その一部は漁業活動で使用される漁具であることも指摘されています[*6]。

そのような中、水産庁は、漁業の分野において海洋プラスチックごみ対策やプラスチック資源循環を推進するため、平成30（2018）年に、漁業関係団体、漁具製造業界及び学識経験者の参加を得て協議会を開催し、平成31（2019）年４月に、同協議会が取りまとめた「漁業におけるプラスチック資源循環問題に対する今後の取組」を公表しました。その主な内容は、１）漁具の海洋への流出防止、２）漁業者による海洋ごみの回収の促進、３）意図的な排出（不法投棄）の防止、４）情報の収集・発信、であり、これらの取組は前述の海洋プラスチックごみ対策アクションプラン等にも盛り込まれたものです。

---

＊１　Jambeck et al.（2015）による。

＊２　微細なプラスチックごみ（５mm以下）のこと。

＊３　平成21（2009）年法律第82号。正式名称：「美しく豊かな自然を保護するための海岸における良好な景観及び環境並びに海洋環境の保全に係る海岸漂着物等の処理等の推進に関する法律」。

＊４　平成30（2018）年６月閣議決定

＊５　令和３（2021）年法律第60号。令和４（2022）年４月１日施行。

＊６　FAO「The State of World Fisheries and Aquaculture 2020」による。

　また、水産庁は、１）海洋プラスチックごみ対策アクションプランを踏まえ、令和２（2020）年５月に、使用済み漁具の計画的処理を推進するための「漁業系廃棄物計画的処理推進指針」を策定し、２）海洋に流出した漁具による環境への負荷を最小限に抑制するため、海洋生分解性プラスチック等の環境に配慮した素材を用いた漁具開発等の支援や、素材ごとに分解、分別しやすい設計の漁網等のリサイクル推進を念頭に置いた漁具の検討をしています。また、水産庁は、３）操業中の漁網に入網するなどして回収される海洋ごみを漁業者が持ち帰ることは、海洋ごみの回収手段が限られる中で重要な取組と考えられるため、環境省と連携し、環境省の海岸漂着物等地域対策推進事業を活用して、海洋ごみの漁業者による持ち帰りを促進する（図表３－24）とともに、４）漁業者や漁協等が環境生態系の維持・回復を目的として、地域で行う漂流漂着物等の回収・処理に対し、水産多面的機能発揮対策事業による支援を実施しています。さらに、業界団体・企業等による自主的な取組に係る情報発信や、マイクロプラスチックが水産生物に与える影響についての科学的調査結果の情報発信を行っています。

プラスチック資源循環（漁業における取組）（水産庁）：
https://www.jfa.maff.go.jp/j/sigen/action_sengen/190418.html

海岸に漂着したプラスチックごみ

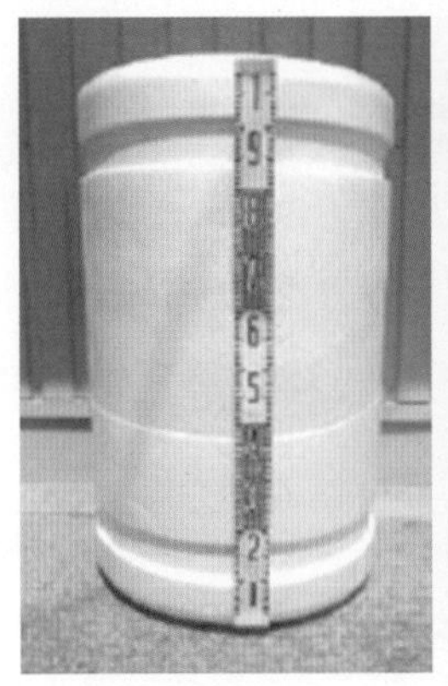

海洋生分解性プラスチックを用いたフロートの試作品と実証試験

（写真提供：公益財団法人　海と渚環境美化・油濁対策機構）

図表3－24　漂流ごみ等の回収・処理について（入網ごみ持ち帰り対策）

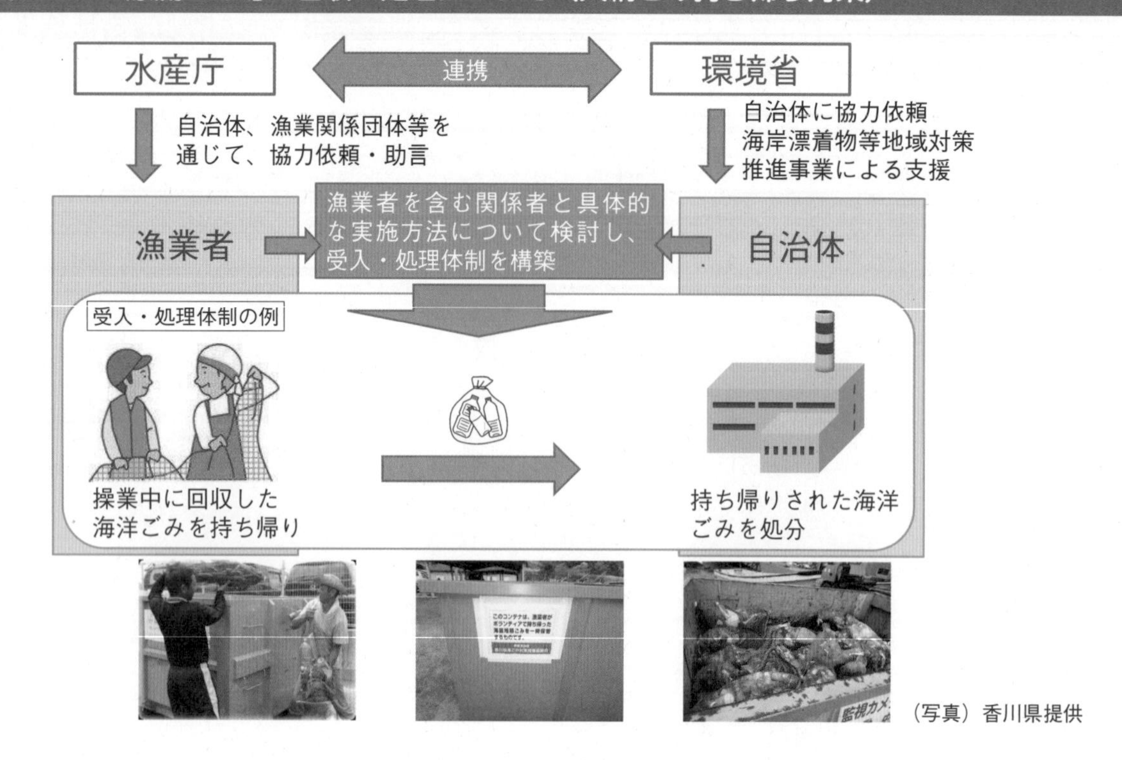


（写真）香川県提供

## カ　海洋環境の保全と漁業

### 〈適切に設置・運用される海洋保護区により、水産資源の増大を期待〉

漁業は、自然の生態系に依存し、その一部を採捕することにより成り立つ産業であり、漁業活動を持続的に行っていくためには、海洋環境や海洋生態系を健全に保つことが重要です。

平成22（2010）年には、生物の多様性に関する条約（生物多様性条約）の下で、令和２（2020）年までに沿岸域及び海域の10％を海洋保護区（MPA：Marine Protected Area）又はその他の効果的な地域をベースとする保全手段（OECM：Other Effective area-based Conservation Measures）で管理及び保全を図ることを含む「愛知目標」が採択されました。このMPA等に関するターゲット（目標）は、平成24（2012）年に開始された国連環境開発会議（リオ＋20）においても成果文書に取り上げられたほか、SDGsにおいても同様に規定されています。

我が国において、MPAは、「海洋生態系の健全な構造と機能を支える生物多様性の保全及び生態系サービスの持続可能な利用を目的として、利用形態を考慮し、法律又はその他の効果的な手法により管理される明確に特定された区域」と定義されていますが、これには「水産資源保護法[＊1]」上の保護水面や「漁業法」上の共同漁業権区域等が含まれており、漁業者の自主的な共同管理等によって、生物多様性を保全しながら、これを持続的に利用していく海域であることは、日本型海洋保護区の一つの特色になっています。また、適切に設置され運用されるMPA及びOECMは、海洋生態系の適切な管理及び保全を通じて、水産資源の増大にも寄与するものと考えられます。

＊1　昭和26（1951）年法律第313号

## （6）野生生物による漁業被害と対策

### ア　海洋における野生生物による漁業被害

**〈トドの個体数管理・駆除、調査・情報提供等の取組を推進〉**

海洋の生態系を構成する生物の中には、漁業・養殖業に被害を与える野生生物も存在し、漁具の破損、漁獲物の食害等をもたらします。各地域で漁業被害をもたらす野生生物に対しては、都道府県等が被害防止のための対策を実施していますが、都道府県の区域を越えて広く分布・回遊する野生生物で、広域的な対策により漁業被害の防止・軽減に効果が見通せるなど一定の要件を満たすもの（大型クラゲ、トド、ヨーロッパザラボヤ等）については、国が出現状況に関する調査と漁業関係者への情報提供、被害を効果的・効率的に軽減するための技術の開発・実証、駆除・処理活動への支援等に取り組んでいます（図表３－25）。

特に北海道周辺では、トド等の海獣類による漁具の破損等の被害が多く発生していますが、これらの取組により、近年のトドによる漁業被害額は、平成25（2013）年度の約20億円から令和２（2020）年度には約5.5億円に減少しました。

### イ　内水面における生態系や漁業への被害

**〈カワウやオオクチバス等の外来魚の防除の取組を推進〉**

内水面においては、カワウやオオクチバス等の外来魚による水産資源の食害が問題となっています。このため、国は、「内水面漁業の振興に関する基本的な方針」に基づき、カワウについては、被害を与える個体数を平成26（2014）年度から令和５（2023）年度までに半減させる目標の早期達成を目指し、カワウの追払いや捕獲等の防除対策を推進しています。また、外来魚については、その効果的な防除手法の技術開発のほか、偽の産卵床の設置等による防除の取組を進めています。

## 図表3－25　野生生物による漁業被害対策の例

①大型クラゲ国際共同調査

大型クラゲの出現動向を迅速に把握するための日中韓共同による大型クラゲのモニタリング調査等

②被害を与える野生生物の調査及び情報提供

被害を与える野生生物の出現状況・生態の把握及び漁業関係者等への情報提供等

③野生生物による被害軽減技術の開発

音響発生装置を用いたトド追払手法の実証、海洋環境に応じたヨーロッパザラボヤの付着モニタリング体制の構築等

④野生生物による被害軽減対策

被害を与える野生生物の駆除・処理、改良漁具の導入促進といった被害軽減対策等

**海面**

〈ヨーロッパザラボヤ〉

養殖ホタテガイに大量に付着

〈トド〉

トドによる漁獲物の食害

**内水面**

〈カワウ〉

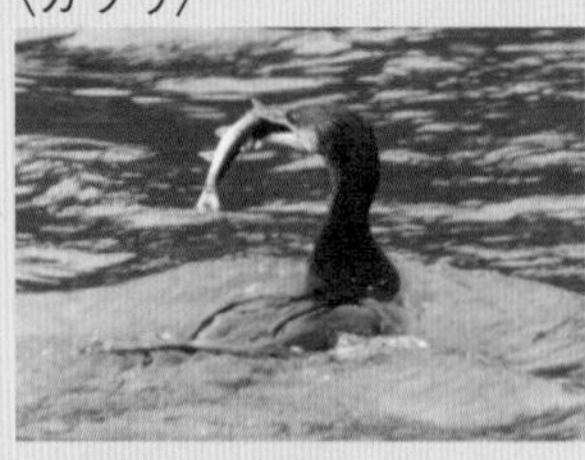

個体数と分布域が拡大し、食害が問題化

〈オオクチバス〉

外来魚による食害

# 第４章

## 水産業をめぐる国際情勢

## （1）世界の漁業・養殖業生産

### ア　世界の漁業・養殖業生産量の推移

**〈世界の漁業・養殖業生産量は２億1,402万t〉**

世界の漁業と養殖業を合わせた生産量は増加し続けています。令和２（2020）年の漁業・養殖業生産量は２億1,402万tとなりました。このうち、漁業の漁獲量は、1980年代後半以降横ばい傾向となっている一方、養殖業の収獲量は急激に伸びています（図表４－１）。

漁獲量を主要漁業国・地域別に見ると、EU（欧州連合）・英国、米国、我が国等の先進国・地域は、過去20年ほどの間、おおむね横ばいから減少傾向で推移しているのに対し、インドネシア、ベトナムといったアジアの新興国をはじめとする開発途上国の漁獲量が増大しており、中国が1,345万tで世界の15％を占めています。

また、魚種別に見ると、ニシン・イワシ類が1,740万tと最も多く、全体の19％を占めていますが、多獲性浮魚類は環境変化により資源水準が大幅な変動を繰り返すことから、ニシン・イワシ類の漁獲量も増減を繰り返しています。タラ類は、1980年代後半以降から減少傾向が続いていましたが、2000年代後半以降から増加傾向に転じています。マグロ・カツオ・カジキ類及びエビ類は、長期的に見ると増加傾向で推移しています（図表４－２）。

**図表4－1　世界の漁業・養殖業生産量の推移**

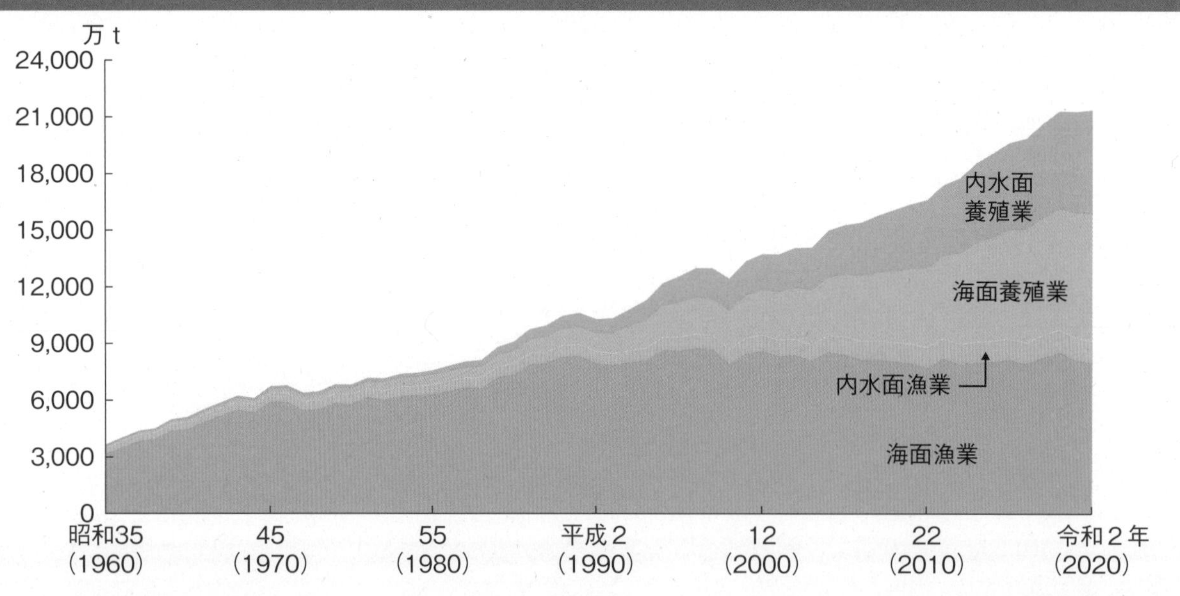


資料：FAO「Fishstat（Global capture production、Global aquaculture production）」（日本以外）及び農林水産省「漁業・養殖業生産統計」（日本）に基づき水産庁で作成

図表4－2　世界の漁業の国別及び魚種別漁獲量の推移

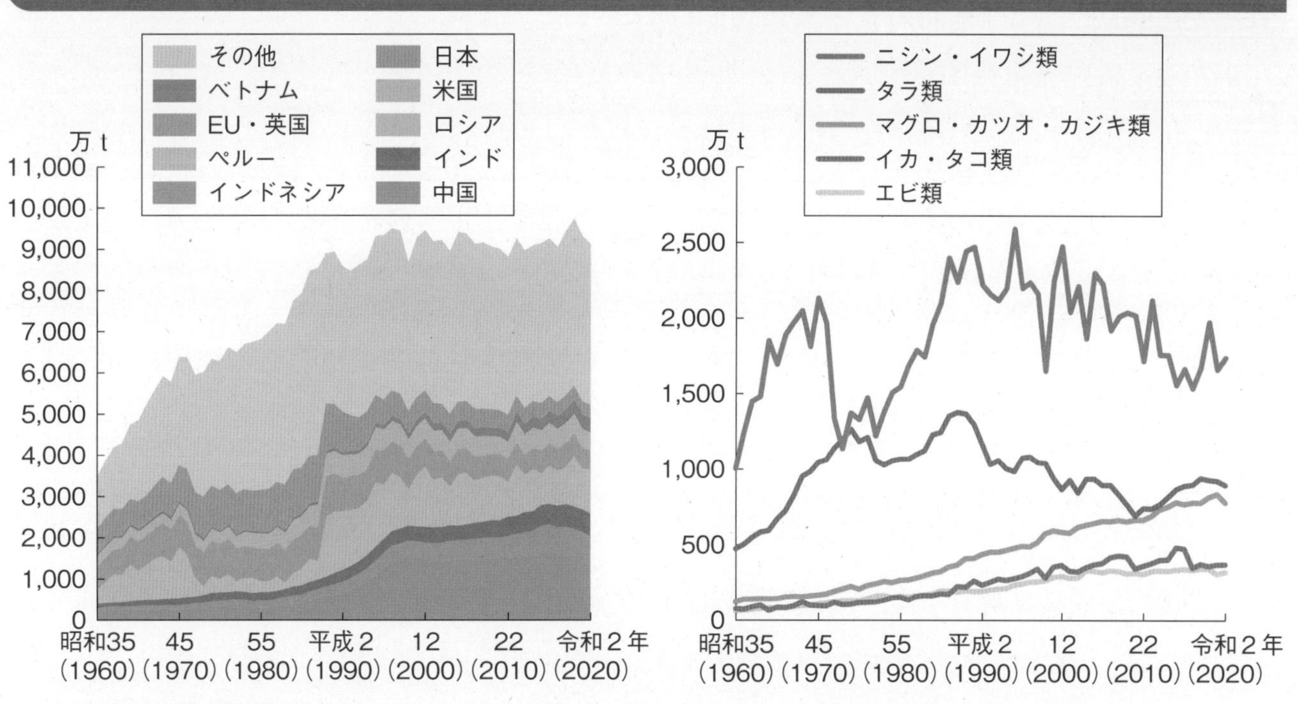


資料：FAO「Fishstat（Global capture production）」（日本以外）及び農林水産省「漁業・養殖業生産統計」（日本）に基づき水産庁で作成

他方、養殖業の収獲量を国別に見ると、中国及びインドネシアの増加が顕著であり、中国が7,048万tで世界の57％、インドネシアが1,485万tで世界の12％を占めています。

また、魚種別に見ると、コイ・フナ類が3,057万tで最も多く、全体の25％を占め、次いで紅藻類が1,812万t、褐藻類が1,684万tとなっており、近年、これらの種の増加が顕著となっています（図表４－３）。



図表4－3　世界の養殖業の国別及び魚種別収獲量の推移

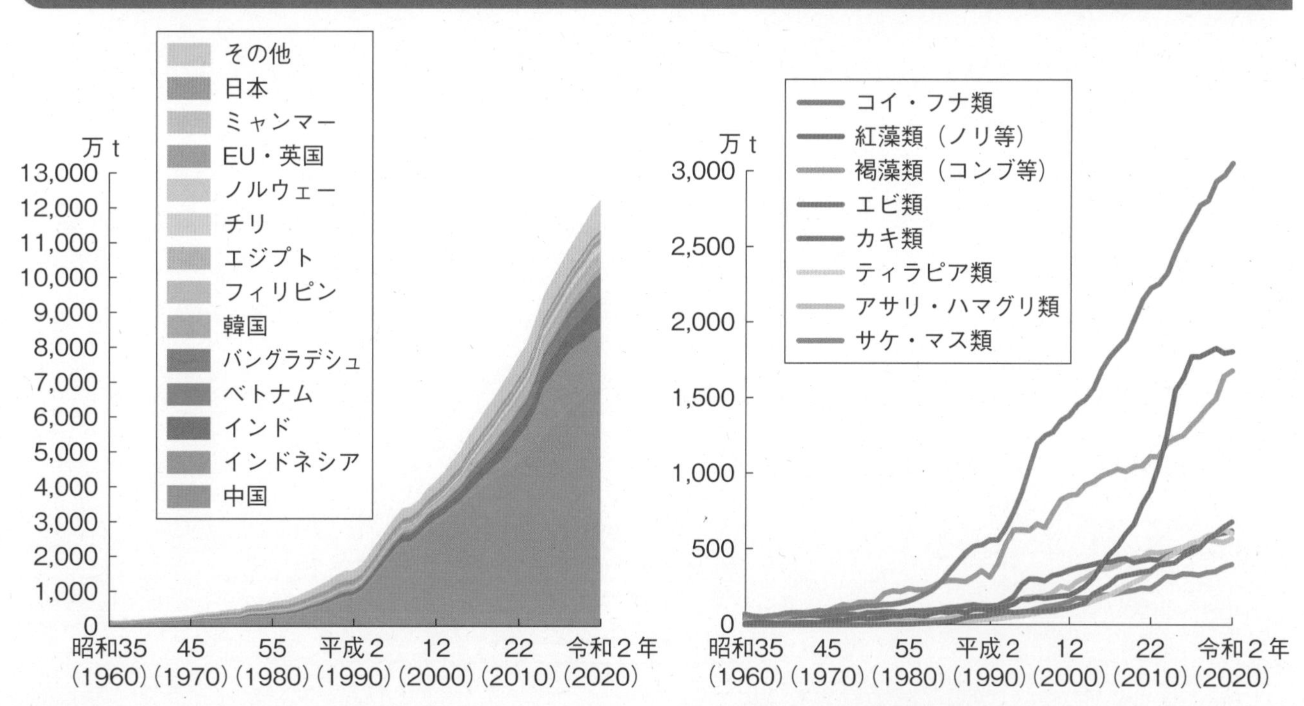


資料：FAO「Fishstat（Global aquaculture production）」（日本以外）及び農林水産省「漁業・養殖業生産統計」（日本）に基づき水産庁で作成

### イ　世界の水産資源の状況

**〈生物学的に持続可能なレベルにある資源は66%〉**

国際連合食糧農業機関（FAO）は、世界中の資源評価の結果に基づき、世界の海洋水産資源の状況をまとめています。これによれば、持続可能なレベルで漁獲されている状態の資源の割合は、漸減傾向にあります。昭和49（1974）年には90%の水産資源が適正レベル又はそれ以下のレベルで利用されていましたが、平成29(2017)年にはその割合は66%まで下がってきています。これにより、過剰に漁獲されている状態の資源の割合は、10%から34%まで増加しています。また、世界の資源のうち、適正レベルの上限まで漁獲されている状態の資源は60%、適正レベルまで漁獲されておらず生産量を増大させる余地のある資源は6%にとどまっています（図表4－4）。

**図表4－4　世界の資源状況**

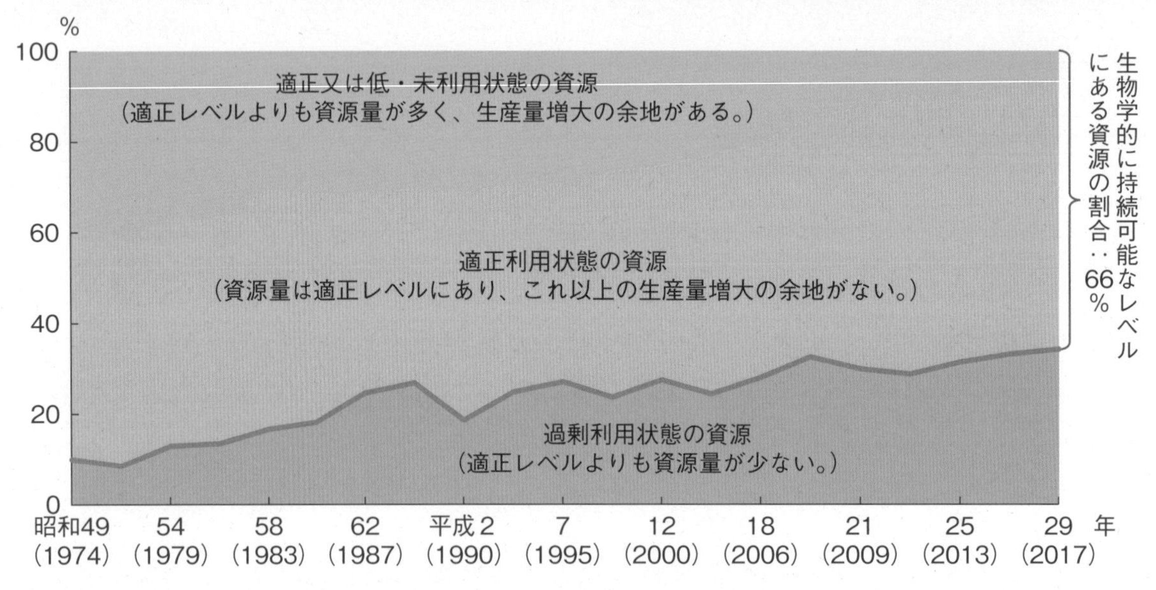


資料：FAO「The State of World Fisheries and Aquaculture 2020」に基づき水産庁で作成

### ウ　世界の漁業生産構造

**〈世界の漁業・養殖業の従事者は約6千万人〉**

FAOによると、世界の漁業・養殖業の従事者は、平成30(2018)年時点で約6千万人となっています。このうち、約3分の2に当たる約3,900万人が漁業の従事者、約2,100万人が養殖業の従事者です。過去、漁業・養殖業の従事者は増加してきましたが、近年は横ばい傾向で推移しています（図表4－5）。

図表4－5　世界の漁業・養殖業の従事者数の推移

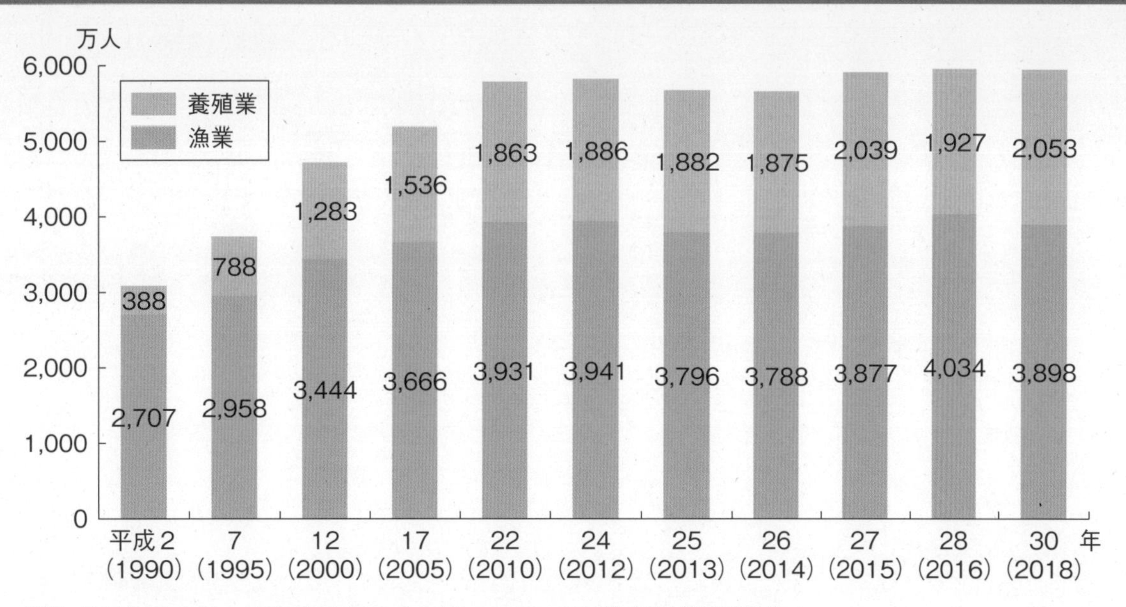


資料：FAO「The State of World Fisheries and Aquaculture」に基づき水産庁で作成

## （2）世界の水産物消費

### 〈世界の１人１年当たりの食用魚介類の消費量は増加傾向〉

世界では、１人１年当たりの食用魚介類の消費量が過去50年で約２倍に増加し、近年においてもそのペースは衰えていません。１人１年当たりの食用魚介類の消費量の増加は世界的な傾向ですが、とりわけ、元来魚食習慣のあるアジアやオセアニア地域では、生活水準の向上に伴って顕著な増加を示しています。特に、中国では過去50年で約９倍、インドネシアでは約４倍となるなど、新興国を中心とした伸びが目立ちます。一方、我が国の１人１年当たりの食用魚介類の消費量は、世界平均の２倍を上回ってはいるものの、約50年前の水準を下回っており、世界の中では例外的な動きを見せています（図表４－６）。

**図表4−6　世界の1人1年当たり食用魚介類の消費量の推移（粗食料ベース）**

〈地域別〉

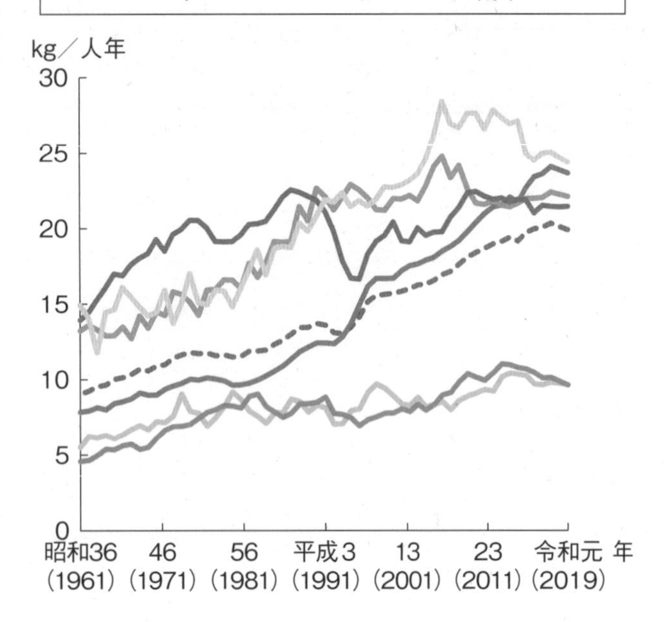


〈主要国・地域〉

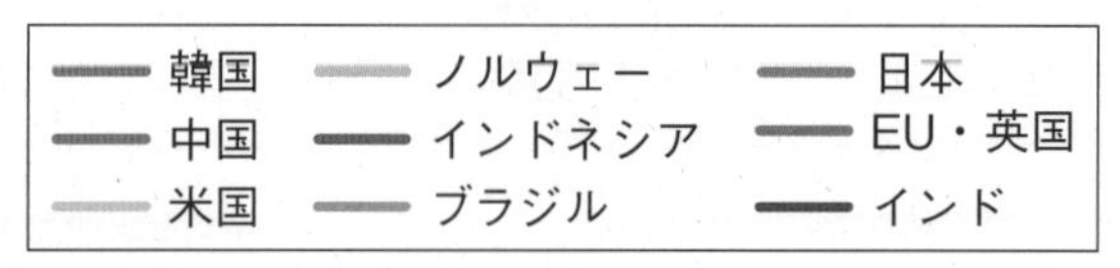


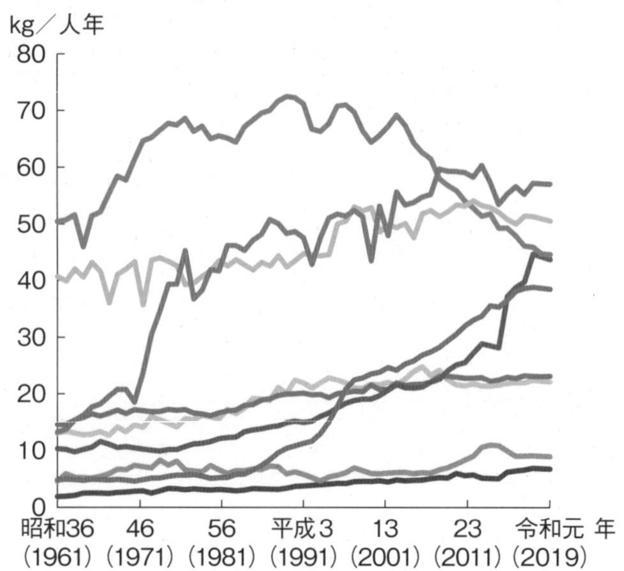


資料：FAO「FAOSTAT（Food Balance Sheets）」（日本以外）及び農林水産省「食料需給表」（日本）に基づき水産庁で作成
注：粗食料とは、廃棄される部分も含んだ食用魚介類の数量。

## （3）世界の水産物貿易



### 〈水産物輸出入量は増加傾向〉

現代では、様々な食料品が国際的に取引され、中でも水産物は国際取引に仕向けられる割合の高い国際商材であり、世界の漁業・養殖業生産量の３割以上が輸出に仕向けられています。また、輸送費の低下と流通技術の向上、人件費の安い国への加工場の移転、貿易自由化の進展等を背景として、水産物輸出入量は総じて増加傾向にあります（図表４－７）。

水産物の輸出量ではEU・英国、中国、ノルウェー、ロシア等が上位を占めており、輸入量ではEU・英国、中国、米国、日本等が上位となっています。特に中国による水産物の輸出入量は大きく増加しており、2000年代半ば以降、単独の国としては世界最大の輸出国かつ輸入国となっています。また、純輸出入額の面では中国は純輸出国であり、EU・英国、米国、日本等が純輸入国・地域となっています（図表４－８）。我が国の魚介類消費量は減少傾向にあるものの、現在でも世界で上位の需要があり、その需要は世界有数の規模の国内漁業・養殖業生産量及び輸入量によって賄われています。

## 図表4－7　世界の水産物輸出入量の推移

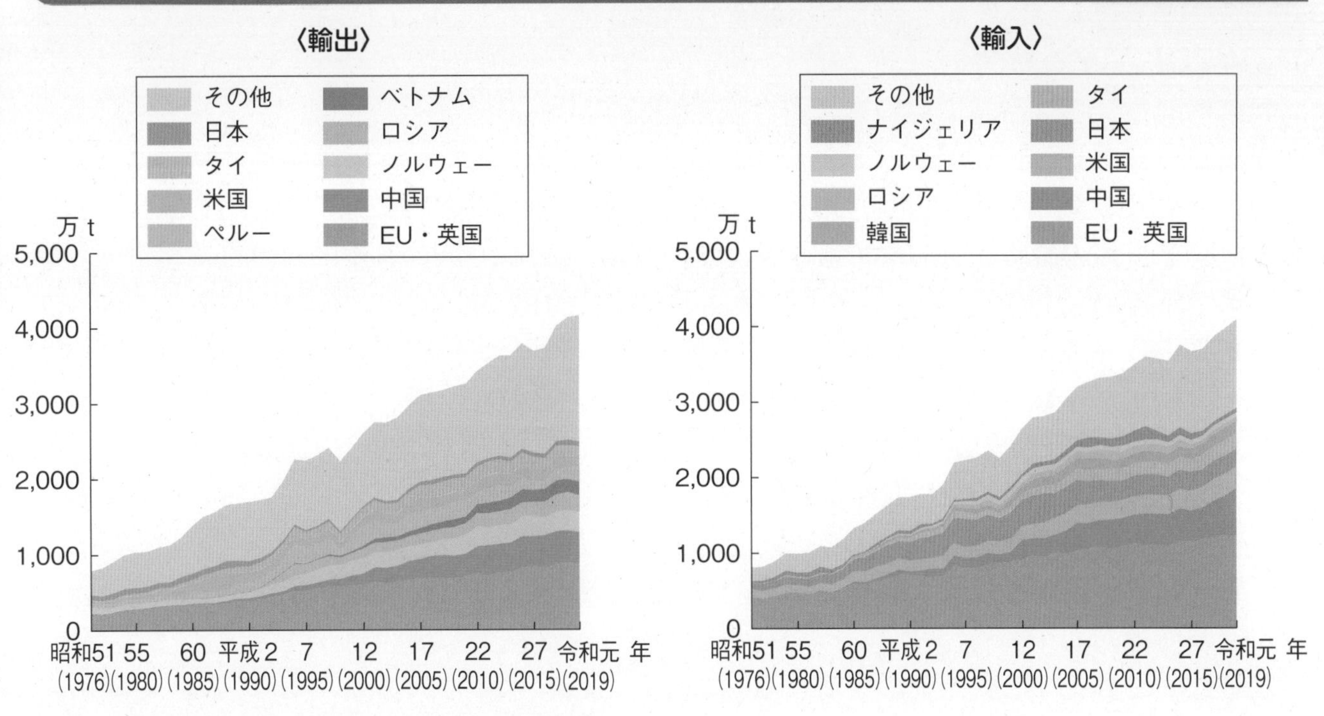


資料：FAO「Fishstat（Global fish trade）」に基づき水産庁で作成
注：EUの輸出入量にはEU域内における貿易を含む。

## 図表4－8　主要国・地域の水産物輸出入額及び純輸出入額

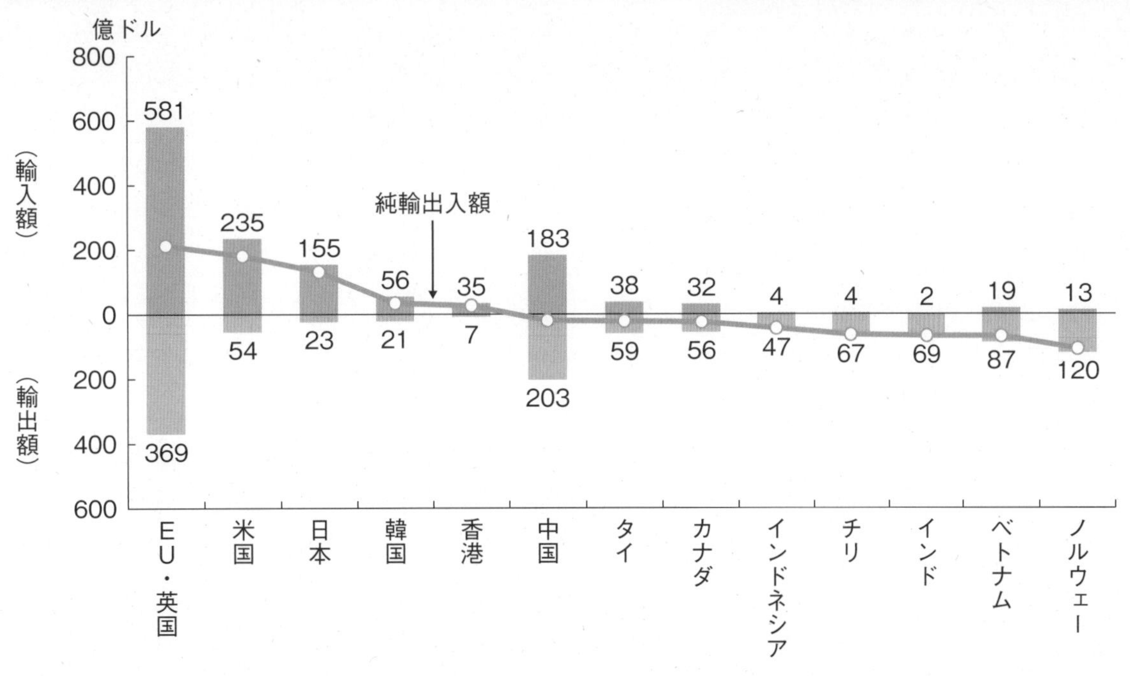


資料：FAO「Fishstat（Global fish trade）」（令和元（2019）年）に基づき水産庁で作成
注：EUの輸出入量にはEU域内における貿易を含む。

## （4）水産物貿易をめぐる国際情勢

### ア　WTOに関する動き

#### 〈漁業補助金交渉は合意に至らず、引き続き交渉中〉

平成13（2001）年に開始された世界貿易機関（WTO）のルール交渉会合においては、過剰漁獲能力及び過剰漁獲を抑制する観点から、各国の漁業補助金に関するWTO協定の規律を策定するための議論が行われてきました。平成27（2015）年、国連において持続可能な開発目標（SDGs）が採択されたことを受け、平成28（2016）年10月以降、EU等複数の国・グループからIUU漁業[＊1]に対する補助金や乱獲状態の資源に悪影響を与える補助金を禁止するなどの提案がされるなど、議論が活発化しました。その後、平成29（2017）年12月に開催された第11回WTO閣僚会議を踏まえ、令和３（2021）年11月に予定されていた第12回WTO閣僚会議での合意を目指して集中的な交渉が行われましたが、同会議の延期等のため合意には至らず、引き続き交渉に取り組むこととされました。

これまで我が国は、政策上必要な補助金は認められるべきであり、禁止される補助金は、真に過剰漁獲能力･過剰漁獲につながるものに限定すべきとの立場で交渉に臨んできました。今後とも、このような我が国の立場を主張していくこととしています。

### イ　経済連携協定に関する動き

#### 〈RCEP協定が発効〉

平成24（2012）年に交渉の立上げが宣言された地域的な包括的経済連携協定（RCEP協定）が、令和３（2021）年 11月までに我が国を含む10か国において国内手続を完了し、協定の寄託者であるASEAN（東南アジア諸国連合）事務局長に批准書等を寄託したことから、令和４（2022）年１月に発効しました。韓国については、令和３（2021）年12月に寄託したことから、令和４（2022）年２月に発効しました。マレーシアについては、同年１月に寄託したことから、同年３月に発効しました。

RCEP協定は、我が国とASEAN構成国、豪州、中国、韓国、ニュージーランドの15か国が参加し、世界の国内総生産（GDP）、貿易総額及び人口の約３割、我が国の貿易総額のうち約５割を占める地域の経済連携協定です。また、我が国にとっては、最大の貿易相手国である中国や第３位の韓国との間での初の経済連携協定です。

日本側の関税については、海藻類、アジ、サバ等の多くの品目について関税の削減・撤廃から除外し、その他の品目についても関税撤廃率は環太平洋パートナーシップに関する包括的及び先進的な協定（TPP11協定）、日EU・EPAよりも大幅に低い水準に抑制しました。一方、各国の関税については、中国からは、ホタテガイ、ブリ、サケ等、韓国からは錦鯉等の関税の撤廃を得ることができました。

#### 〈TPP11協定への英国の加入手続が開始〉

平成30（2018）年12月に発効したTPP11協定について、令和３（2021）年２月の正式な申

---

＊1　Illegal, Unreported and Unregulated：違法・無報告・無規制。FAOは、無許可操業（Illegal）、無報告又は虚偽報告された操業（Unreported）、無国籍の漁船、地域漁業管理機関の非加盟国の漁船による違反操業（Unregulated）等、各国の国内法や国際的な操業ルールに従わない無秩序な漁業活動をIUU漁業としている。145ページ参照。

請を受け、同年6月に行われたTPP委員会において、英国の加入手続の開始及び英国の加入に関する作業部会（AWG）の設置が決定され、同年9月に開始されたAWG第1回会合において、英国の協定義務の遵守等が議論・検討されました。同会合は令和4(2022)年2月に終了し、英国側の市場アクセスのオファー及び適合しない措置を提出するよう英国に伝達しました。



## （5）国際的な資源管理

### ア　国際的な資源管理の推進

〈EEZ内だけでなく、国際的な資源管理も推進〉

「水産政策の改革」では、我が国は、排他的経済水域（以下「EEZ」といいます。）内における水産資源の適切な管理を推進していくこととしていますが、サンマやサバといった我が国漁船が漁獲する資源は、外国漁船も漁獲し、競合するものも多いことから、我が国の資源管理の取組の効果が損なわれないよう、国際的な資源管理にも積極的に取り組んでいくことが重要です。

このため、我が国は、国際的な資源管理が適切に推進されるよう、地域漁業管理機関の場や二国間での交渉に努めてきています。

### イ　地域漁業管理機関

〈資源の適切な管理と持続的利用のための活動に積極的に参画〉

国連海洋法条約では、沿岸国及び高度回遊性魚種を漁獲する国は、当該資源の保存及び利用のため、EEZの内外を問わず地域漁業管理機関を通じて協力することを定めています。

地域漁業管理機関では、沿岸国や遠洋漁業国等の関係国・地域が参加し、資源評価や資源管理措置の遵守状況の検討を行った上で、漁獲量規制、漁獲努力量規制、技術的規制等の実効ある資源管理の措置に関する議論が行われます。特に、高度に回遊するカツオ・マグロ類は、世界の全ての海域で、それぞれの地域漁業管理機関による管理が行われています。また、カツオ・マグロ類以外の水産資源についても、底魚を管理する北西大西洋漁業機関（NAFO）等に加え、近年、サンマ、マサバ等を管理する北太平洋漁業委員会（NPFC）等の新たな地域漁業管理機関も設立され、管理が行われているほか、令和3（2021）年6月には中央北極海無規制公海漁業防止協定が発効しました。



我が国は、責任ある漁業国として、我が国漁船の操業海域や漁獲対象魚種と関係する地域漁業管理機関に加盟し、資源の適切な管理と持続的利用のための活動に積極的に参画するとともに、これらの地域漁業管理機関で合意された管理措置が着実に実行されるよう、加盟国の資源管理能力向上のための支援等を実施しています。

### ウ　カツオ・マグロ類の地域漁業管理機関の動向

世界のカツオ・マグロ類資源は、地域又は魚種別に五つの地域漁業管理機関によって全てカバーされています（図表4－9）。このうち、中西部太平洋まぐろ類委員会（WCPFC）、全米熱帯まぐろ類委員会（IATTC）、大西洋まぐろ類保存国際委員会（ICCAT）及びインド洋まぐろ類委員会（IOTC）の4機関は、それぞれの管轄水域内のカツオ・マグロ類資源について管理責任を負っています。また、南半球に広く分布するミナミマグロについては、みなみまぐろ保存委員会（CCSBT）が一括して管理を行っています。

**図表4－9　カツオ・マグロ類を管理する地域漁業管理機関と対象水域**

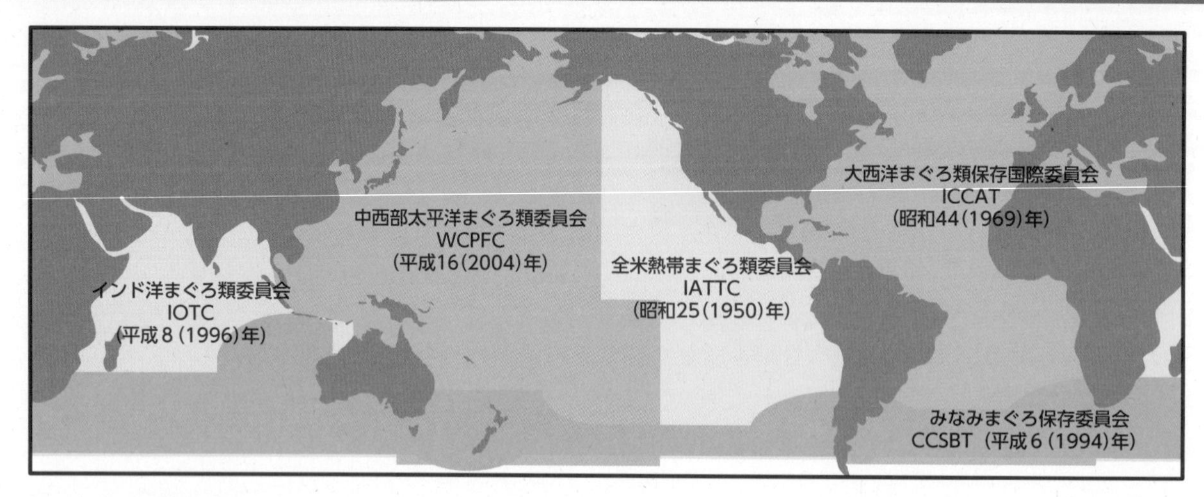


注：(　) は条約発効年

まぐろに関する情報（水産庁）：
https://www.jfa.maff.go.jp/j/tuna/

### 〈中西部太平洋におけるカツオ・マグロ類の管理（WCPFC)〉

中西部太平洋のカツオ・マグロ類の資源管理を担うWCPFCの水域には、我が国周辺水域が含まれ、この水域においては、我が国のかつお・まぐろ漁船（はえ縄、一本釣り、海外まき網）約420隻のほか、沿岸はえ縄漁船、まき網漁船、一本釣り漁船、流し網漁船、定置網、ひき縄漁船等がカツオ・マグロ類を漁獲しています。

北緯20度以北の水域に分布する太平洋クロマグロ等の資源管理措置に関しては、WCPFCの下部組織の北小委員会で実質的な協議を行っています。特に、東部太平洋の米国やメキシコ沿岸まで回遊する太平洋クロマグロについては、太平洋全域での効果的な資源管理を行うために、北小委員会と東部太平洋のマグロ類を管理するIATTCの合同作業部会が設置され、北太平洋まぐろ類国際科学委員会（ISC）[*1]の資源評価に基づき議論が行われます。その議論を受け、北小委員会が資源管理措置案を決定し、WCPFCへ勧告を行っています。

WCPFCでは、太平洋クロマグロの資源量が歴史的最低水準付近まで減少したこと等から、平成27（2015）年以降、1）30kg未満の小型魚の漁獲を平成14（2002）～16（2004）年水準から半減させること、2）30kg以上の大型魚の漁獲を同期間の水準から増加させないこと、等の措置が実施されています。加えて、WCPFCでは、3）暫定回復目標達成後の次の目標を「暫定回復目標達成後10年以内に、60％以上の確率で親魚資源量を初期資源量の20％（約13万t）まで回復させること」とすること、4）資源変動に応じて管理措置を改訂する漁獲

＊1　日本、中国、韓国、台湾、米国、メキシコ等の科学者で構成。

制御ルールとして、暫定回復目標の達成確率が（ア）60%を下回った場合、60%に戻るよう管理措置を自動的に強化し、（イ）75%を上回った場合、(i) 暫定回復目標の達成確率を70%以上に維持し、かつ、(ii) 次期回復目標の達成確率を60%以上に維持する範囲で漁獲上限の増加の検討を可能とすること、等の漁獲戦略が合意されています。

令和2（2020）年にISCが行った最新の資源評価によると、太平洋クロマグロの親魚資源量は、平成8（1996）年からの減少傾向に歯止めがかかり、平成23（2011）年以降、ゆっくりと回復傾向にあります（平成30（2018）年は約2.8万t)。また、現行の措置を継続することにより、「令和6（2024）年までに、少なくとも60%の確率で歴史的中間値（約4万t)[*1]まで親魚資源量を回復させること」とする暫定回復目標の達成確率が100%とされました（図表4－10)。

このようなISCの資源評価を踏まえ、令和3（2021）年のWCPFC会合では、我が国から、漁獲上限の増加を提案しました。議論の結果、年次会合において、1）大型魚の漁獲上限の15%増加、2）漁獲上限の未利用分の繰越率の上限を漁獲上限の5%から17%へ増加する措置の今後3年間延長、3）小型魚の漁獲上限を大型魚へ振り替えることを可能とする措置について、継続的な措置とするとともに、今後3年間、小型魚の漁獲上限の10%を上限として、1.47倍換算して振り替えることを可能とすること、を内容とする措置が合意されました。

また、同年次会合では、カツオ及び熱帯性マグロ類（メバチ及びキハダ）の資源管理措置に関しても議論が行われ、まき網漁業の操業日数制限や、はえ縄漁業のメバチ漁獲上限等の主要な措置について、現行の措置を2年間継続することが合意されました。



**図表4－10　太平洋クロマグロの親魚資源量の回復予測～現行措置を継続した場合～**

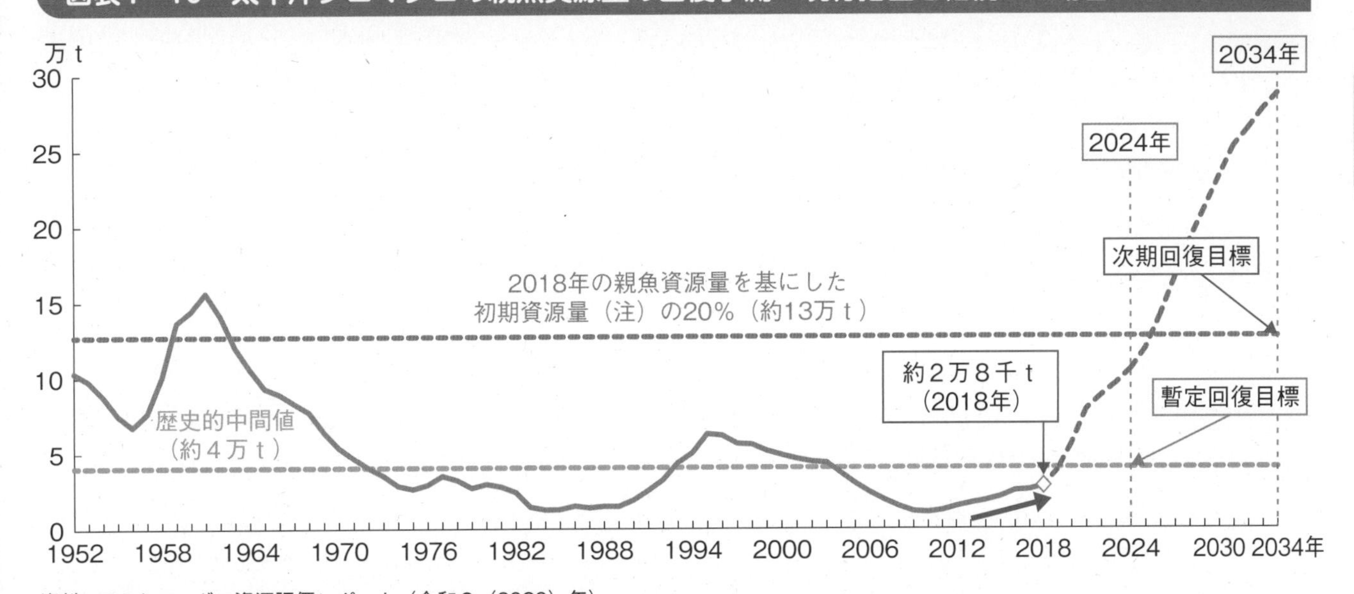


資料：ISCクロマグロ資源評価レポート（令和2（2020）年）
注：初期資源量：資源評価上の仮定を用いて、漁業がない場合に資源が理論上どこまで増えるかを推定した数字。かつてそれだけの資源があったということを意味するものではない。

### 〈東部太平洋におけるカツオ・マグロ類の管理（IATTC)〉

東部太平洋のカツオ・マグロ類の資源管理を担うIATTCの水域では、我が国のまぐろはえ縄漁船約40隻が、熱帯性マグロ類（メバチ及びキハダ）を対象に操業しています。

＊1　親魚資源量推定の対象となっている昭和27（1952）～平成26（2014）年の推定親魚資源量の中間値。

太平洋クロマグロについては、IATTCはWCPFCと協力して資源管理に当たっており、令和3（2021）年の年次会合では、漁獲上限の15%増加等について合意されました。また、同会合では、熱帯性マグロ類の資源管理措置に関しても議論が行われ、まき網漁業について、1）メバチの漁獲量に応じた禁漁期間の延長、2）FAD[*1]の使用数の上限の段階的な削減、等を内容とする措置が新たに合意されました。

### 〈大西洋におけるカツオ・マグロ類の管理（ICCAT）〉

大西洋のカツオ・マグロ類の資源管理を担うICCAT の水域では、我が国のまぐろはえ縄漁船約70隻が、大西洋クロマグロ、メバチ、キハダ、ビンナガ等を対象として操業しています。

令和3（2021）年の年次会合では、大西洋クロマグロの令和4（2022）年の漁獲可能量（以下「TAC」といいます。）として、東大西洋の資源については現行の36,000tが維持され、西大西洋の資源については令和3（2021）年の2,350tから2,726tに増加させることが合意されました。

### 〈インド洋におけるカツオ・マグロ類の管理（IOTC）〉

インド洋のカツオ・マグロ類の資源管理を担うIOTCの水域では、約60隻の我が国のかつお・まぐろ漁船（はえ縄及び海外まき網）が、メバチ、キハダ、カツオ、カジキ等を漁獲しています。令和3（2021）年の年次会合では、キハダの国別の漁獲上限が引き下げられるなど、現行の資源管理措置を強化することが合意されました。

また、年次会合で決着しなかったFADの規制提案を議論するための特別会合が別途開催され、令和4（2022）年の年次会合で引き続き議論が行われることになりました。さらに、カツオ・マグロ類の資源管理措置のうち、将来的にTACを導入する場合の個別配分の基準については、引き続き議論を行うこととなりました。

### 〈ミナミマグロの管理（CCSBT）〉

南半球を広く回遊するミナミマグロの資源はCCSBTによって管理されており、同魚種を対象として我が国のまぐろはえ縄漁船約80隻が操業しています。

CCSBTでは、資源状態の悪化を踏まえ、平成19（2007）年からTACを大幅に削減したほか、漁獲証明制度の導入等を通じて資源管理を強化してきた結果、近年では、資源は依然として低位水準であるものの、回復傾向にあると評価されています。その結果、平成19（2007）年に3,000tだった我が国の漁獲割当量は、平成30（2018）年には6,165tまで増加しました。また、令和2（2020）年の年次会合では、令和3（2021）～5（2023）年の各年における我が国の漁獲割当量を6,245tとすることが合意されました。

## エ　サンマ・マサバ等の地域漁業管理機関の動向

### 〈サンマ等の管理（NPFC）〉

北太平洋の公海では、NPFCにおいて、サンマやマサバ、クサカリツボダイ等の資源管理が行われています（図表4－11）。

サンマは、太平洋の温帯・亜寒帯域に広く生息する高度回遊性魚種で、その一部が我が国

---

＊1　Fish Aggregating Device：人工集魚装置

近海へ来遊し漁獲されています。以前は我が国、韓国及びロシア（旧ソ連）のみがサンマを漁獲していましたが、近年では台湾、中国及びバヌアツも漁獲するようになりました。これまで、我が国及びロシアは主に自国の200海里水域内で、その他の国・地域は主に北太平洋公海で操業していましたが、近年、サンマの漁場が遠方化したため、総漁獲量に占める公海での漁獲量の割合が増加しています。

このような背景を踏まえ、NPFCにおいては、平成29（2017）年7月に遠洋漁業国・地域による許可隻数の増加禁止（沿岸国の許可隻数は急増を抑制）、平成30（2018）年7月にサンマの洋上投棄禁止及び小型魚の漁獲抑制の奨励等の資源管理措置が合意されてきました。また、令和元（2019）年7月に令和2（2020）年における公海でのTACを330,000tとすることが合意されたことに続き、令和3（2021）年2月には、令和3（2021）年及び4（2022）年におけるサンマの公海でのTACを198,000t（令和2（2020）年から40％削減）とすること、各国等は公海での漁獲量を平成30（2018）年の漁獲実績から40％削減すること等が合意されました。引き続き、サンマ資源について、漁獲量の適切な制限等、資源管理を進めていきます。

また、マサバ（太平洋系群）は、主に我が国EEZ内に分布する魚種であり、近年、資源量の増加に伴って、EEZの外側まで資源がしみ出すようになりました。このため、中国等の外国による漁獲が増加しており、資源への影響が懸念されています。

このような背景から、NPFCにおいて、平成29（2017）年7月に公海でマサバを漁獲する遠洋漁業国・地域の許可隻数の増加禁止（沿岸国の許可隻数は急増を抑制）が合意されました。

我が国は、今後とも、EEZ内のマサバ資源が持続的に利用されるよう、資源管理措置の更なる強化を働きかけていきます。



**図表4－11　NPFC等のカツオ・マグロ類以外の資源を管理する主な地域漁業管理機関と対象水域**

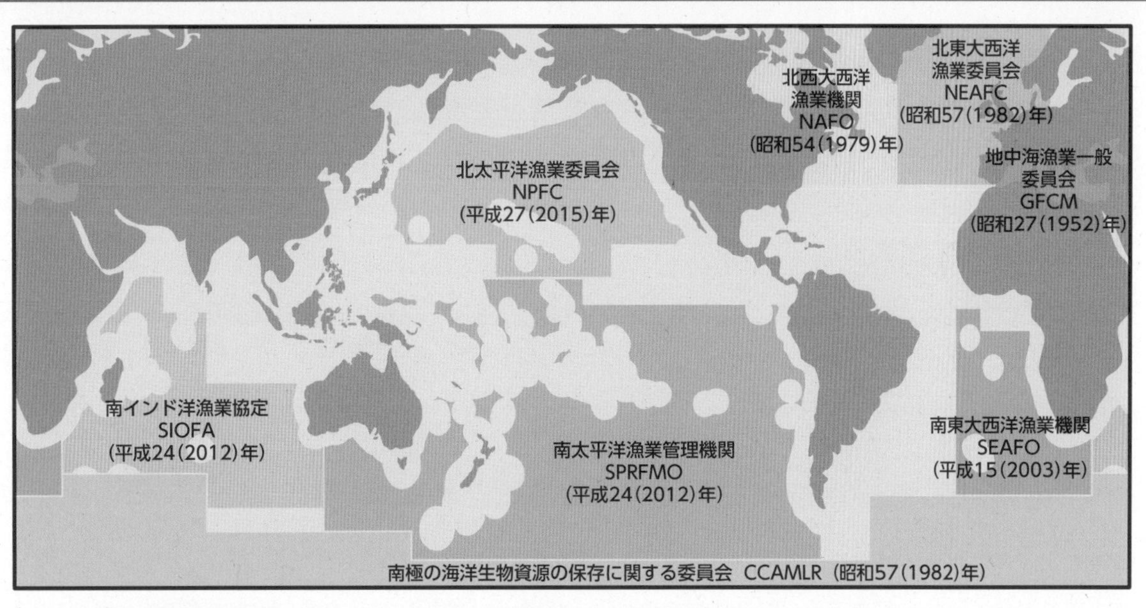


注：1）我が国はSPRFMO及びNEAFCには未加盟。GFCMについては令和2（2020）年に脱退。
　　2）（　）は条約発効年

## オ　IUU漁業の撲滅に向けた動き

### 〈IUU漁業の抑制・根絶に向けた取組が国際的に進展〉

各国や地域漁業管理機関等が国際的な資源管理に向け努力している中で、規制措置を遵守せず無秩序な操業を行うIUU漁業は、水産資源に悪影響を与え、適切な資源管理を阻害するおそれがあります。このため、IUU漁業の抑制・根絶に向けた取組が国際的に進められています。

例えば、各地域漁業管理機関においては、正規の漁業許可を受けた漁船等のリスト化（ポジティブリスト）やIUU漁業への関与が確認された漁船や運搬船等をリスト化（ネガティブリスト）する措置が導入されており、さらに、ネガティブリストに掲載された船舶の一部に対して、国際刑事警察機構（ICPO）が各国の捜査機関に注意を促す「紫手配書」を出すなど、IUU漁業に携わる船舶に対する国際的な取締体制が整備されてきています。また、幾つかの地域漁業管理機関においては、漁獲証明制度[*1]によりIUU漁業由来の漁獲物の国際的な流通を防止しています。

ネガティブリストについては、例えばNPFCでは、平成29（2017）年７月に我が国の提案を基に採択されたIUU漁船リスト（無国籍船23隻）に、平成30（2018）年は４隻、令和元（2019）年は６隻、令和３（2021）年は３隻が追加で掲載されるなど（合計36隻）、着実にリストが充実されてきています。

二国間においても、我が国とロシアとの間で、ロシアで密漁されたカニが我が国に密輸出されることを防止する二国間協定が平成26（2014）年に発効したほか、EU、米国及びタイとIUU漁業対策の推進に向けた協力を確認する共同声明を出すなど、IUU漁業の抑制・根絶を目指した取組を行っています。

また、平成28（2016）年６月に発効した違法漁業防止寄港国措置協定[*2]は、締約国がIUU漁業に従事した外国漁船の寄港を禁止すること等の寄港国措置を通じて、IUU漁業の抑制・根絶を図るものであり、これにより、広い洋上でIUU漁業に従事している船を探すのではなく、寄港地において効率的・効果的な取締りを行うことが可能となりました。

さらに、令和２（2020）年12月に成立した「特定水産動植物等の国内流通の適正化等に関する法律[*3]」においては、国際的にIUU漁業のおそれの大きい特定の水産動植物等の輸入に際して、外国の政府機関が発行した証明書等の添付を義務付けることとしており、関係国・地域との協議等を実施しています。このような取組を通じて、IUU漁業由来の水産動植物等の我が国への流入を防止することとしています。

### カ　二国間等の漁業関係

#### 〈ロシアとの関係〉

我が国とロシアとの間では、１）サンマ、スルメイカ、マダラ、サバ等を対象とした相互入漁に関する日ソ地先沖合漁業協定、２）ロシア系サケ・マス（ロシアの河川を母川とするサケ・マス）の我が国漁船による漁獲[*4]に関する日ソ漁業協力協定、３）北方四島の周辺12海里内での我が国漁船の操業に関する北方四島周辺水域操業枠組協定の三つの政府間協定

---

＊1　漁獲物の漁獲段階から流通を通じて、関連する情報を漁獲証明書に記載し、その内容を関係国の政府が証明することで、その漁獲物が地域漁業管理機関の資源管理措置を遵守して漁獲されたものであることを確認する制度。

＊2　平成29（2017）年５月10日に我が国国会で承認され、同年６月18日に我が国について効力が発生。

＊3　令和２（2020）年法律第79号

＊4　国連海洋法条約においては、サケ・マスのような溯河（さくか）性魚類について、母川の所在する国がその資源に関する一義的な利益と責任を有することを規定（母川国主義）。そのため、我が国漁船によるロシア系サケ・マスの漁獲については、我が国200海里水域内における漁獲及びロシア200海里水域内における漁獲の双方を日ソ漁業協力協定に基づき実施。

を基本とした漁業に関する取決めが結ばれています。また、これらに加え、民間協定として、歯舞群島の一部である貝殻島の周辺12海里内において我が国の漁業者が安全にコンブ採取を行うための貝殻島昆布協定が結ばれています。

令和3（2021）年においても、これらの協定に基づく交渉により決定された操業条件の下で、我が国漁船及びロシア漁船による操業が行われました。

### 〈韓国との関係〉

我が国と韓国との間では、日韓漁業協定に基づき、相互入漁の条件（漁獲割当量等）のほか、日本海の一部及び済州島南部の水域に設定された暫定水域における資源管理と操業秩序の問題について協議を行っています。

韓国との間においては、我が国のまき網漁船等の操業機会の確保の要請がある一方で、我が国EEZにおける韓国漁船の違法操業や、暫定水域の一部の漁場の韓国漁船による占拠の問題の解決等が重要な課題となっています。

このような状況を踏まえ、これらの問題の解決に向けた話合いを行っていますが、合意に至っておらず、現在、相互入漁は行われていません。

### 〈中国との関係〉

我が国と中国との間では、日中漁業協定に基づき、相互入漁の条件や東シナ海の一部に設定された暫定措置水域等における資源管理等について協議を行っています。

近年、東シナ海では、暫定措置水域等において非常に多数の中国漁船が操業しており、水産資源に大きな影響を及ぼしていることが課題となっています。また、相互入漁については、中国側が我が国EEZへの入漁を希望しており、競合する我が国漁船への影響を念頭に、中国漁船の操業を管理する必要があります。



さらに、日本海大和堆周辺の我が国EEZにおける多数の中国漁船による違法操業を防止するため、漁業取締船を同水域に重点的に配備し、海上保安庁と連携して、対応するとともに、中国に対し、漁業者への指導等の対策強化を含む実効的措置を執るよう繰り返し強く申し入れてきており、今後も、繰り返し抗議するなど、関係省庁が連携し、厳しい対応を図っていきます。

このような状況を踏まえ、違法操業の問題、水産資源の適切な管理及び我が国漁船の安定的な操業の確保について協議を行っていますが、合意に至っておらず、現在、相互入漁は行われていません。

また、我が国固有の領土である尖閣諸島周辺においては、中国海警局に所属する船舶による接続水域内での航行や領海侵入等の活動が相次いで確認されており、我が国漁船に近づこうとする動きを見せる事案も繰り返し発生しています。現場海域では、国民の生命・財産及び我が国の領土・領海・領空を断固として守るとの方針の下、関係省庁が連携し、我が国漁船の安全が確保されるよう、適切に対応しています。

### 〈台湾との関係〉

我が国と台湾の間での漁業秩序の構築と、関係する水域での海洋生物資源の保存と合理的利用のため、平成25（2013）年に、我が国の公益財団法人交流協会（現在の公益財団法人日本台湾交流協会）と台湾の亜東関係協会（現在の台湾日本関係協会）との間で、「日台民間漁業取決め」が署名されました。この取決めの適用水域はマグロ等の好漁場で、日台双方の漁船が操業していますが、我が国漁船と台湾漁船では操業方法や隻数、規模等が異なることから、一部の漁場において我が国漁船の円滑な操業に支障が生じており、その解消等が重要な課題となっています。このため、我が国漁船の操業機会を確保する観点から、本取決めに基づき設置された日台漁業委員会において、日台双方の漁船が漁場を公平に利用するため、操業ルールの改善に向けた協議が継続されています。

令和3（2021）年は、新型コロナウイルス感染症拡大の影響により日台漁業委員会の会合の開催が中止され、前年の操業ルールを継続することとなりました。

**〈太平洋島しょ国等との関係〉**

カツオ・マグロ類を対象とする我が国の海外まき網漁業、遠洋まぐろはえ縄漁業、遠洋かつお一本釣り漁業等の遠洋漁船は、公海だけでなく、太平洋島しょ国やアフリカ諸国のEEZでも操業しています。各国のEEZ内での操業に当たっては、我が国と各国との間で、政府間協定や民間協定が締結・維持され、二国間で入漁条件等について協議を行うとともに、これらの国に対する海外漁業協力を行っています。

特に太平洋島しょ国のEEZは我が国遠洋漁船にとって重要な漁場となっていますが、近年、太平洋島しょ国側は、カツオ・マグロ資源を最大限活用して、国家収入の増大及び雇用拡大を推進するため、入漁料の大幅な引上げ、漁獲物の現地水揚げ、太平洋島しょ国船員の雇用等を要求する傾向が強まっています。

これらに加え、太平洋島しょ国をめぐっては、中国が、大規模な援助と経済進出を行うなど、太平洋島しょ国でのプレゼンスを高めており、入漁交渉における競合も生じてきています。このように我が国漁船の入漁をめぐる環境は厳しさを増していますが、海外漁業協力を行うとともに、令和3（2021）年7月に開催された第9回太平洋・島サミット等、様々な機会を活用し、海外漁場の安定的な確保に努めているところです。



## （6）捕鯨業をめぐる動き

### ア　大型鯨類を対象とした捕鯨業

**〈母船式捕鯨業及び基地式捕鯨業の操業状況〉**

我が国は、科学的根拠に基づいて水産資源を持続的に利用するとの基本方針の下、令和元（2019）年6月末をもって国際捕鯨取締条約から脱退し、同年7月から我が国の領海とEEZで、十分な資源が存在することが明らかになっている大型鯨類（ミンククジラ、ニタリクジラ及びイワシクジラ）を対象とした捕鯨業を再開しました。

また、令和2（2020）年10月に、「鯨類の持続的な利用の確保に関する法律*1」に基づく「鯨類の持続的な利用の確保のための基本的な方針」を策定し、鯨類科学調査の意義や捕獲可能量の算出、捕鯨業の支援に関する基本的事項等を定めました。

令和3（2021）年の大型鯨類を対象とした捕鯨については、沿岸の基地式捕鯨業は悪天候等の影響により苦戦し、120頭の捕獲枠に対し91頭の捕獲にとどまりましたが、母船式捕鯨業は順調に操業を行い、捕獲枠を全量消化しました（図表4－12）。また、操業によって生

＊1　平成29（2017）年法律第76号

産された鯨肉についても、市場から好意的に評価されました。なお、これらの捕鯨業は、100年間捕獲を続けても健全な資源水準を維持できる、国際捕鯨委員会（IWC）で採択された改訂管理方式（RMP）に沿って算出される捕獲可能量以下の捕獲枠で実施されています。このRMPに沿って算出される捕獲可能量は、通常、鯨類の推定資源量の１％以下となり、極めて保守的なものとなっています。

捕鯨の部屋（水産庁）：https://www.jfa.maff.go.jp/j/whale/

**図表4－12　捕鯨業の対象種及び令和３（2021）年の捕獲枠と捕獲頭数**

| | 母船式捕鯨業 | | 基地式捕鯨業 | |
|---|---|---|---|---|
| | ニタリクジラ | イワシクジラ | ミンククジラ | ツチクジラ |
| 捕獲枠 | 187 | 25 | 120 | 76 |
| 捕獲頭数 | 187 | 25 | 91 | 33 |
| 水産庁留保 | 0 | 0 | 14 | 0 |

### イ　鯨類科学調査の実施

**〈北西太平洋や南極海における非致死的調査を継続〉**

我が国は鯨類資源の適切な管理と持続的利用を図るため、昭和62（1987）年から南極海で、平成６（1994）年からは北西太平洋で、それぞれ鯨類科学調査を実施し、資源管理に有用な情報を収集し、科学的知見を深めてきました。

我が国は、国際捕鯨取締条約脱退後も、国際的な海洋生物資源の管理に協力していくという我が国の従来の方針の下で、引き続き、IWC等の国際機関との連携も含めて、科学的知見に基づく鯨類の資源管理に貢献しています。

例えば、我が国とIWCが平成22（2010）年から共同で実施している「太平洋鯨類生態系調査プログラム（IWC-POWER）」については、脱退後も継続しています。同調査では、我が国が調査船や調査員等を提供し、北太平洋において毎年、目視やバイオプシー（皮膚片）採取等の調査を行っており、イワシクジラ、ニタリクジラ、シロナガスクジラ、ナガスクジラ等の資源管理に必要な多くのデータが得られています。また、ロシアとも平成27（2015）年からオホーツク海における共同調査を実施しています。我が国は、このような共同調査を今後も継続していくこととしており、令和２（2020）年５月に開催されたIWC科学委員会においても、これらの調査により得られたデータを報告し、高い評価を得ました。

今後とも、これらの共同調査に加え、我が国がこれまで実施してきた北西太平洋や南極海における非致死的調査を継続するとともに、商業的に捕獲された全ての個体から科学的データの収集を行い、これまでの調査で収集してきた情報と併せ、関連の国際機関に報告すること等を通じて、鯨類資源の持続的利用及び保全に貢献していきます。

第1部

第4章

## （7）海外漁業協力 

**〈水産業の振興や資源管理のため、水産分野の無償資金協力及び技術協力を実施〉**

我が国は、我が国漁船にとって重要な漁場を有する国や海洋生物資源の持続的利用の立場を共有する国を対象に、水産業の振興や資源管理を目的として水産分野の無償資金協力（水産関連の施設整備等）及び技術協力（専門家の派遣や政府職員等の研修の受入れによる人材育成・能力開発等）を実施しています。

また、海外漁場における我が国漁船の安定的な操業の継続を確保するため、我が国漁船が入漁している太平洋島しょ国等の沿岸国に対しては、民間団体が行う水産関連施設の修繕等に対する協力や水産技術の移転・普及に関する協力を支援しています。

さらに、東南アジア地域における持続的な漁業の実現のため、東南アジア漁業開発センター（SEAFDEC）への財政的・技術的支援を行っています。

# 第5章

## 安全で活力ある漁村づくり

### （1）新たな漁港漁場整備長期計画

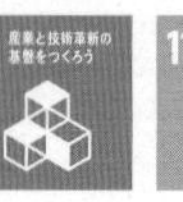

**〈令和４（2022）年３月に新たな長期計画を策定〉**

漁港漁場整備長期計画は、漁港や漁場といった水産業、漁村を支える基盤の整備を総合的、計画的に推進するため、５年を一つの計画期間として、「漁港漁場整備法[*1]」に基づき定めています。

令和４（2022）年３月に閣議決定された新たな漁港漁場整備長期計画では、１）産地の生産力強化と輸出促進による水産業の成長産業化、２）海洋環境の変化や災害リスクへの対応力強化による持続可能な漁業生産の確保、３）「海業（うみぎょう）[*2]」振興と多様な人材の活躍による漁村の魅力と所得の向上を重点課題として、令和４（2022）～８（2026）年度の漁港漁場整備事業の実施の目標と、その達成に必要な事業量（整備すべき漁港数、漁場の面積等）を明記しています。また、三つの重点課題に加えて、社会情勢の変化への対応として、グリーン化の推進、デジタル社会の形成、生活スタイルの変化への対応を漁港・漁場の整備に共通する課題として取り組むこととしています（図表５－１）。

**図表5－1　新たな漁港漁場整備長期計画のポイント**

**現状・課題**
○ 水産資源の減少、漁業者の高齢化、漁村の人口減少に加え、気候変動に伴う海洋環境の変化、自然災害の激甚化等により、取り巻く環境は依然厳しい状況
○ 新たな資源管理、需要に応じた養殖生産への転換、輸出促進等を進め、グリーン化やデジタル化等の新たな社会情勢の変化への対応が必要

**重点課題**
- 産地の生産力強化と輸出促進による 水産業の成長産業化
- 海洋環境の変化や災害リスクへの対応力強化による 持続可能な漁業生産の確保
- 「海業（うみぎょう）」振興と多様な人材の活躍による 漁村の魅力と所得の向上

**実施の目標と目指す姿**

**ア　拠点漁港等の生産・流通機能の強化**
◆ 漁港機能を再編・強化し、低コストで高付加価値の水産物を国内・海外に供給する拠点をつくる。

**イ　養殖生産拠点の形成**
◆ 国内・海外の需要に応じた安定的な養殖生産を行う拠点をつくる。

**ア　環境変化に適応した漁場生産力の強化**
◆ 海洋環境を的確に把握し、その変化に適応した持続的な漁業生産力を持つ漁場・生産体制をつくる。

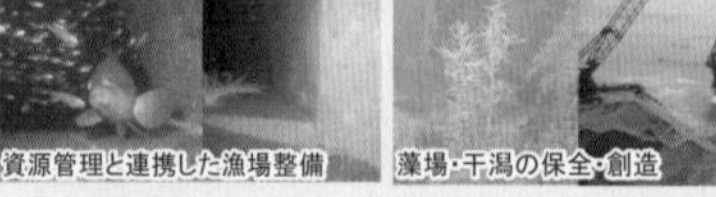

資源管理と連携した漁場整備
藻場・干潟の保全・創造


**イ　災害リスクへの対応力強化**
◆ 災害に対して、しなやかで強い漁港・漁村の体制をつくる。将来にわたり漁港機能を持続的に発揮する。

**ア「海業（うみぎょう）」による漁村の活性化**
◆ 海業等を漁港・漁村で展開し、地域のにぎわいや所得と雇用を生み出す。

**イ　地域の水産業を支える多様な人材の活躍**
◆ 年齢、性別や国籍等によらず多様な人材が生き生きと活躍できる漁港・漁村の環境を整備する。

（共通課題）社会情勢の変化への対応（グリーン化の推進、デジタル社会の形成、生活スタイルの変化への対応）

**主な成果目標**
- □ 流通拠点漁港において、総合的な衛生管理体制の下で取り扱われる水産物の取扱量の割合　45％（R3）⇒　おおむね70％（R8）　等
- □ 流通拠点漁港における、被災後の水産業の早期回復体制が構築された漁港の割合　27％（R3）⇒　おおむね70％（R8）　等
- □ 漁港における新たな「海業（うみぎょう）」等の取組件数　5年間でおおむね500件　等

---

＊１　昭和25（1950）年法律第137号

＊２　海や漁村の地域資源の価値や魅力を活用する事業。国内外からの多様なニーズに応えることにより、地域のにぎわいや所得と雇用を生み出すことが期待される。160ページ参照。

新たな「漁港漁場整備長期計画」について（水産庁）：https://www.jfa.maff.go.jp/j/press/keikaku/220325.html



## （2）漁村の現状と役割

### ア　漁村の現状

#### 〈漁港背後集落人口は198万人〉

海岸線の総延長が約３万５千km[*1]に及ぶ我が国の国土は、約７千の島々から成り立っています。この海岸沿いの津々浦々に存在する漁業集落の多くは、リアス海岸、半島、離島に立地しており、漁業生産に有利な条件である反面、自然災害に対して脆弱（ぜいじゃく）であるなど、漁業以外の面では不利な条件下に置かれています。漁業集落のうち漁港の背後に位置する漁港背後集落[*2]の状況を見ると、離島地域にあるものが約18%、半島地域にあるものが約31%となっています（図表５－２）。

**図表5－2　漁港背後集落の状況**

| 漁港背後集落総数 | 離島地域・半島地域・過疎地域のいずれかに指定されている地域 | | | |
|---|---|---|---|---|
| | | うち離島地域 | うち半島地域 | うち過疎地域 |
| 4,492（100%） | 3,414（76.0%） | 793（17.7%） | 1,397（31.1%） | 3,049（67.9%） |

資料：水産庁調べ（令和３（2021）年）
注：離島地域、半島地域及び過疎地域は、離島振興法、半島振興法及び過疎地域自立促進特別措置法に基づき重複して地域指定されている場合がある。



このような立地条件にある漁村では、人口は一貫して減少しており、令和３（2021）年３月末現在の漁港背後集落人口は198万人になりました。高齢化率は、全国平均を約10%上回り、40.1%となっています（図表５－３）。

＊１　国土交通省「海岸統計」による。
＊２　漁港の背後に位置する人口５千人以下かつ漁家２戸以上の集落。

## 図表5－3　漁港背後集落の人口と高齢化率の推移

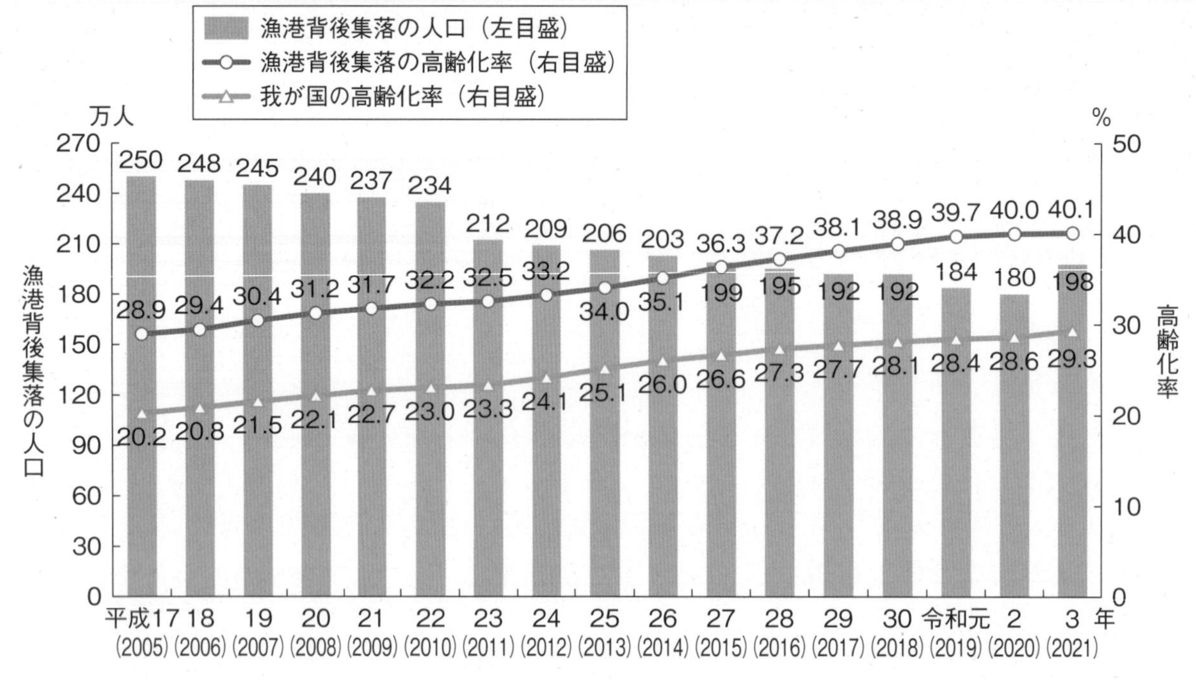


資料：水産庁調べ（漁港背後集落の人口及び高齢化率）及び総務省「人口推計」（我が国の高齢化率、国勢調査実施年は国勢調査人口による）

注：1）高齢化率とは、区分ごとの総人口に占める65歳以上の人口の割合。

2）平成23（2011）～令和2（2020）年の漁港背後集落の人口及び高齢化率は、岩手県、宮城県及び福島県の３県を除く。

### イ　水産業・漁村が有する多面的機能

#### 〈漁業者等が行う多面的機能の発揮に資する取組を支援〉

水産業・漁村は、国民に水産物を供給する役割だけでなく、1）自然環境を保全する機能、2）国民の生命・財産を保全する機能、3）交流等の場を提供する機能、4）地域社会を形成し維持する機能、等の多面的な機能も果たしており、その恩恵は、漁業者や漁村の住民にとどまらず、広く国民一般にも及びます（図表５－４）。

内水面漁業・養殖業においても、アユ等の和食文化と密接に関わる食用水産物を供給するほか、釣り場や自然体験活動の場といった自然と親しむ機会を国民に提供するなどの多面的機能を果たしています。

**図表5－4　水産業・漁村の多面的機能**

資料：日本学術会議答申を踏まえて農林水産省で作成（水産業・漁村関係のみ抜粋）

このような水産業・漁村の多面的機能は、人々が漁村に住み、漁業が健全に営まれることによって初めて発揮されるものですが、漁村の人口減少や高齢化が進めば、漁村の活力が衰退し、多面的機能の発揮にも支障が生じます。このため、「水産基本法＊1」において、国は水産業及び漁村の多面的機能の発揮について必要な施策を講ずるよう規定されているとともに、「漁業法等の一部を改正する等の法律＊2」による改正後の「漁業法＊3」において、国及び都道府県は、漁業及び漁村が多面的機能を有していることに鑑み、漁業者等の活動が健全に行われ、漁村が活性化するよう十分配慮することが規定されています。また、令和4（2022）年3月に閣議決定された水産基本計画においても、水産業・漁村の持つ多面的機能が将来にわたって発揮されるよう、一層の国民の理解の増進を図りつつ効率的·効果的な取組を促進するとともに、特に国境監視の機能については、漁村と漁業者による海の監視ネットワークが形成されていることを明記しています。これらを踏まえて、国は、漁村を取り巻く状況に応じて多面的機能が効率的·効果的に発揮できるよう、漁業者をはじめとした関係者に創意工夫を促しつつ、藻場や干潟の保全、内水面生態系の維持・保全・改善、海難救助や国境・水域監視等の漁業者等が行う多面的機能の発揮に資する取組が引き続き活発に行われるよう、国民の理解の増進を図りながら支援していくこととしています。

## （3）安心して暮らせる安全な漁村づくり

### ア　漁港・漁村における防災対策の強化、減災対策や老朽化対策の推進

**〈防災・減災、国土強靱（きょうじん）化のための対策を推進〉**

海に面しつつ背後に崖や山が迫る狭隘（きょうあい）な土地に形成された漁村は、地震や津波、台風等の

＊1　平成13（2001）年法律第89号
＊2　平成30（2018）年法律第95号
＊3　昭和24（1949）年法律第267号

自然災害に対して脆弱な面を有しており、人口減少や高齢化に伴って、災害時の避難・救助体制にも課題を抱えています。

南海トラフ地震、日本海溝・千島海溝周辺海溝型地震等の大規模地震・津波や激甚化・頻発化する自然災害による甚大な被害に備えて、引き続き、漁港・漁村における事前の防災・減災対策や災害発生後の円滑な初動対応等を推進していく必要があります。このため、国は、東日本大震災の被害状況等を踏まえ、防波堤と防潮堤による多重防護、粘り強い構造を持った防波堤や漁港から高台への避難路の整備等を推進しています。

また、水産庁が所管する漁港施設、漁場の施設や漁業集落環境施設等のインフラは、昭和50年代前後に整備されたものが多く、老朽化が進行して修繕・更新すべき時期を迎えています。我が国の財政状況が厳しさを増す中、中長期的な視点から戦略的な維持管理・更新に取り組むため、予防保全型の老朽化対策等に転換し、ライフサイクルコストの縮減及び財政負担の平準化を実現していくことが必要となっています。このため、水産庁は「水産庁インフラ長寿命化計画*[1]」を策定し、インフラの長寿命化を着実に推進するための中長期的な方向性や具体的な取組を示すとともに、水産庁所管インフラの今後30年間の維持管理・更新費の将来推計を公表しています（図表５－５）。

加えて、令和２（2020）年12月に閣議決定された「防災・減災、国土強靱化のための５か年加速化対策」に基づき、甚大な被害が予測される地域等の漁港施設の耐震化・耐津波化・耐浪化等の対策や漁港施設の長寿命化対策、海岸保全施設の津波・高潮対策等を推進しています。

また、気候変動に伴い頻発化・激甚化する自然災害への対応が求められています。このため、令和４（2022）年３月に閣議決定された新たな漁港漁場整備長期計画においては、海洋環境の変化や災害リスクへの対応力強化による持続可能な漁業生産の確保を重点課題として位置付けているところであり、引き続き波浪・高潮に対する防波堤等の性能を向上させていくこととしています。



### 図表5－5　30年間の維持管理・更新費の見通し

| | 2021年度から2050年度の見通し |
|---|---|
| 予防保全 | 約3.5兆円 |
| 事後保全 | 約6.6兆円 |

約５割削減

注：１）水産庁所管４分野（漁港施設、漁場の施設、漁業集落環境施設、海岸保全施設）について様々な仮定の下で推計しており、今後開発・導入される新技術によるライフサイクルコストの縮減等の不確定要素により増減の可能性がある。
２）「予防保全」とは、施設の機能や性能に不具合が発生する前に修繕等の対策を講ずること。「事後保全」とは、施設の機能や性能に不具合が生じてから修繕等の対策を講ずること。

**防災・減災、国土強靱化のための５か年加速化対策（内閣官房）：**
**https://www.cas.go.jp/jp/seisaku/kokudo_kyoujinka/5kanenkasokuka/**

＊１　平成26（2014）年８月策定。令和３（2021）年３月31日改定。

## 【コラム】海底火山福徳岡ノ場(ふくとくおかのば)の噴火に伴う軽石等の漂流・漂着について

令和３（2021）年８月13日から15日にかけて福徳岡ノ場（硫黄島から南約50 kmにある小笠原諸島の海底火山）の海底噴火が確認され、この噴火による噴出物により直径約１kmの新島が形成されたほか、火山周辺の海面に多量の軽石等の浮遊物が発生しました。

この多量の軽石等が海流等によって西へ移動し、同年10月上旬以降、沖縄や奄美群島等に次々と押し寄せ、漁港に漂着したり、漁船のエンジントラブルが発生したりするとともに、沖合に漂流する軽石のため沖縄県や鹿児島県では多くの漁業者が操業を自粛するなど、漁業への影響が生じました。さらには、今後の漁場環境への影響を懸念する声も出ています。

そして、同年11月下旬からは伊豆諸島等でも軽石等の漂流・漂着が確認され、関東をはじめとする本州太平洋側の地域では、軽石の漁港への流入防止を図るため、多くの漁港管理者によりオイルフェンスの設置や準備が行われました。

**〈軽石の回収〉**

沖縄県、鹿児島県等に漂流・漂着した軽石は、漁港における航路や泊地に漂着し、船舶の航行及び係留に重大な支障を及ぼしていることから、緊急的に漁港管理者等が災害復旧事業等を活用し、軽石の回収、運搬及び処分を行っています。また、軽石は海岸にも漂着し、漁港管理者だけでなく地元の漁業関係者やボランティアの方々も参加し、地域一丸となって回収作業が行われています。

**〈関係省庁の連携による軽石回収技術の検討〉**

軽石の漂着は港湾でも確認され、離島航路等、人流、物流への支障も生じました。また、このような大規模な漂流軽石の回収は前例がないことから、国土交通省港湾局と水産庁が連携し、関係団体や研究機関の協力を得つつ、令和３（2021）年11月５日より「漂流軽石回収技術検討ワーキンググループ」を開催しました。

本ワーキンググループでは、回収実積や回収技術の実証結果、研究機関や関係団体による検討等によって得られた知見や留意点の整理・検討を行いました。その結果を踏まえ、漁港管理者や港湾管理者が現場に応じた回収方法を検討する際の一助とすることを期待し、同月30日に「漂流軽石の回収技術に関する取りまとめ」を公表し、周知しました。

**〈処分や利活用〉**

軽石の回収作業が進む中、今後、回収した軽石をどのように処分するのかについて課題となっています。処分する場合、成分分析等を行って安全性を確認することが必要であり、また、処分場の不足も問題となっています。このため、これら軽石の利活用方法が検討されているところです。

農業分野においては、軽石を土壌の通気性や透水性を改善するための土壌改良資材として活用している事例がありますが、沖縄県が令和３（2021）年11月に公表した調査結果によると、今般の軽石は塩類濃度が高く、農地へ投入する場合には生育障害の懸念があることから、推奨しないこととしています。

また、建設資材に活用する場合には、一般的に用地の埋立材や用地の舗装等の路盤材、護岸の裏込め材等としての利用が考えられますが、沖縄県は、強度や耐久性などのデータ収集に期間を要することから、まずは強度や耐久性を要しない小規模・簡易的な利活用について、個々に検討していくこととしています。

沖縄県辺土名(へんとな)漁港の（左）大量の軽石の漂流・漂着による埋そく状況、
（中）軽石除去作業前の港内、（右）軽石除去作業後の港内

### イ　漁村における生活基盤の整備

**〈集落道や漁業集落排水の整備等を推進〉**

狭い土地に家屋が密集している漁村では、自動車が通れないような狭い道路もあり、下水道普及率も低く、生活基盤の整備が立ち後れています。生活環境の改善は、若者や女性の地域への定着を図る上でも重要であり、国は、集落道や漁業集落排水の整備等を推進しています。

## （4）漁村の活性化

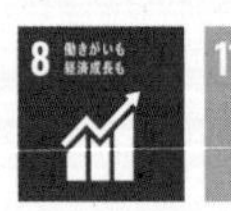

**〈伝統的な生活体験や漁村地域の人々との交流を楽しむ「渚泊」を推進〉**

漁村は、豊かな自然環境、四季折々の新鮮な水産物や特徴的な加工技術、伝統文化、親水性レクリエーションの機会等の様々な地域資源を有しています。漁村の活性化のためには、それぞれが有する地域資源を十分に把握し最大限に活用することで、観光客等の来訪者を増やし、交流を促進することも重要な方策の一つです。そのため、全国の漁港及びその背後集落には、令和２（2020）年度末現在で約1,500の水産物直売所等の交流施設が整備されています（図表５－６）。このような取組を推進するためには、１）地域全体の将来像を描くとともに、交流の目的を明確にし、解決すべき地域の課題等を整理し戦略を立てること、２）交流に取り組むメンバーの役割分担を明らかにし、地域の実情に即して実践・継続可能な推進体制をつくること、３）取組の実践と継続を意識し、交流により地域の問題解決を目指すこと、が重要です。また、地域の観光推進組織と連携することで、より効果的に取組を展開することも可能になります。

さらに、マイクロツーリズムやワーケーションといった新たな交流の取組も推進しています。加えて、今後は、交流においても持続可能性の視点が重要であり、交流を通じて、地域の水産業を中心とした経済活動や、地域の生活・歴史・文化、自然環境等を保全していくことが求められます。

このような中、国は、我が国ならではの伝統的な生活体験や農山漁村地域の人々との交流を楽しむ滞在である「農泊（のうはく）」（農山漁村滞在型旅行）をビジネスとして実施できる体制を持った地域を、令和３（2021）年度までに599地域創出しました。このうち、漁村地域においては「渚泊（なぎさはく）」として推進しており、地域資源を魅力ある観光コンテンツとして磨き上げる取組等のソフト面での支援や、古民家等を活用した滞在施設や農林漁業・農山漁村体験施設等のハード面での支援を行っています。

さらに、地域の漁業所得向上を目指して行われている浜の活力再生プラン及び浜の活力再生広域プランの取組により、漁業振興を通じた漁村の活性化が図られることも期待されます。

このような取組により、地域における雇用の創出や漁家所得の向上だけでなく、生きがい・やりがいの創出や地域の知名度の向上等を通して、地域全体の活性化につながることが期待されます。

**図表5－6　全国の漁港及びその背後集落における水産物直売所等の交流施設**

| | 平成27<br>(2015) | 28<br>(2016) | 29<br>(2017) | 30<br>(2018) | 令和元<br>(2019) | 2年度<br>(2020) |
|---|---|---|---|---|---|---|
| 水産物直売所等の交流施設（箇所） | 1,386 | 1,421 | 1,371 | 1,390 | 1,451 | 1,490 |

資料：水産庁調べ

渚泊の推進（水産庁）：https://www.jfa.maff.go.jp/j/bousai/nagisahaku/

### 〈漁港ストックの最大限の活用による海業等の振興〉

漁港機能の再編・集約等により空いた漁港の水域や用地等が増養殖や水産物直売所等の海業等に活用され、漁村の活性化に寄与しています。

平成31（2019）年３月現在、144漁港において陸上養殖が、385漁港において水域を活用した養殖等が行われています。この一層の利用促進を図るため、水産庁は、「漁港水域等を活用した増養殖の手引き」（令和２（2020）年９月策定）を周知しました。

また、令和３（2021）年12月現在、60漁港において、水産物直売所等として漁港施設用地が活用されているほか、漁港施設の貸付けにより、民間事業者によって製氷施設等が整備され、漁港機能の高度化が図られています。

このような漁港の有効活用をより一層推進するため、水産庁は、実践的なノウハウや豊富な事例を取りまとめた「漁港施設の有効活用ガイドブック」を令和３（2021）年８月に公表しました。

漁港水域等を活用した増養殖の手引き（水産庁）：https://www.jfa.maff.go.jp/j/seibi/zouyousyoku_tebiki.html

漁港施設の有効活用ガイドブック（水産庁）：https://www.jfa.maff.go.jp/j/press/keikaku/attach/pdf/210803-1.pdf

## 【コラム】「海業」について

新たな水産基本計画及び漁港漁場整備長期計画において、「海業」という言葉が盛り込まれました。

この言葉は、昭和60（1985）年に神奈川県三浦市により提唱されたもので、「海の資質、海の資源を最大限に利用していく」をコンセプトに、漁業や漁港を核として地域経済の活性化を目指すとされています。

両計画において、海業は「海や漁村の地域資源の価値や魅力を活用する事業」と定義されています。漁村の人口減少や高齢化等、地域の活力が低下する中で、地域資源と既存の漁港施設を最大限に活用し、水産業と相互に補完し合う産業である海業を育成し、根付かせることによって、地域の所得と雇用の機会の確保を目指しています。

漁港における海業としては、用地等を活用した水産物等の販売・提供、プレジャーボートの受入れ、陸上養殖を行う事業、水域を活用した蓄養・養殖、漁業体験、海釣りを行う事業等が挙げられます。

以下の五つの漁港では、海業が展開されることによって、漁港が海業振興の拠点としての役割を果たし、漁村の活性化に寄与しています。

### 三崎漁港（神奈川県三浦市）

産直センター「うらり」での水産物・農産物の販売、「海の駅」としてのプレジャーボートの受入れ等により、漁港が地域観光の核として機能。

### 妻鹿漁港（兵庫県姫路市）

家島諸島の水産物の飲食や販売とともに、観光情報を発信。

### 走漁港（広島県福山市(走島)）

未利用となっていた漁港の用地を活用して民間事業者が陸上養殖を展開。

### 富来漁港（石川県羽咋郡志賀町）

漁港の用地に飲食店（回転寿司）と水産物直売所を開店し、蓄養・養殖した新鮮な魚介類を来訪者に提供。

### 保田漁港（千葉県安房郡鋸南町）

地元の魚を活用した魚食普及食堂「ばんや」、温泉宿泊施設、観光定置網等の事業を積極的に展開。

# 第６章

## 東日本大震災からの復興

### （1）水産業における復旧・復興の状況

**〈震災前年比で水揚金額75％、水揚量67％〉**

平成23（2011）年３月11日に発生した東日本大震災による津波は、豊かな漁場に恵まれている東北地方太平洋沿岸地域を中心に、水産業に甚大な被害をもたらしました。同年７月に政府が策定した「東日本大震災からの復興の基本方針」においては、復興期間を令和２（2020）年度までの10年間と定め、平成27（2015）年度までの５年間を「集中復興期間」と位置付けた上で復興に取り組んできました。

平成27（2015）年６月には「平成28年度以降の復旧・復興事業について」を決定し、平成28（2016）年度からの後期５年間を「復興・創生期間」と位置付けて復興を推進してきました。

その後、令和２（2020）年６月５日には、令和３（2021）年３月末までとなっていた復興庁の設置期限を10年間延長すること等を内容とする「復興庁設置法等の一部を改正する法律＊1」等が成立しました。

また、令和３（2021）年３月には、「東日本大震災からの復興の基本方針」を、令和２（2020）年６月の「福島復興再生特別措置法＊2」の改正（令和３（2021）年４月施行）等を反映させた「第２期復興・創生期間以降における東日本大震災からの復興の基本方針」に改定しました。

これまで被災地域では、漁港施設、漁船、養殖施設、漁場等の復旧が積極的に進められており（図表６－１）、国は、引き続き、被災地域の水産業の復旧・復興に取り組むこととしています。

「復興・創生期間」後における東日本大震災からの復興の基本方針の変更について（復興庁）：
https://www.reconstruction.go.jp/topics/main-cat12/sub-cat12-1/20210311135501.html



＊1　令和２（2020）年法律第46号
＊2　平成24（2012）年法律第25号

## 図表6－1　水産業の復旧・復興の進捗状況（令和４（2022）年３月取りまとめ）

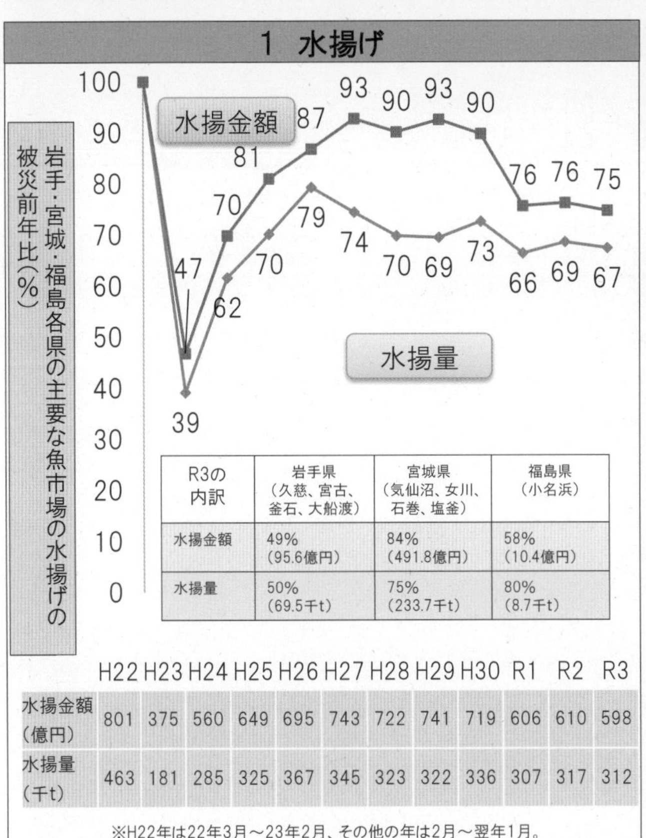


| R3の内訳 | 岩手県（久慈、宮古、釜石、大船渡） | 宮城県（気仙沼、女川、石巻、塩釜） | 福島県（小名浜） |
|---|---|---|---|
| 水揚金額 | 49%（95.6億円） | 84%（491.8億円） | 58%（10.4億円） |
| 水揚量 | 50%（69.5千t） | 75%（233.7千t） | 80%（8.7千t） |

| | H22 | H23 | H24 | H25 | H26 | H27 | H28 | H29 | H30 | R1 | R2 | R3 |
|---|---|---|---|---|---|---|---|---|---|---|---|---|
| 水揚金額（億円） | 801 | 375 | 560 | 649 | 695 | 743 | 722 | 741 | 719 | 606 | 610 | 598 |
| 水揚量（千t） | 463 | 181 | 285 | 325 | 367 | 345 | 323 | 322 | 336 | 307 | 317 | 312 |

※H22年は22年3月～23年2月、その他の年は2月～翌年1月。

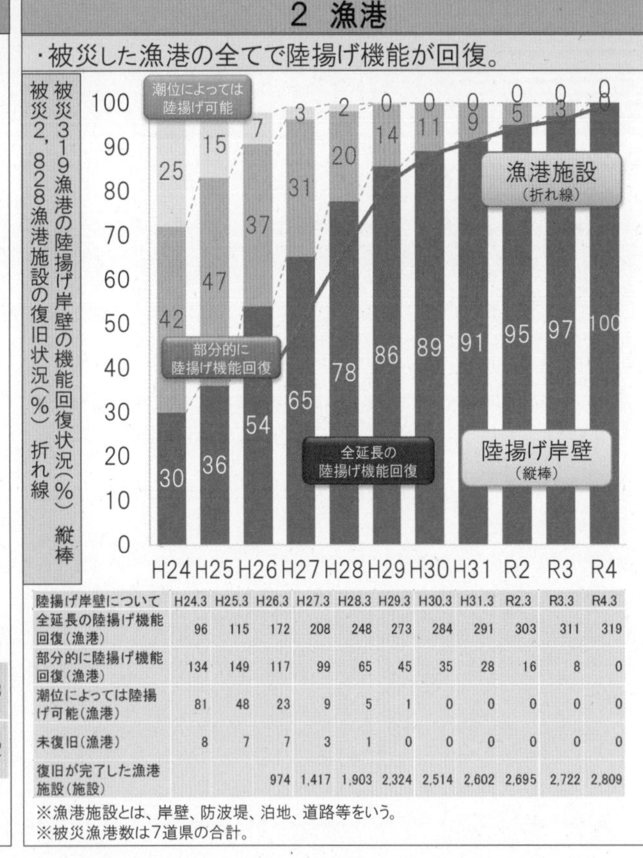


| 陸揚げ岸壁について | H24.3 | H25.3 | H26.3 | H27.3 | H28.3 | H29.3 | H30.3 | H31.3 | R2.3 | R3.3 | R4.3 |
|---|---|---|---|---|---|---|---|---|---|---|---|
| 全延長の陸揚げ機能回復（漁港） | 96 | 115 | 172 | 208 | 248 | 273 | 284 | 291 | 303 | 311 | 319 |
| 部分的に陸揚げ機能回復（漁港） | 134 | 149 | 117 | 99 | 65 | 45 | 35 | 28 | 16 | 8 | 0 |
| 潮位によっては陸揚げ可能（漁港） | 81 | 48 | 23 | 9 | 5 | 1 | 0 | 0 | 0 | 0 | 0 |
| 未復旧（漁港） | 8 | 7 | 7 | 3 | 1 | 0 | 0 | 0 | 0 | 0 | 0 |
| 復旧が完了した漁港施設（施設） | | | 974 | 1,417 | 1,903 | 2,324 | 2,514 | 2,602 | 2,695 | 2,722 | 2,809 |

※漁港施設とは、岸壁、防波堤、泊地、道路等をいう。
※被災漁港数は7道県の合計。

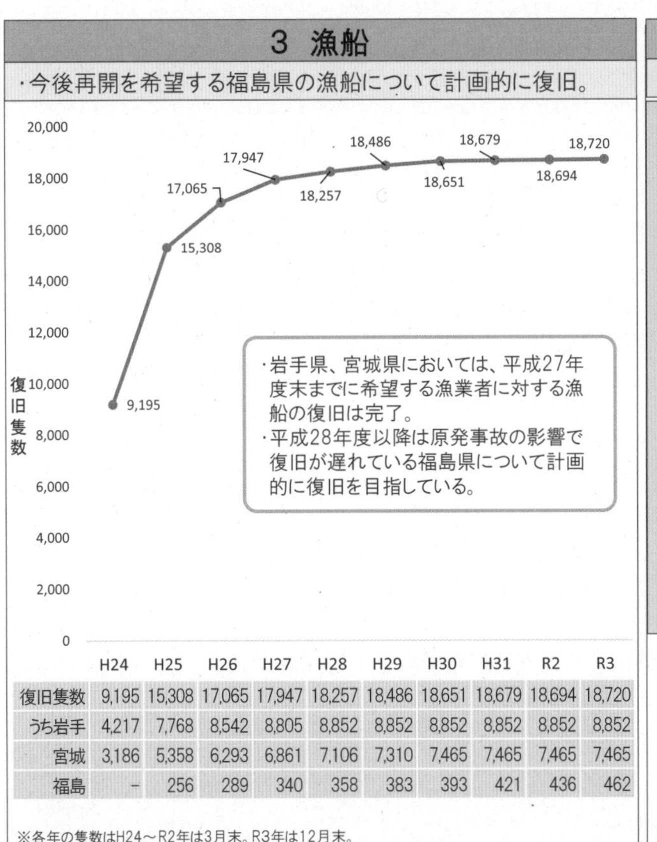


| | H24 | H25 | H26 | H27 | H28 | H29 | H30 | H31 | R2 | R3 |
|---|---|---|---|---|---|---|---|---|---|---|
| 復旧隻数 | 9,195 | 15,308 | 17,065 | 17,947 | 18,257 | 18,486 | 18,651 | 18,679 | 18,694 | 18,720 |
| うち岩手 | 4,217 | 7,768 | 8,542 | 8,805 | 8,852 | 8,852 | 8,852 | 8,852 | 8,852 | 8,852 |
| 宮城 | 3,186 | 5,358 | 6,293 | 6,861 | 7,106 | 7,310 | 7,465 | 7,465 | 7,465 | 7,465 |
| 福島 | － | 256 | 289 | 340 | 358 | 383 | 393 | 421 | 436 | 462 |

※各年の隻数はH24～R2年は3月末。R3年は12月末。
※復旧隻数は21都道県の合計。

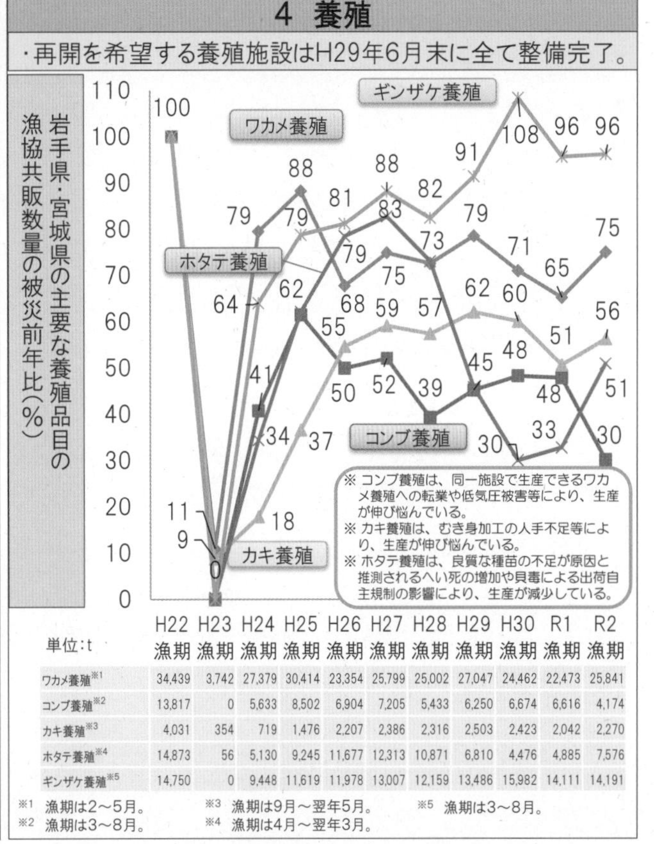


| 単位:t | H22漁期 | H23漁期 | H24漁期 | H25漁期 | H26漁期 | H27漁期 | H28漁期 | H29漁期 | H30漁期 | R1漁期 | R2漁期 |
|---|---|---|---|---|---|---|---|---|---|---|---|
| ワカメ養殖※1 | 34,439 | 3,742 | 27,379 | 30,414 | 23,354 | 25,799 | 25,002 | 27,047 | 24,462 | 22,473 | 25,841 |
| コンブ養殖※2 | 13,817 | 0 | 5,633 | 8,502 | 6,904 | 7,205 | 5,433 | 6,250 | 6,674 | 6,616 | 4,174 |
| カキ養殖※3 | 4,031 | 354 | 719 | 1,476 | 2,207 | 2,386 | 2,316 | 2,503 | 2,423 | 2,042 | 2,270 |
| ホタテ養殖※4 | 14,873 | 56 | 5,130 | 9,245 | 11,677 | 12,313 | 10,871 | 6,810 | 4,476 | 4,885 | 7,576 |
| ギンザケ養殖※5 | 14,750 | 0 | 9,448 | 11,619 | 11,978 | 13,007 | 12,159 | 13,486 | 15,982 | 14,111 | 14,191 |

※1　漁期は2～5月。
※2　漁期は3～8月。
※3　漁期は9月～翌年5月。
※4　漁期は4月～翌年3月。
※5　漁期は3～8月。

## 5　加工流通施設

・再開を希望する水産加工施設の9割以上が業務再開。

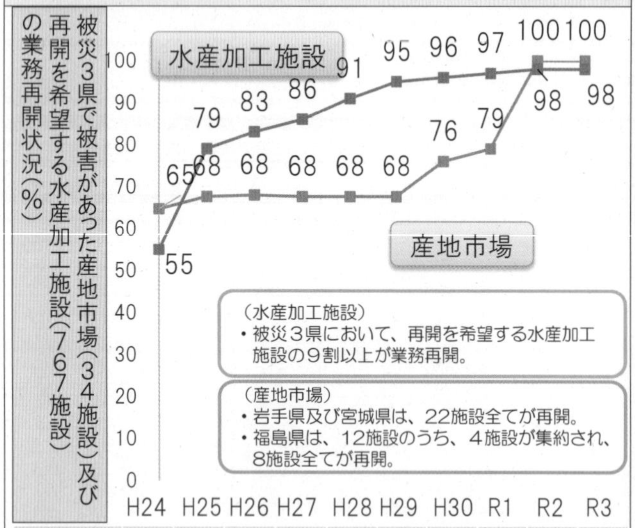

被災3県で被害があった産地市場（34施設）及び再開を希望する水産加工施設（767施設）の業務再開状況（%）

水産加工施設

産地市場

（水産加工施設）
・被災３県において、再開を希望する水産加工施設の９割以上が業務再開。

（産地市場）
・岩手県及び宮城県は、22施設全てが再開。
・福島県は、12施設のうち、４施設が集約され、8施設全てが再開。

| | H24 | H25 | H26 | H27 | H28 | H29 | H30 | R1 | R2 | R3 |
|---|---|---|---|---|---|---|---|---|---|---|
| 業務再開した水産加工施設（施設）※1 | 418 | 645 | 672 | 705 | 729 | 749 | 754 | 754 | 755 | 755 |
| 業務再開した産地市場（施設）※2 | 22 | 23 | 23 | 23 | 23 | 23 | 26 | 27 | 30 | 30 |

※1 各年の数字は、H24年が3月末、H25～H29年は12月末、H30年は9月末、R1～R3年は12月末時点。
※2 各年の数字は、H24年が4月末、H25年が12月末、H26～R1年は2月末、R2年はR3. 1月末時点。R2年に福島県の産地市場が12施設から8施設に集約し、全ての施設が再開したため、業務再開状況が100%となった。

## 6　がれき

・がれきにより漁業活動に支障のあった定置及び養殖漁場のほとんどで撤去が完了。

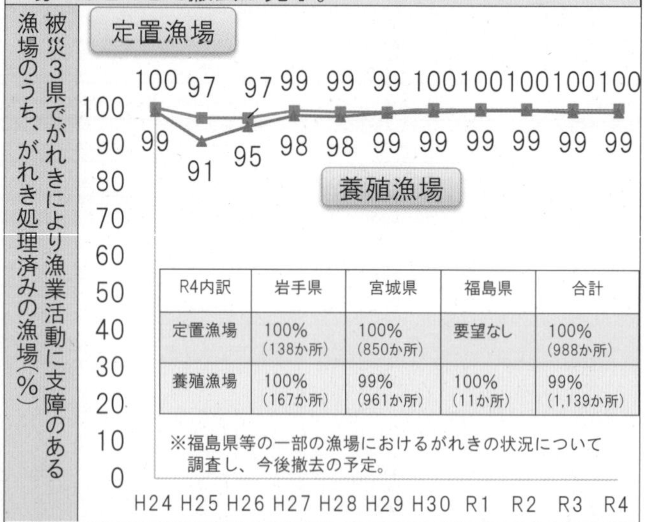

被災3県でがれきにより漁業活動に支障のある漁場のうち、がれき処理済みの漁場（%）

定置漁場

養殖漁場

| R4内訳 | 岩手県 | 宮城県 | 福島県 | 合計 |
|---|---|---|---|---|
| 定置漁場 | 100%（138か所） | 100%（850か所） | 要望なし | 100%（988か所） |
| 養殖漁場 | 100%（167か所） | 99%（961か所） | 100%（11か所） | 99%（1,139か所） |

※福島県等の一部の漁場におけるがれきの状況について調査し、今後撤去の予定。

| がれきにより漁業活動に支障のある漁場（か所） | H24 | H25 | H26 | H27 | H28 | H29 | H30 | R1 | R2 | R3 | R4 |
|---|---|---|---|---|---|---|---|---|---|---|---|
| 定置漁場 | 958 | 1,003 | 1,004 | 987 | 992 | 990 | 988 | 988 | 988 | 988 | 988 |
| うち処理済み | 958 | 975 | 976 | 980 | 988 | 988 | 988 | 988 | 988 | 988 | 988 |
| 養殖漁場 | 804 | 1,071 | 1,101 | 1,100 | 1,129 | 1,131 | 1,135 | 1,135 | 1,136 | 1,139 | 1,139 |
| うち処理済み | 801 | 973 | 1,045 | 1,077 | 1,103 | 1,116 | 1,124 | 1,128 | 1,130 | 1,134 | 1,134 |

※支障のある箇所数が増減するのは、気象海象によりがれきが当該漁場に流入したり、流出したりするためである。
※各年の数字は3月末時点（R4のみR4.1月末時点）。

被災した漁港のうち、水産業の拠点となる漁港においては、流通・加工機能や防災機能の強化対策として、高度衛生管理型の荷さばき所や耐震強化岸壁等の整備を行うなど、新たな水産業の姿を目指した復興に取り組んでいます。このうち、高度衛生管理型の荷さばき所の整備については、流通の拠点となる８漁港（八戸（はちのへ）、釜石（かまいし）、大船渡（おおふなと）、気仙沼（けせんぬま）、女川（おながわ）、石巻（いしのまき）、塩釜（しおがま）、銚子（ちょうし））において実施し、令和４（2022）年３月末現在、全漁港で供用されています。

一方、被災地域の水産加工業においては、令和４（2022）年１～２月に実施した「水産加工業者における東日本大震災からの復興状況アンケート（第９回）の結果」によれば、生産能力が震災前の８割以上まで回復したと回答した水産加工業者が約７割となっているのに対し、売上げが震災前の８割以上まで回復したと回答した水産加工業者は約５割であり、依然として生産能力に比べ売上げの回復が遅れています。県別に見ると、生産能力と売上げ共に、福島県の回復が他の５県[*1]に比べ遅れています（図表６－２）。また、売上げが戻っていない理由としては、「原材料の不足」、「販路の不足・喪失」及び「人材の不足」の３項目で回答の約６割を占めています（図表６－３）。このため、国は、引き続き、加工・流通の各段階への個別指導、セミナー・商談会の開催、省力化や加工原料の多様化、販路の回復・新規開拓に必要な加工機器の整備等により、被災地域における水産加工業者の復興を支援していくこととしています。

＊１　青森県、岩手県、宮城県、茨城県、千葉県

## 図表6－2　水産加工業者における生産能力及び売上げの回復状況

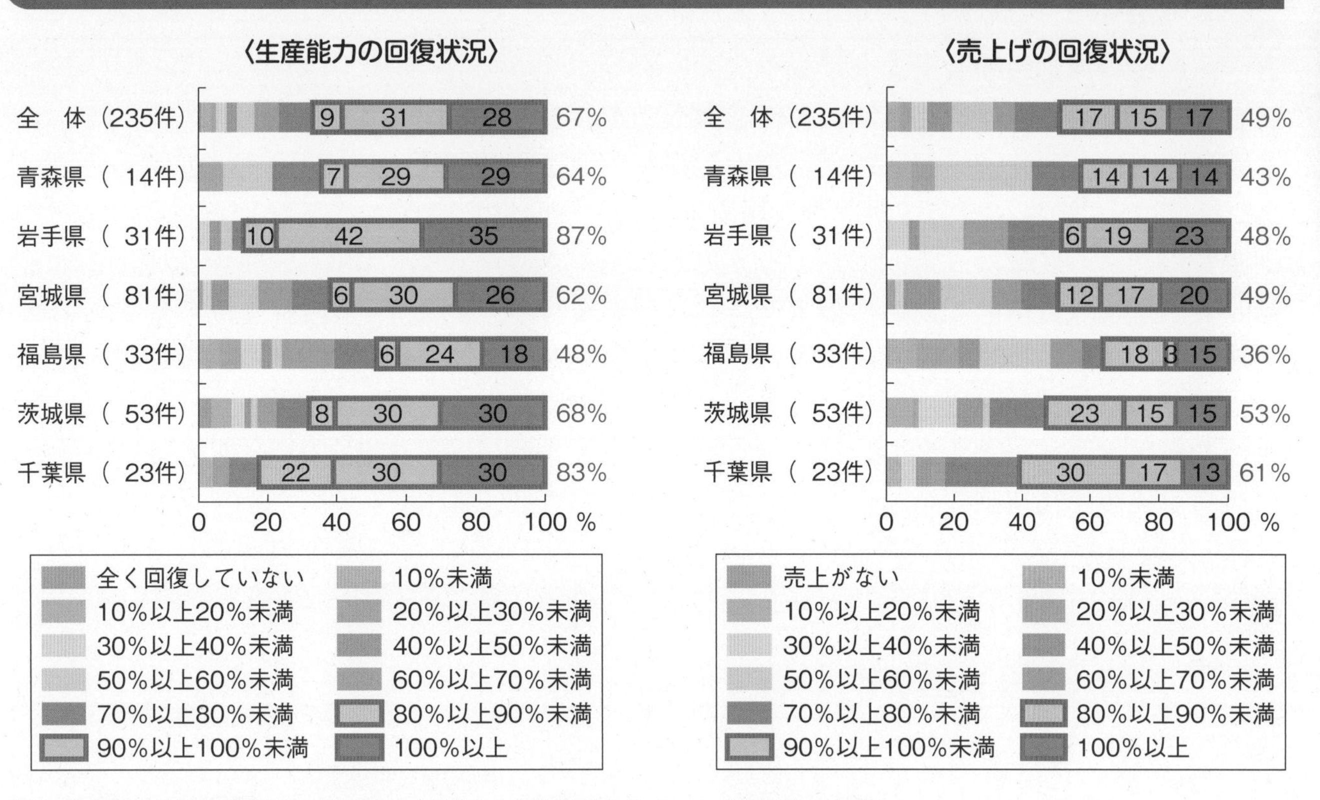


資料：水産庁「水産加工業者における東日本大震災からの復興状況アンケート（第9回）の結果」
注：赤字は80%以上回復した割合。

## 図表6－3　水産加工業者の売上げが戻っていない理由

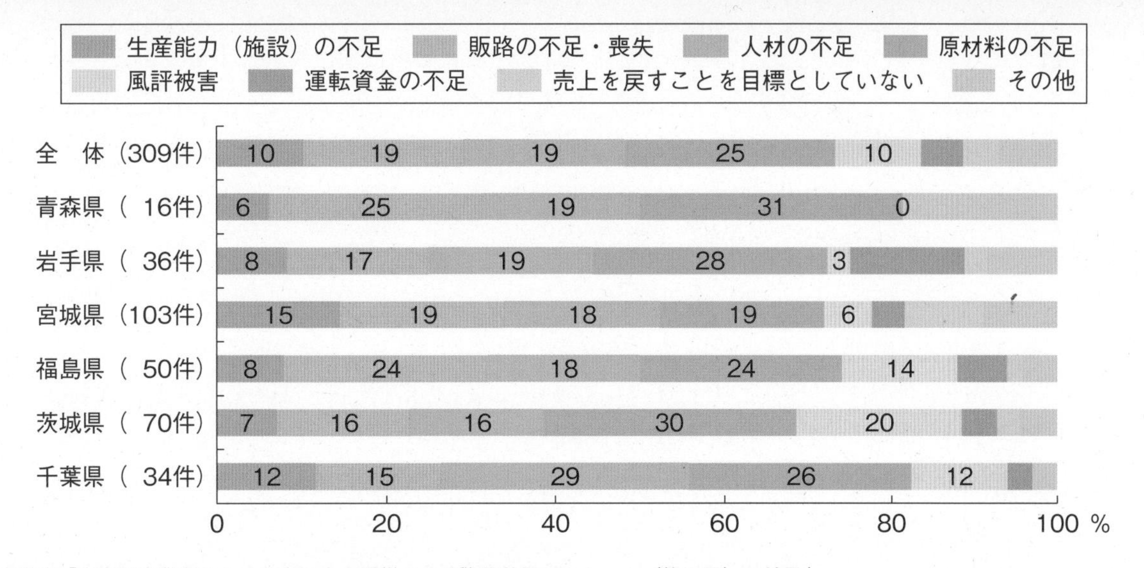


資料：水産庁「水産加工業者における東日本大震災からの復興状況アンケート（第9回）の結果」

東日本大震災からの水産業復興へ向けた現状と課題（水産庁）：https://www.jfa.maff.go.jp/j/yosan/23/kongo_no_taisaku.html

## （2）東京電力福島第一原子力発電所事故の影響への対応

### ア　水産物の放射性物質モニタリング

**〈水産物の安全性確保のために放射性物質モニタリングを着実に実施〉**

東日本大震災に伴って起きた東京電力福島第一原子力発電所（以下「東電福島第一原発」といいます。）の事故の後、消費者に届く水産物の安全性を確保するため、「検査計画、出荷制限等の品目・区域の設定・解除の考え方」に基づき、国、関係都道府県、漁業関係団体が連携して水産物の計画的な放射性物質モニタリングを行っています。水産物のモニタリングは、区域ごとの主要魚種や、前年度に50Bq（ベクレル）/kg以上の放射性セシウムが検出された魚種、出荷規制対象種を主な対象としており、生息域や漁期、近隣県におけるモニタリング結果等も考慮されています。モニタリング結果は公表され、基準値100Bq/kgを超過した種は、出荷自粛要請や出荷制限指示の対象となります（図表６－４）。

**図表6－4　水産物の放射性物質モニタリングの枠組み**

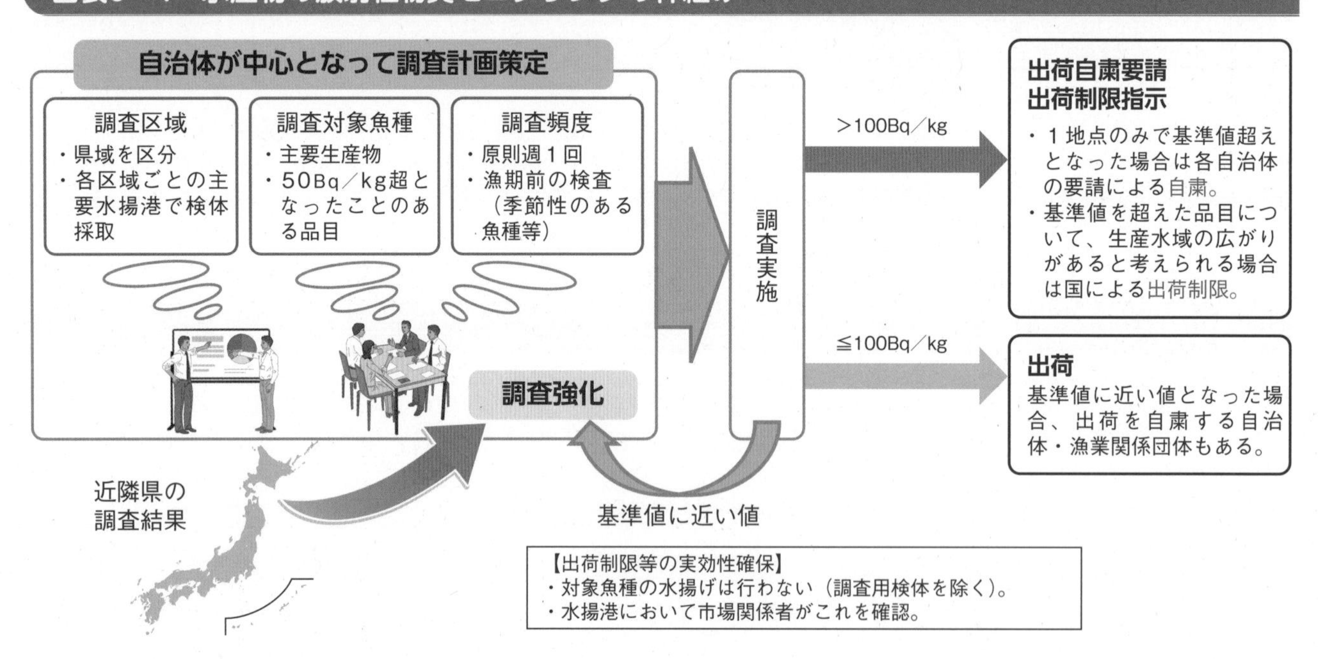


東電福島第一原発の事故以降、令和４（2022）年３月末までに、福島県及びその近隣県において、合計17万4,926検体の検査が行われてきました。基準値（100Bq/kg）超の放射性セシウムが検出された検体（以下「基準値超過検体」といいます。）の数は、時間の経過とともに減少する傾向にあります。令和３（2021）年度の基準値超過検体数は、福島県においては、海産種２検体及び淡水種２検体となっています。また、福島県以外においては、海産種では平成26（2014）年９月以降、淡水種では令和３（2021）年度は基準値超過検体はありませんでした（図表６－５）。

さらに、令和３（2021）年度に検査を行った水産物の検体のうち、95.5％が検出限界[*1]未満となりました。



＊1　分析機器が検知できる最低濃度であり、検体の重量や測定時間によって変化する。厚生労働省のマニュアル等に従い、基準値（100Bq/kg）から十分低い数値になるよう設定。

## 図表6－5　水産物の放射性物質モニタリング結果

100Bq／kg以下（左軸）　100Bq／kg超（左軸）　超過率（右軸）

〈海水〉

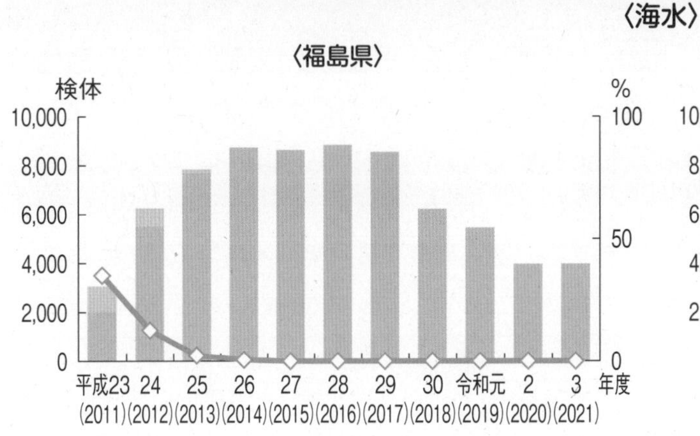


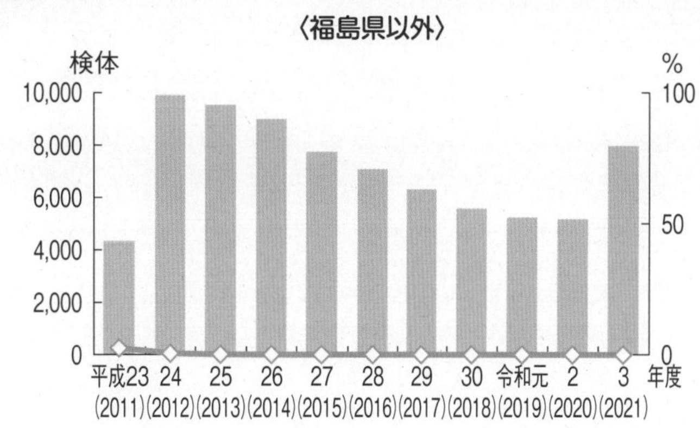


〈淡水〉

〈福島県〉

検体　%

1,200　1,000　800　600　400　200　0

100　50　0

平成23 24 25 26 27 28 29 30 令和元 2 3 年度

(2011)(2012)(2013)(2014)(2015)(2016)(2017)(2018)(2019)(2020)(2021)

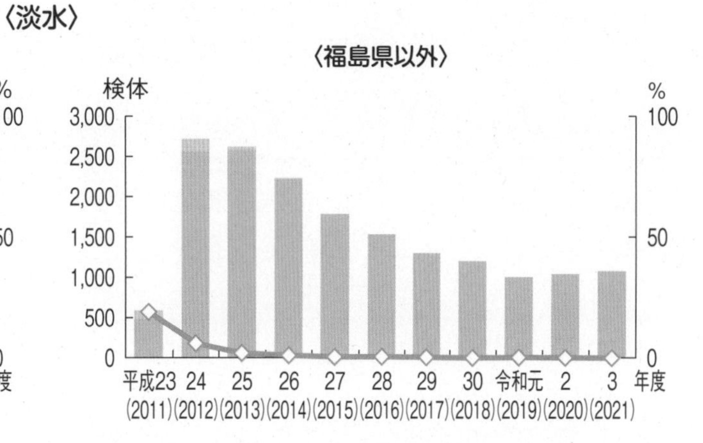

水産物の放射性物質調査の結果について（水産庁）：
https://www.jfa.maff.go.jp/j/housyanou/kekka.html

### イ　多核種除去設備等処理水の取扱い

**〈多核種除去設備等処理水の取扱いをめぐる状況〉**

多核種除去設備（ALPS：Advanced Liquid Processing System）等によりトリチウム以外の核種について、環境放出の際の規制基準を満たすまで浄化処理した水（以下「ALPS処理水」といいます。）の取扱いについて、令和２（2020）年２月に「多核種除去設備等処理水の取扱いに関する小委員会」が報告書を取りまとめたことを踏まえて、政府としてALPS処理水の取扱方針を決定するため、福島県の農林水産関係者をはじめ、幅広い関係者からの意見を伺いながら、議論を積み上げてきました。そして、令和３（2021）年４月13日に開催した第５回廃炉・汚染水・処理水対策関係閣僚等会議において、安全性を確保し、政府を挙げて風評対策を徹底することを前提に、「東京電力ホールディングス株式会社福島第一原子力発電所における多核種除去設備等処理水の処分に関する基本方針」を決定しました。

このことを踏まえ、将来生じ得る風評について、現時点で想定し得ない不測の影響が生じ得ることも考えられることから、必要な対策を検討するための枠組みとして、同年４月16日に「ALPS処理水の処分に関する基本方針の着実な実行に向けた関係閣僚等会議」を開催し、同会議の下に、風評影響を受け得る方々の状況や課題を随時把握していく目的で、経済産業副大臣を座長とする関係省庁によるワーキンググループが新設されました。このワーキンググループは、同年５月から７月まで計６回開催され、地方公共団体・関係団体との意見交換を実施しました。この意見交換を踏まえ、同年８月24日に開催された同会議において、「東京電力ホールディングス株式会社福島第一原子力発電所におけるALPS処理水の処分に伴う当面の対策の取りまとめ」（以下「当面の対策の取りまとめ」といいます。）が決定され、水産関係では、新たにトリチウムを対象とした水産物のモニタリング検査の実施、生産・流通・加工・消費の各段階における徹底した対策等が盛り込まれました。

さらに、当面の対策の取りまとめには、ALPS処理水の海洋放出に伴う風評影響を最大限抑制しつつ、仮に風評影響が生じた場合にも、水産物の需要減少への対応を機動的・効率的に実施することにより、漁業者の方々が安心して漁業を続けていくことができるよう、基金等により、全国的に弾力的な執行が可能となる仕組みを構築することを盛り込んでおり、令和３（2021）年度補正予算にて基金造成のために300億円を措置しました。

また、同年12月28日には、当面の対策の取りまとめに盛り込まれた対策ごとに今後１年間の取組や中長期的な方向性を整理した「ALPS処理水の処分に関する基本方針の着実な実行に向けた行動計画」を策定し、今後も、対策の進捗や地方公共団体・関係団体等の意見も踏まえつつ、随時、対策の追加・見直しを行っていくこととしました。

これらの対策を確実に実施することにより、被災地域の漁業の本格的な復興がなされるとともに、全国の漁業者が安心して漁業を行うことができる環境が整備されるよう、政府一丸となって対応していきます。

ALPS処理水の処分に関する基本方針の着実な実行に向けた行動計画：
https://www.meti.go.jp/earthquake/nuclear/hairo_osensui/pdf/alps_2112.pdf

### ウ　市場流通する水産物の安全性の確保

〈出荷制限等の状況〉

放射性物質モニタリングにおいて、基準値を超える放射性セシウムが検出された水産物については、国、関係都道県、漁業関係団体等の連携により流通を防止する措置が講じられているため、市場を流通する水産物の安全性は確保されています（図表6－6）。

その上で、時間の経過による放射性物質濃度の低下により、検査結果が基準値を下回るようになった種については、順次出荷制限の解除が行われ、令和3(2021)年12月には、全ての海産種で出荷制限が解除されました。しかしながら、令和4(2022)年1月、福島県沖のクロソイ1検体で基準値超の放射性セシウムが検出され、同年2月に出荷制限が指示されました。

また、淡水種については、令和4（2022）年3月末現在、6県（宮城県、福島県、栃木県、群馬県、茨城県、千葉県）の河川や湖沼の一部において、合計13種が出荷制限又は地方公共団体による出荷・採捕自粛措置の対象となっています。

図表6－6　出荷制限又は自主規制措置の実施・解除に至る一般的な流れ

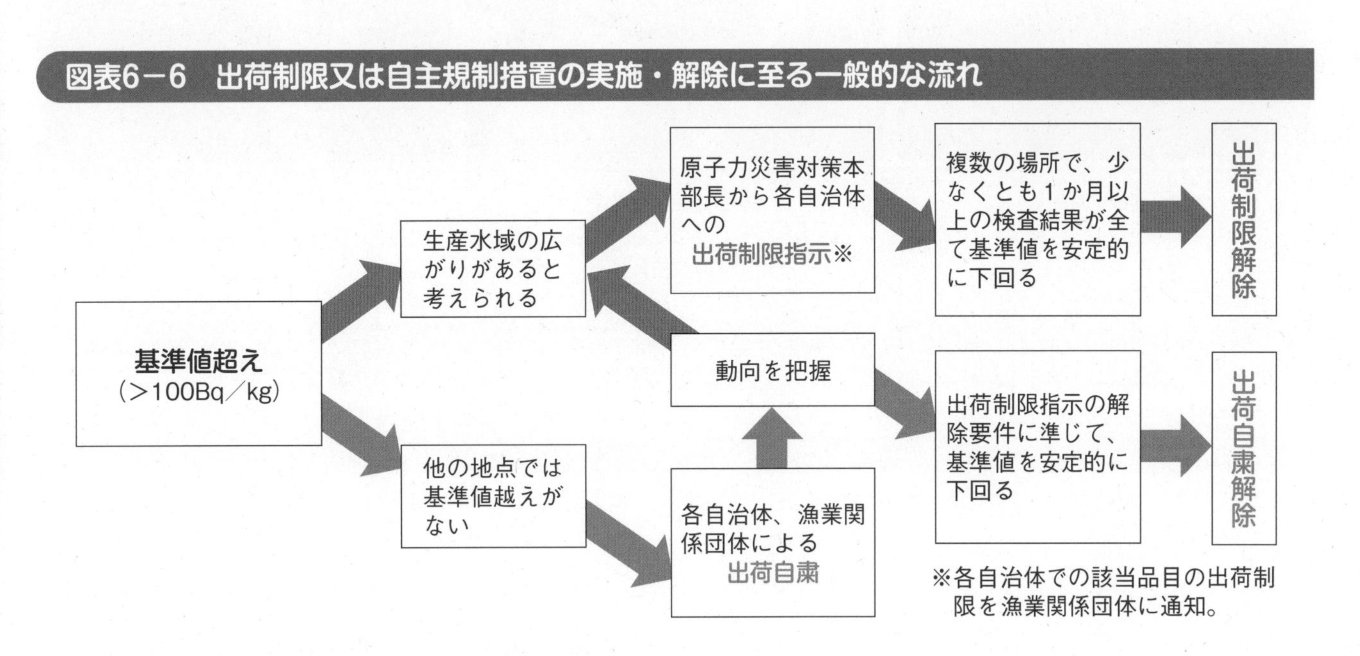


### エ　福島県沖での本格操業に向けた取組

〈試験操業から本格操業に向けた移行期間として水揚げの拡大に取り組む〉

福島県沖では、東電福島第一原発の事故の後、沿岸漁業及び底びき網漁業の操業が自粛され、漁業の本格再開に向けた基礎情報を得るため、平成24（2012）年から令和3（2021）年3月末まで、試験操業・販売（以下「試験操業」といいます。）が実施されました。

試験操業の対象魚種は、放射性物質モニタリングの結果等を踏まえ、漁業関係者、研究機関、行政機関等で構成される福島県地域漁業復興協議会での協議に基づき決定されてきたほか、試験操業で漁獲される魚種及び加工品共に放射性物質の自主検査が行われるなど、市場に流通する福島県産水産物の安全性を確保するための慎重な取組が行われました。

試験操業の対象海域は、東電福島第一原発から半径10km圏内を除く福島県沖全域であり、試験操業への参加漁船数は、当初の6隻から試験操業が終了した令和3（2021）年3月末には延べ2,183隻となりました。水揚量については、令和2(2020)年から更なる水揚量の回復を目指し、相馬地区の沖合底びき網漁業で計画的に水揚量を増加させる取組等を行ってきました。平成24（2012）年に122tだった水揚量は、令和3（2021）年には4,976t(速報値）まで回復しています（図表6－7）。

この試験操業は、生産・流通体制の再構築や放射性物質検査の徹底等、福島県産水産物の安全・安心の確保に向けた県内漁業者をはじめとする関係者の取組の結果、令和３（2021）年３月末で終了し、同年４月からは操業の自主的制限を段階的に緩和し、地区や漁業種類ごとの課題を解決しつつ、震災前の水揚量や流通量へと回復することを目指しています。

福島県産水産物の販路を拡大するため、多くの取組やイベントが実施されています。福島県漁業協同組合連合会では、全国各地でイベントや福島県内で魚料理講習会を開催しています。このような着実な取組により、福島県の本格的な漁業の再開につながっていくことが期待されます。

水揚げの様子
（写真提供：福島県）

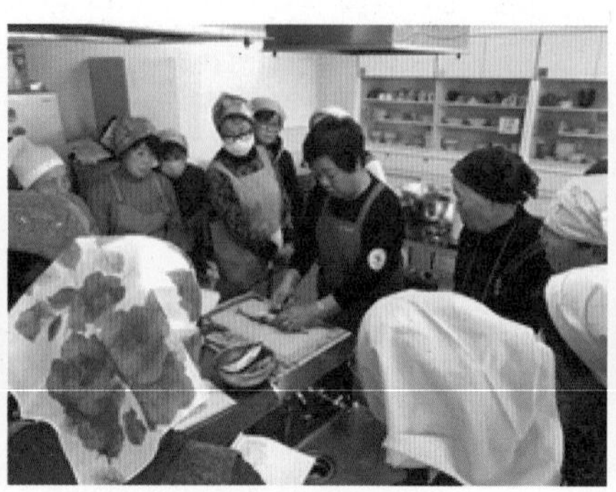

料理教室の様子
（写真提供：福島県漁業協同組合連合会）

イベントの様子
（写真提供：福島県漁業協同組合連合会）

**図表6－7　福島県の水揚量推移（沿岸漁業及び底びき網漁業）**

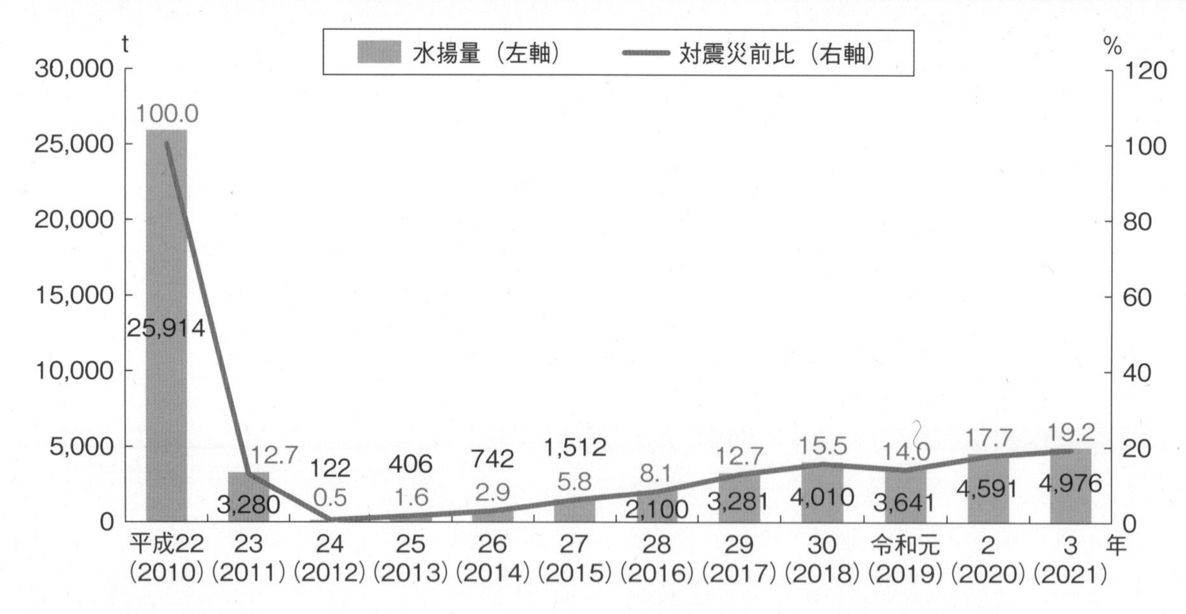


注：平成22（2010）～23（2011）年及び令和３（2021）年４月以降は福島県の港における水揚量。平成24（2012）～令和３（2021）年３月は試験操業による水揚量。

### オ　風評の払拭

**〈最新の放射性物質モニタリングの結果や福島県産水産物の魅力等の情報発信〉**

消費者庁が平成25（2013）年２月から実施している「風評被害に関する消費者意識の実態調査」によれば、「放射性物質を理由に福島県の食品の購入をためらう」と回答した消費者の割合は減少傾向にあり、令和４（2022）年２月の調査では、6.5％とこれまでの調査で最小となりました（図表６－８）。

図表6−8　「放射性物質を理由に福島県の食品の購入をためらう」と回答した消費者の割合

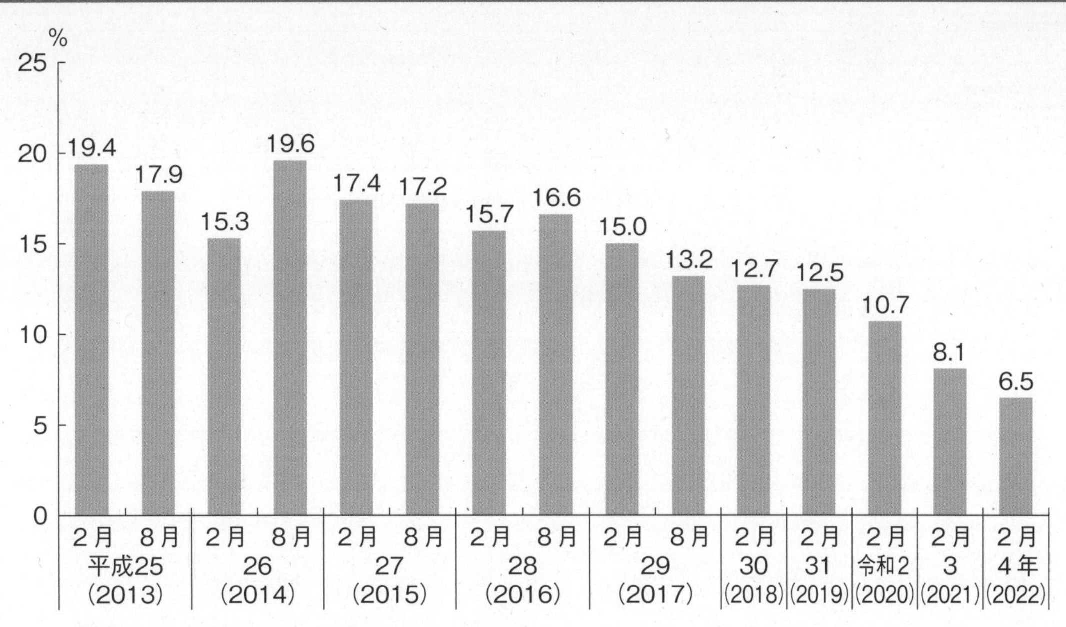


資料：消費者庁「風評被害に関する消費者意識の実態調査」

しかしながら、これまでも風評被害が発生してきていることに鑑み、風評については慎重に対応していく必要があります。

風評被害を防ぎ、一日も早く復興を目指すため、水産庁は、最新の放射性物質モニタリングの結果や水産物と放射性物質に関するQ＆A等をWebサイトで公表し、消費者、流通業者、国内外の報道機関等への説明会を行うなど、正確で分かりやすい情報提供に努めています。

また、福島県産水産物の販路回復・風評払拭のため、大型量販店において「福島鮮魚便」として常設で販売し、専門の販売スタッフが安全・安心とおいしさをPRするとともに、水産物が確実に流通されるよう共同出荷による消費地市場への流通拡大の実証を支援しました。さらに、企業の社食での利用促進、海外向けに我が国の情報を発信するWebサイトで、福島県を含む被災県産水産物の安全性と魅力をPRする活動等を行いました。これらの取組を通じ、消費者だけでなく、漁業関係者や流通関係者にも正確な情報や福島県産水産物の魅力等の発信を行い、風評の払拭に努めていきます。

東京電力福島第一原子力発電所事故による水産物への影響と対応について（水産庁）：
https://www.jfa.maff.go.jp/j/koho/saigai/



### カ　諸外国・地域による輸入規制への対応

#### 〈輸入規制の緩和・撤廃が進む〉

我が国の水産物の安全性については、海外に向けても適切に情報提供を行っていくことが必要です。このため、農林水産省は、英語、中国語及び韓国語の各言語で水産物の放射性物質モニタリングの結果を公表しているほか、各国政府や報道機関に対し、調査結果や水産物の安全確保のために我が国が講じている措置等を説明し、輸入規制の撤廃に向けた働きかけを続けています。

この結果、東電福島第一原発事故直後に水産物の輸入規制を講じていた54か国・地域（うち18か国・地域は一部又は全ての都道府県からの水産物の輸入を停止）のうち、42か国・地域は令和４（2022）年３月末までに輸入規制を撤廃し、輸入規制を撤廃していない国・地域についても、台湾が一部の県を対象とする輸入停止措置を我が国での出荷制限品目を対象とする輸入停止措置に変更するなど、規制内容の緩和が行われてきています（図表６－９）。

他方、依然として輸入規制を維持している国・地域に対しては、我が国では出荷規制により基準値を超過する食品は流通させない体制を構築し、徹底したモニタリングを行っていることを改めて伝え、様々な場を活用しつつ規制の早期撤廃に向け、より一層働きかけていくことが必要です（図表６－10）。

## 図表6－9　原発事故に伴う諸外国・地域による輸入規制の緩和・撤廃の動向（水産物）

**平成23（2011）年５月現在**

| 規制措置の内容 | | 国・地域数 |
|---|---|---|
| 輸入停止あり | 全ての都道府県を対象 | 11か国・地域<br>（アラブ首長国連邦、イラク、エジプト、ギニア、クウェート、コンゴ民主共和国、仏領ニューカレドニア、仏領ポリネシア、モーリシャス、モロッコ、レバノン） |
| | 一部の都道府県を対象 | ７か国・地域<br>（マカオ、中国、ロシア、ブルネイ、台湾、サウジアラビア、シンガポール） |
| | 日本での出荷制限品目を対象 | ２か国<br>（米国、韓国） |
| 輸入停止はないものの、放射性物質検査証明書を要求 | 全ての都道府県を対象 | ８か国<br>（アルゼンチン、インドネシア、オマーン、カタール、チリ、バーレーン、ブラジル、ボリビア） |
| | 一部の都道府県を対象 | 13か国・地域<br>（香港、メキシコ、EU、EFTA(アイスランド、ノルウェー、スイス、リヒテンシュタイン)、セルビア、タイ、カナダ、マレーシア、コロンビア、ペルー） |
| 自国での検査強化（上記の国・地域を除く） | | 12か国<br>（イスラエル、イラン、インド、ウクライナ、トルコ、ネパール、パキスタン、フィリピン、ミャンマー、ニュージーランド、ベトナム、豪州） |
| 合計 | | 53か国・地域 |

※レバノン及びブラジルは平成23年４月、米国、韓国、メキシコ及びチリは同６月、ボリビア及びコロンビアは同８月時点。
※平成23年５月時点でEUと英国は一つの地域として計上していたため、本文に記載の国・地域数とは一致しない。

**令和４（2022）年３月**

| 規制措置の内容 | | 国・地域数 |
|---|---|---|
| 輸入停止あり | 全ての都道府県を対象 | ０か国・地域 |
| | 一部の都道府県を対象 | ３か国・地域<br>（マカオ、中国、韓国） |
| | 日本での出荷制限品目を対象 | １地域<br>（台湾） |
| 輸入停止はないものの、放射性物質検査証明書を要求 | 全ての都道府県を対象 | ０か国 |
| | 一部の都道府県を対象 | ８か国・地域<br>（仏領ポリネシア、香港、EU、英国、EFTA(アイスランド、ノルウェー、スイス、リヒテンシュタイン)） |
| 自国での検査強化（上記の国・地域を除く） | | ０か国 |
| 合計 | | 12か国・地域 |

※最近規制撤廃した主な国・地域：イスラエル（R3.1.25）、シンガポール（R3.5.28）、米国（R3.9.22）等
最近規制緩和した主な国・地域：香港（R3.1.1）、仏領ポリネシア（R3.3.17）、EU(R3.10.10)、台湾（R4.2.21）等
※EU27か国と英国は事故後、一体として輸入規制を設けたことから、一地域としてカウントしていたが、EUが規制緩和を公表し、令和３年９月20日よりEUと英国が異なる規制措置を採用することとなったため、英国を分けて計上する。

## 図表6－10　我が国の水産物に対する主な海外の輸入規制の状況（令和4（2022）年3月末現在）

| 国・地域名 | 対象となる都道府県等 | 主な規制内容 |
|---|---|---|
| 中国 | 宮城、福島、茨城、栃木、群馬、埼玉、千葉、東京、新潟、長野（10都県） | 輸入停止 |
| | 上記10都県以外の道府県 | 政府による放射性物質検査証明書及び産地証明書の要求 |
| 台湾 | 日本で品目ごとに出荷制限措置がとられている区域 | 輸入停止 |
| | 岩手、宮城、福島、茨城、栃木、群馬、千葉（7県） | 放射性物質検査証明書及び産地証明書の要求 |
| | 上記以外 | 産地証明書が必要 |
| 香港 | 福島、茨城、栃木、群馬、千葉（5県） | 政府による放射性物質検査証明書の要求 |
| 韓国 | 青森、岩手、宮城、福島、茨城、栃木、群馬、千葉（8県） | 輸入停止 |
| | 北海道、東京、神奈川、愛知、三重、愛媛、熊本、鹿児島（8都道県） | 政府による放射性物質検査証明書の要求 |
| | 上記16都道県以外の府県 | 政府による産地証明書の要求 |
| | 輸入停止8県以外の都道府県 | 上記に加え、韓国側の検査で、少しでもセシウム又はヨウ素が検出された場合にはストロンチウム、プルトニウム等の検査証明書を追加で要求 |
| マカオ | 福島 | 輸入停止 |
| | 宮城、茨城、栃木、群馬、埼玉、千葉、東京、新潟、長野（9都県） | 商工会議所からサイン証明を受けた放射性物質輸入規制に関する申告書が必要 |
| EU | 福島、群馬（2県） | 政府による放射性物質検査証明書の要求（活魚、甲殻類、軟体動物、海藻類及び一部の魚種は除く） |
| | 上記2県以外の都道府県 | 政府による産地証明書の要求（活魚、甲殻類、軟体動物、海藻類及び一部の魚種は除く） |
| 英国 | 福島 | 政府による放射性物質検査証明書の要求（活魚、甲殻類、軟体動物、海藻類及び一部の魚種は除く） |
| | 福島県以外の都道府県 | 政府による産地証明書の要求（活魚、甲殻類、軟体動物、海藻類及び一部の魚種は除く） |

# 水産業・漁村地域の活性化を目指して
## －令和3（2021）年度農林水産祭受賞者事例紹介－

### 天皇杯受賞（水産部門）

**産物（水産加工品）**

**枕崎市漁業協同組合（代表：市田 恵八朗 氏）**

鹿児島県枕崎市は、薩摩半島南岸中央部に位置し、黒潮が育む栄養豊かな海域に集まるカツオをはじめ、青物を中心に多くの魚が漁獲されています。

受賞品である「かつおボニートチップス」は、鹿児島県立鹿児島水産高等学校食品工学科の学生が課題研究授業として、枕崎市漁業協同組合と連携し、発案、包材デザイン、販売方法までプロデュースした商品です。試行錯誤を繰り返した結果、幅広い年代に食べてもらえるよう、いつでも手ごろに利用できる価格の商品開発を目指しました。

(写真提供：鹿児島県)

また、同組合は、地域の取りまとめ役として、水産高校や水産加工業者をはじめとした地域の水産バリューチェーン関係者との連携を主導した結果、地元の遠洋かつお一本釣り漁船で漁獲、船上で急速冷凍、超低温で保管した高鮮度の生食用カツオを使用し、伝統的なかつおぶし製法である燻しの工程を取り入れ、水産高校生の独創的なアイデアを盛り込んだ商品の開発に成功しました。

「かつおボニートチップス」は、スナックやおつまみ、うどんのトッピング等、子供や若い世代をはじめとする幅広い年代向けに開発された、魚離れの歯止めに寄与する商品であり、今後の普及が期待されています。また、本品をプロデュースした水産高校では、入学希望者も増加傾向となっているほか、後輩にノウハウを継承するなど、継続的な好循環も生まれています。

### 内閣総理大臣賞受賞（水産部門）

**技術・ほ場（資源管理・資源増殖）**

**山口県漁業協同組合浮島支店（代表：平野 和生 氏）**

山口県の南東部に位置する周防大島町は、屋代島や浮島等、瀬戸内海に浮かぶ30の島から構成され、漁業が重要な産業となっています。山口県漁業協同組合浮島支店に所属する漁業者は、いわし網漁業、刺し網漁業、小型底びき網漁業等に携わっています。

同支店は、小型底びき網漁業の重要魚種であったナマコの不漁により漁業の経営環境が悪化した事態を打開するため、代替魚種としてアカガイの種苗放流に取り組むこととし、取組を重ねた結果、漁業者の年間の漁獲量及び生産額が向上しました。また、アカガイの放流時期や放流方法の改良、アカガイを捕食する生物の駆除や海洋プラスチックごみの回収等を行うことにより、食害対策を徹底し、アカガイの生育環境を確保するとともに、品質と規格の管理や漁獲後の選別・検査を丁寧に行うことにより、資源管理や付加価値向上を図っています。

これらの取組の結果、アカガイの生産が順調に推移していること等により、後継者の確保につながっており、漁業者の若返りも図られています。

このように、地域に根差した小型底びき網漁業の取組が地域の維持に貢献することを見いだし、資源管理に対する意識改革や後継者確保につなげた本取組は、モデルケースとして他地域にも多くの示唆を与えるものになり得ると評価されています。

(写真提供：山口県漁業協同組合浮島支店)

## 日本農林漁業振興会会長賞（水産部門）

**産物（水産加工品）**

**株式会社髙岡商店（代表：髙岡 陽市朗 氏）**

和歌山県新宮市は、三重県との県境を流れる熊野川の河口に位置し、その沖合は熊野灘と呼ばれ、黒潮に乗って回遊するカツオ、マグロ等の大型回遊魚からアジ、サバ等の小型魚が集まる良質な漁場として古くから知られています。

明治34（1901）年に創業した株式会社髙岡商店は、カツオやマグロの加工を生業とし、「目で見て美味しい、食べて美味しい」をモットーに、地域の消費者や漁業関係者に貢献し続け、和歌山県から100年企業表彰を受けています。

同社は、カツオの焼節の製造において、焙乾技術の中でも最も歴史が古く高度な技術と経験を必要とする「手火山式焙乾法」を採用しています。この製法の特色は、カツオを火の近くで燻蒸させるため、香りが強く、うま味や栄養素を中に閉じ込められることです。受賞品の「鰹の焼節　柚しょうゆ味」の原料には、脂質分の少ないカツオを厳選の上、漁獲後に高濃度食塩水等で急速冷凍して保管した鮮度の良いカツオを使用しています。この高鮮度・高品質のカツオをヤマモモの木を使用して燻蒸加工し、地元の契約農家から厳選した香りの強いゆずで香り付けすることで、他社製品にはない鮮やかなピンク色と独特の香気をまとわせた気品のある商品となっています。

(写真提供：髙岡商店)

新型コロナウイルス感染症拡大の影響により健康食品が注目を集める中、本品は低カロリー高たんぱく質で、9種の必須アミノ酸を全て含む食品であることから、先細りしているなまり節の販売促進に寄与する商品となっています。また、廃棄ロス削減のため、飼料会社にカツオやマグロの残さの回収を委託しており、水産業とSDGsの親和性を検討するに当たり、有用なモデルケースとして評価されています。

第1部

## （参考）水産施策の主なKPI

水産施策の推進に当たっては、重要業績評価指標（KPI：Key Performance Indicator）を設定しています。水産施策の主なKPIとその進捗状況は、以下のとおりです。

| 分野 | KPI | 進捗状況<br>（令和3（2021）年末時点） | KPIが記載された計画等 |
|---|---|---|---|
| 漁業 | 令和12（2030）年度までに、漁獲量を平成22（2010）年と同程度（444万t）まで回復させることを目指す（参考：平成30（2018）年漁獲量331万t）。 | 令和2（2020）年の漁獲量（海藻類及び海産ほ乳類を除く）は、317万tであり、目標の71%。 | みどりの食料システム戦略（令和3（2021）年5月策定）、新たな資源管理の推進に向けたロードマップ（令和2（2020）年9月決定） |
| 養殖業 | 令和32（2050）年までに、ニホンウナギ、クロマグロ等の養殖において人工種苗比率100%を実現することに加え、養魚飼料の全量を配合飼料給餌に転換し、天然資源に負荷をかけない持続可能な養殖体制を目指す。 | 令和元（2019）年の人工種苗比率（ニホンウナギ、クロマグロ、カンパチ、ブリ）は2.8%。<br>令和3（2021）年の配合飼料比率は45%。 | みどりの食料システム戦略 |
| 養殖業 | 戦略的養殖品目について、令和12（2030）年に以下の生産量を目指す。<br>・ブリ類　24万t<br>・マダイ　11万t<br>・クロマグロ　2万t<br>・サケ・マス類　3～4万t<br>・新魚種（ハタ類等）1～2万t<br>・ホタテガイ　21万t<br>（・真珠　令和9（2027）年目標200億円） | 令和2（2020）年の生産量は、以下のとおり（%は目標との比較）。<br>・ブリ類　13.8万t(57%)<br>・マダイ　6.6万t(60%)<br>・クロマグロ　1.9万t(93%)<br>・サケ・マス類(ギンザケのみ)1.7万t<br>・ホタテガイ　14.9万t(71%)<br>（・真珠　128億円(64%)） | 養殖業成長産業化総合戦略（令和2（2020）年7月策定、令和3（2021）年7月改訂） |
| 輸出 | 水産物の輸出額を令和7（2025）年までに0.6兆円、令和12（2030）年までに1.2兆円とすることを目指す。<br>（うち令和12（2030）年の輸出重点品目<br>・ブリ類　1,600億円<br>・マダイ　600億円<br>・ホタテガイ　1,150億円<br>・真珠　472億円） | 令和3（2021）年の水産物輸出額は、3,015億円であり、令和12（2030）年の目標の25%。 | 食料・農業・農村基本計画（令和2（2020）年3月閣議決定）及び経済財政運営と改革の基本方針2020・成長戦略フォローアップ（令和2（2020）年7月閣議決定）における農林水産物・食品の輸出額目標の内数、養殖業成長産業化戦略 |
| 水産業全体 | 令和14（2032）年度の水産物の自給率は、以下を目標とする。<br>・食用魚介類　94%<br>・魚介類全体　76%<br>・海藻類　72% | 令和2（2020）年度の水産物の自給率は、以下のとおり。<br>・食用魚介類　57%<br>・魚介類全体　55%<br>・海藻類　70% | 水産基本計画（令和4（2022）年3月閣議決定） |
| 水産業全体 | 令和22（2040）年までに、漁船の電化・燃料電池化等に関する技術の確立を目指す。 | 技術の確立に向けて、水素燃料電池を使用する漁船の実証を計画。 | みどりの食料システム戦略 |

参考

# 第2部

# 令和3年度　水産施策

鳳翔丸

# 令和３年度に講じた施策

## 概説

### 1　施策の重点

我が国の水産業は、国民に対して水産物を安定的に供給するとともに、漁村地域の経済活動や国土強靱（きょうじん）化の基礎をなし、その維持発展に寄与するという極めて重要な役割を担っています。しかし、水産資源の減少によって漁業・養殖業生産量は長期的な減少傾向にあり、漁業者数も減少しているという課題を抱えています。

こうした水産業をめぐる状況の変化に対応するため、「水産基本計画」（平成29（2017）年４月28日閣議決定）及び「農林水産業・地域の活力創造プラン」（平成30（2018）年６月１日改訂。農林水産業・地域の活力創造本部決定。）に盛り込んだ「水産政策の改革」に基づき、水産資源の適切な管理と水産業の成長産業化を両立させ、漁業者の所得向上を図り、将来を担う若者にとって漁業を魅力ある産業とする施策を講じました。その一環として令和２（2020）年に施行された「漁業法等の一部を改正する等の法律」（平成30（2018）年法律第95号）の着実な実施を進めているところです。

さらに、水産動植物等の国内流通及び輸出入の適正化を図るため、令和２（2020）年12月11日に公布された「特定水産動植物等の国内流通の適正化等に関する法律」（令和２（2020）年法律第79号。以下、「水産流通適正化法」という。）の円滑な施行に向け、対象魚種や加工品の範囲等、制度内容の検討を進めるとともに、国内外の関係者に向けた説明会等を通じて制度の周知・普及に努めました。

加えて、ICTを活用した適切な資源評価・管理、生産活動の省力化、漁獲物の高付加価値化等を図るため、スマート水産業の社会実装に向けた取組を進めました。

また、気候変動等の環境問題などに対応し、水産業の生産力向上と持続性の両立をイノベーションで実現するため、令和３（2021）年５月に策定された「みどりの食料システム戦略」に沿って各施策を推進しました。

さらに、新型コロナウイルス感染症の影響の緩和のため、国産水産物の販売促進・販路の多角化等を図るとともに、人手不足となった漁業・水産加工業で作業経験者等の人材を雇用する場合の掛かり増し経費や外国人船員の継続雇用のための経費の補助、積立ぷらすによる魚価の下落等に伴う漁業者の収入減少の補てん等の対応を行いました。

### 2　財政措置

水産施策を実施するために必要な関係予算の確保とその効率的な執行を図ることとし、令和３（2021）年度水産関係当初予算として、1,928億円を計上しました。また、令和３（2021）年度補正予算において1,272億円を計上しました。

### 3　税制上の措置

軽油引取税については、課税免除の特例措置の適用期限を３年延長するとともに、登録免許税については、漁業信用基金協会等が受ける抵当権の設定登記等の税率の軽減措置の適用期限を２年延長し、不動産取得税については、漁業協同組合等が一定の貸付けを受けて共同利用施設を取得した場合の課税標準の特例措置の適用期限を２年延長するなど所要の税制上の措置を講じました。

### 4　金融上の措置

水産施策の総合的な推進を図るため、地

域の水産業を支える役割を果たす漁協系統金融機関及び株式会社日本政策金融公庫による制度資金等について、所要の金融上の措置を講じました。

また、都道府県による沿岸漁業改善資金の貸付けを促進し、省エネルギー性能に優れた漁業用機器の導入等を支援しました。

さらに、新型コロナウイルス感染症の影響を受けた漁業者の資金繰りに支障が生じないよう、農林漁業セーフティーネット資金等の実質無利子・無担保化等の措置を講じるとともに、新型コロナウイルス感染症の影響による売上減少が発生した水産加工業者に対しては、セーフティーネット保証等の中小企業対策等の枠組みの活用も含め、ワンストップ窓口等を通じて周知を図りました。

### 5　政策評価

効果的かつ効率的な行政の推進及び行政の説明責任の徹底を図る観点から、「行政機関が行う政策の評価に関する法律」（平成13（2001）年法律第86号）に基づき、農林水産省政策評価基本計画（５年間計画）及び毎年度定める農林水産省政策評価実施計画により、事前評価（政策を決定する前に行う政策評価）及び事後評価（政策を決定した後に行う政策評価）を推進しました。

## Ⅰ　漁業の成長産業化に向けた水産資源管理

### 1　国内の資源管理の高度化

#### （1）適切な資源管理システムの基礎となる資源評価の精度向上と理解の醸成

##### ア　資源評価の精度向上と対象種の拡大

水揚情報の収集、調査船による調査、海洋環境と資源変動の関係解明、操業・漁場環境情報の収集等の資源調査を実施するとともに、資源評価の精度向上を図るため、人工衛星を用いた海水温や操業状況の解析、新たな観測機器を用いた調査等により情報収集体制の強化に取り組みました。

資源調査の結果に基づき、資源量や漁獲の強さ等の評価を行うとともに、資源管理目標の案や目標とする資源水準までのプロセスを定める漁獲シナリオの案を提示しました。

資源評価対象種の拡大に向けては、関係都道府県との連携を強化しつつ、200種程度について資源調査を実施しました。

併せて、漁業協同組合（以下「漁協」という。）・産地市場から電子的に水揚情報を収集するための体制整備を進めました。

加えて、生産から流通にわたる多様な場面で得られたデータの連携により、資源評価・管理を推進するとともに操業支援等にも資する取組を推進しました。

さらに、データの利活用を適切かつ円滑に行うことを可能とするため、データポリシーの確立やデータの標準化に向けた検討を進めました。

##### イ　水産資源研究センターによる資源評価の実施と情報提供

国立研究開発法人水産研究・教育機構に設置された水産資源研究センターにおいて、独立性・透明性・客観性・効率性を伴う資源評価を実施するとともに、漁業関係者のみならず消費者も含めた国民全般が資源状況と資源評価結果等について共通の認識を持てるよう、これらの情報を理解しやすい形で公表しました。

#### （2）数量管理の推進

「漁業法等の一部を改正する等の法律」第１条に基づく改正後の漁業法（以下「改正漁業法」という。）の下、MSY（持続的に採捕可能な最大の漁獲量）を目標として資源を管理し、管理手法はTAC（漁獲可能量）を基本とする新たな資源管理システムに移行することとしました。

令和２（2020）年９月に公表した、科学的な資源調査・評価の充実、資源評価に基づく漁獲可能量による管理の推進等の具体的な行程を示したロードマップに基づき、漁業者をはじめとする関係者の理解と協力を得るために、主要な漁業地域・漁業種類をカバーする現地説明会を実施しました。

また、令和３（2021）年３月にTAC魚種拡大に向けたスケジュールを示すとともに、現場の漁業者を含む関係者の意見を十分に聴き必要な意見交換を行うため、水産政策審議会資源管理分科会の下に資源管理手法検討部会を設置しました。資源評価結果が公表された後、順次この部会での議論を開始し、令和５（2023）年度までには、漁獲量の８割をTAC管理とすることを目指し、TAC魚種の拡大に向けて検討を進めました。

IQ（漁獲割当て）方式については、TAC対象魚種を主な漁獲対象とする大臣許可漁業において、準備が整ったものから順次、改正漁業法に基づくIQによる管理に移行し、令和５（2023）年度までにTAC魚種を主な漁獲対象魚種としている大臣許可漁業には、原則IQ管理を導入すべく検討を進めました。

なお、これらの推進に当たっては、水揚地において漁獲量を的確に把握する体制整備を検討しました。

大半の漁獲物がIQの対象となった漁業については、既存の漁業秩序への影響も勘案しつつ、その他の方法による資源管理措置を確保した上で、漁船の規模に係る規制を定めないこととしました。

このほか、漁業許可等による漁獲努力量規制、禁漁期及び禁漁区等の設定を行うほか、都道府県、海区漁業調整委員会及び内水面漁場管理委員会が実施する沿岸・内水面漁業の調整について助言・支援を行いました。

### （３）自主的な資源管理を資源管理協定に移行

資源管理指針・計画に基づいて実施されていた漁業者自身による自主的な資源管理については、科学的知見に基づく資源管理措置の検討や資源管理計画の評価・検証等、資源管理の高度化を推進するとともに、令和５（2023）年度までに、改正漁業法に基づく資源管理協定へと順次移行すべく検討を進めました。

### （４）密漁対策の強化

改正漁業法により罰則が強化された特定水産動植物に指定されたアワビ、ナマコ等をはじめ沿岸域の水産資源の密漁については、都道府県、警察、海上保安庁及び流通関係者を含めた関係機関との緊密な連携等を図るとともに、密漁品の市場流通や輸出からの排除に努めるなどの対策を実施しました。

## ２　国際的な資源管理の推進

### （１）公海域等における資源管理の推進

① クロマグロ、カツオ、マサバ及びサンマをはじめとする資源の管理の推進について、魚種ごとに最適な管理がなされるよう、各地域漁業管理機関において、議論を主導するとともに、IUU（違法、無報告、無規制）漁業対策を強化するため、関係国等との連携・協力、資源調査の拡充・強化による適切な資源評価等を推進しました。

② 太平洋クロマグロについては、都道府県及び関係団体と協力してWCPFC（中西部太平洋まぐろ類委員会）で採択された30kg未満の小型魚に係る漁獲量の削減措置及び30kg以上の大型魚に係る漁獲量の抑制措置等を遵守しつ

つ、WCPFCにおいて漁獲上限の緩和に向けた取組を進め、大型魚の漁獲上限の15％増加等が合意されました。

③　ウナギについては、関係国・地域と共に養殖用種苗の池入れ数量制限に取り組むとともに、法的拘束力のある国際的な枠組みの作成を目指すべく検討しました。

（２）太平洋島しょ国水域での漁場確保

我が国かつお・まぐろ漁船にとって重要漁場である太平洋島しょ国水域への安定的な入漁を確保するため、二国間漁業協議等を通じて我が国漁業の海外漁場の確保を図りました。

（３）我が国周辺国等との間の資源管理の推進

我が国の周辺水域における適切な資源管理等を推進するため、ロシアとの政府間協定に基づく漁業交渉を行いました。また、韓国及び中国との間では政府間の働きかけを実施するとともに、台湾との間では民間協議を支援しました。

（４）捕鯨政策の推進

商業捕鯨が再開されたひげ鯨類については、IWC（国際捕鯨委員会）で採択された方式に沿って算出された捕獲可能量の範囲内で捕獲枠を設定するとともに、漁場の探査や捕獲・解体技術の確立等について必要な支援を行いました。

また、非致死的調査等により、鯨類の資源管理に必要な科学的情報を収集するとともに、IWC等へのオブザーバー参加、IWCとの共同調査を実施するなど、IWC脱退後も引き続き国際機関と連携しながら、科学的知見に基づく鯨類の資源管理に取り組みました。

さらに、食文化の観点も含め、鯨食普及に向けた取組を支援するとともに、我が国の鯨類の持続的な利用に関する考え方について国内外に向け情報発信を行いました。

（５）海外漁業協力等の推進

国際的な資源管理の推進及び我が国漁業者の安定的な入漁を確保するため、我が国漁業者にとって重要な海外漁場である太平洋島しょ国を中心に海外漁業協力を戦略的かつ効率的に実施しました。また、入漁国の制度等を踏まえた多様な方式での入漁、国際機関を通じた広域的な協力関係の構築等を推進しました。

## ３　漁業取締体制の強化

資源管理の効果を上げるためには、資源管理のルールの遵守を担保することが必要であり、我が国周辺水域における安定的な操業秩序を確保するため、違法外国漁船等の対策を図りました。令和３（2021）年度は、新たに２隻（１隻は2,000トン級を増隻、１隻は499トンから900トン級に大型化）の大型漁業取締船を竣工させ、取締能力を強化するとともに、漁業監督官の実務研修等による能力向上を図りました。

また、限られた取締勢力を有効活用していくために、VMS（衛星船位測定送信機）の活用や衛星情報等の漁業取締りへの積極的活用、さらには、水産庁や海上保安庁等関係省庁間の連携の下、重点的・効率的な取締りを図りました。

さらに、沖縄県糸満漁港に漁業取締船が係留できる岸壁の整備を進めました。

## ４　適切な資源管理等に取り組む漁業者の経営安定に資する収入安定対策

記録的不漁や自然災害が多発する中で、計画的に資源管理等に取り組む漁業者に対して、漁業者が拠出した積立金を国費により補てんする積立ぷらすと不慮の事故によって受ける損失を補償する漁業共済により漁業者の経営安定を図りました。

また、新型コロナウイルス感染症の影響による魚価の下落等に伴う漁業者の収入減少を補てんする積立ぷらすの漁業者の自己積立金の仮払い及び契約時の積立猶予の措置を講じました。

### 5　漁場環境の保全及び生態系の維持

#### （1）藻場・干潟等の保全・創造

①　漁場の生物相の変化等に対応して漁場の管理や整備事業の在り方を適切に見直していく順応的管理手法を取り入れた水産環境整備を推進しました。また、我が国排他的経済水域における水産資源の増大を図るため、保護育成礁やマウンド礁の整備を行うフロンティア漁場整備事業を実施しました。

②　実効性のある効率的な藻場・干潟の保全・創造を推進するための基本的考え方を示した藻場・干潟ビジョンに基づき、広域的な観点からハード・ソフトを組み合わせた対策を推進するとともに、漁業者や地域の住民等が行う藻場･干潟等の保全活動を支援しました。

③　磯焼け等により効用の低下が著しい漁場においては、藻場･干潟等の保全･創造と併せて、ウニ・アイゴ等の食害生物の駆除や海藻類の移植・増殖に対して支援を行うとともに、サンゴに関しては、厳しい環境条件下におけるサンゴ礁の面的保全・回復技術の開発に取り組みました。

#### （2）生物多様性に配慮した漁業の推進

海洋の生態系を維持しつつ、持続的な漁業を行うため、各地域漁業管理機関において、サメ類の資源状況及び漁獲状況の把握、完全利用の推進並びに保存管理の推進を行いました。

また、海域ごとの実態を踏まえたはえ縄漁業の海鳥混獲回避措置の評価及び改善を行ったほか、はえ縄漁業等におけるウミガメの混獲の実態把握及び回避技術の普及に努めました。

#### （3）野生生物や赤潮等による漁業被害

①　野生生物による漁業被害を軽減するため国と地方公共団体との役割分担を踏まえつつ、トドによる漁業被害軽減技術の開発・実証、大型クラゲのモニタリング調査、野生生物の出現状況・生態の把握及び漁業関係者等への情報提供、野生生物の駆除・処理及び改良漁具の導入等への支援を行いました。

②　沿岸漁業・養殖業に被害をもたらす赤潮・貧酸素水塊については、発生予察手法や防除技術等の開発を進めました。また、赤潮・貧酸素水塊を早期かつ的確に把握するため、自動観測装置をネットワーク化し広域な海域に対応したシステムの開発を支援しました。さらに、北海道太平洋沿岸において令和３（2021）年９月中旬から発生した赤潮について、北海道や研究機関等と連携し、調査や漁場回復の取組を支援しました。

③　漁業生産力の低下が懸念される海域における栄養塩と水産資源の関係の定量的な解明及び適正な栄養塩管理モデルの構築に必要な調査を推進しました。

さらに、冬季のノリの色落ち被害を防止するために必要な栄養塩を確保する漁場環境改善等の技術開発を支援しました。

#### （4）海洋プラスチックごみ問題対策の推進

漁業・養殖業用プラスチック資材について、環境に配慮した素材を用いた漁具開発等の支援や、リサイクルしやすい漁具の検討を行いました。また、漁業系廃棄物計画的処理推進指針を踏まえた廃棄物の適正処理及び削減方策の検討・普及を推進しまし

た。さらに、マイクロプラスチックを摂食した魚介類の生態的情報の調査を行いました。

（5）産卵場の保護や資源回復手段としての海洋保護区の積極的活用

海洋保護区は漁業資源の持続的利用に資する管理措置の一つであり、漁業者の自主的な管理によって生物多様性を保存しながら資源を持続的に利用していくような海域も効果的な保護区となり得るという基本認識の下、海洋保護区の適切な設定等を推進しました。

（6）気候変動の影響への適応

海洋環境調査を活用し、海洋環境の変動が水産資源に与える影響の把握に努めることにより、資源管理の基礎となる資源評価や漁場予測の精度向上を図りました。

また、不漁等が続くサンマ等について、資源評価の精度向上及び不漁要因等の解明のための調査を実施しました。

## Ⅱ　漁業者の所得向上に資する流通構造の改革

### 1　競争力ある流通構造の確立

世界の水産物需要が高まる中で、我が国漁業の成長産業化を図るためには、輸出を視野に入れて、品質面・コスト面等で競争力ある流通構造を確立する必要があることから、以下の流通改革を進めました。

（1）産地卸売市場を含めた加工・流通構造の改革

① 漁業者の所得向上に資するとともに、消費者ニーズに応えた水産物の供給を進めるため、品質・衛生管理の強化、産地市場の統合・重点化、新たな販路の拡大、トレーサビリティの充実等を推進し、これらとの関係で、漁港機能の再編・集約化や水揚漁港の重点化を進めました。

② 令和２（2020）年12月11日に公布された水産流通適正化法の円滑な施行に向け、対象魚種や加工品の範囲等、制度内容の検討を進めるとともに、国内外の関係者に向けた説明会等を通じて制度の周知・普及に努めました。

（2）取引状況の把握とそれに基づく指導・助言等の実施

① 食品等の取引の適正化のため、取引状況に関する調査の結果を基に、関係事業者に対する指導・助言を実施しました。

② 全国の主要漁港における主要品目の水揚量、卸売価格、用途別出荷量や、水産物の在庫量等の動向に関する情報の収集・発信を行いました。

（3）新たな取組への支援の実施

① 生産者・流通業者・加工業者等が連携して水産バリューチェーンの生産性の向上に取り組む場合に連携体制の構築や取組の効果の実証を支援しました。

② 「水産加工業施設改良資金融通臨時措置法」（昭和52（1977）年法律第93号）に基づき、水産加工業者が行う新製品の開発や新技術の導入に向けた施設の改良等に必要な資金を融通する措置を講じました。

## 2　加工・流通・消費・輸出に関する施策の展開

### （1）加工・流通・消費に関する施策の展開

#### ア　漁業とともに車の両輪である水産加工業の振興

①　個々の加工業者だけでは解決困難な課題に対処するため、産地の水産加工業の中核的人材育成に必要な専門家の派遣、研修会の開催等を支援しました。また、関係機関や異業種と連携して課題解決に取り組むための計画の作成のほか、計画を実行するための取組について支援しました。

②　関係道府県に設置された水産加工業者向けワンストップ窓口等を通じて、水産施策や中小企業施策等の各種支援策等が水産加工業者に有効に活用されるよう、適切に周知しました。

③　水産物の安全性に関する情報を分かりやすく紹介したWebサイトの運営や水産物を含む食品の安全に関する情報のメールマガジンによる配信等、インターネットを活用した情報提供の充実を図りました。

④　食品表示に関して、「食品表示法」（平成25（2013）年法律第70号）に基づき、立入検査、産地判別等への科学的な分析手法の活用等により、効果的・効率的な監視を実施しました。

また、平成29（2017）年９月から開始した、食品表示基準に基づく新たな加工食品の原料原産地表示制度については、令和４（2022）年４月からの完全施行に向けて、消費者、事業者等への普及啓発を行い、理解促進を図りました。

⑤　漁業生産の安定・拡大、冷凍・冷蔵施設の整備、水揚集中時の調整保管による供給平準化等を通じ、加工原料の安定供給を図りました。

#### イ　多様な消費者ニーズ等に応じた水産物の供給の取組

①　国産水産物の流通・輸出の促進と消費拡大を図るため、水産加工業者等向けの現地指導や加工原料を新たな魚種に転換する取組、単独では解決が困難な課題に連携して対処する取組、輸出を促進する取組に必要な加工機器等の導入等を支援しました。

②　漁業者・漁業者団体が自ら取り組む６次産業化や、漁業者が水産加工・流通業者等と連携して行う農商工連携等の取組について支援しました。

③　新型コロナウイルス感染症の影響を受ける魚種について、漁業者団体等が一時的に過剰供給分を保管する際の取組を支援しました。また、インバウンドの減少や輸出の停滞等により、在庫の停滞及び価格の低下が生じている国産水産物等について、業界団体等が行う販売促進の取組を支援しました。

④　新型コロナウイルス感染症の感染拡大を契機とした「新しい生活様式」による消費者の内食需要に対応するため、水産物の安全・安心・簡便な提供を定着させるための取組を支援しました。

#### ウ　加工・流通・消費の各段階での魚食普及の推進への取組

①　国産水産物の魅力等の情報発信をするための全国規模の展示･発表会や水産物の知識や取扱方法等を伝えるため広域的な研修会等の開催を支援しました。

②　魚食普及に取り組む者や学校給食関係者等向けに国産水産物の利用を促進するためのノウハウを提供する広域的セミナー等の開催を支援しました。また、官民の関係者が一体となって消費拡大に取り組む「魚の国のしあわせ」

プロジェクトを推進するとともに、地産地消等の各地域のニーズに応じた水産物の供給のため、地域の学校や観光分野（郷土料理、漁業体験、漁家民宿など）等とも連携を図りました。

③　農林水産省本省や地方農政局等における「消費者の部屋」において、消費者からの農林水産業や食生活に関する相談を受けるとともに、消費者への情報提供を通じて、水産行政に対する消費者の理解を促進しました。

エ　水産エコラベルの推進

国際水準として承認された水産エコラベルを活用して国産水産物の消費拡大を図るため、国内外の認知度の向上や認証取得の促進に向けた取組を推進しました。

（2）我が国水産物の輸出促進施策の展開

ア　国内生産体制の整備の取組

①　安定した養殖生産の確保や適切な資源管理等により輸出に対応できる国内生産体制の整備を行いました。

②　輸出拡大が見込まれる大規模な拠点漁港において、一貫した衛生管理の下、集出荷に必要な岸壁、荷さばき所、冷凍・冷蔵施設、製氷施設等の一体的な整備を推進しました。

イ　海外市場の拡大のための取組

海外市場の拡大を図るため、早期の成果が見込める販売促進活動等を支援しました。

農林水産物・食品のブランディングやプロモーション等を行う組織として平成29(2017)年度に創設された日本食品海外プロモーションセンター（JFOODO）と連携した取組を行いました。

ウ　輸出先国・地域の規則・ニーズに応じた輸出環境の整備に向けた取組

①「農林水産物及び食品の輸出の促進に関する法律」（令和元（2019）年法律第57号）に基づき設置された農林水産物・食品輸出本部の下、輸出先国に対する輸入規制等の緩和・撤廃に向けた協議、輸出証明書発行や施設認定等の輸出を円滑化するための環境整備、輸出に取り組む事業者の支援等を実施しました。

②　対EU・対米国輸出施設の認定等を促進するため、研修会の開催や専門家による現地指導への支援、生産海域等のモニタリングへの支援を行いました。また、農林水産省による水産加工施設等の対EU・対米国輸出施設の認定により、認定施設数の増加を図りました。

③　輸出先国・地域に対し、検疫や通関等に際し、輸出の阻害要因となっている事項について必要な改善を要請・折衝するほか、輸出先国・地域の規制等に対応するための水産加工・流通施設の改修等の支援に取り組みました。

④　輸出先国・地域における輸入規制の緩和・撤廃に必要な魚類の疾病に関する科学的データの調査・分析や、輸出先国・地域で使用が認められていない動物用医薬品を使用し、生産した水産物の輸出が可能となるよう、輸出先国・地域に対して行う同医薬品の基準値設定の申請に必要な試験等を実施しました。

（3）水産物貿易交渉への取組

①　WTO(世界貿易機関）交渉に当たり、我が国は、水産物のように適切な管理を行わなければ枯渇する有限天然資源については、適切な保存管理を通じた資源の持続的利用に貢献する貿易

第2部

のルールを確立すべきとの考えです。漁業補助金の規律については、真に過剰漁獲能力又は過剰漁獲につながる補助金に限定して禁止すべきであると主張するなど、我が国の主張が最大限反映されるよう努めました。

② EPA(経済連携協定)及びFTA(自由貿易協定)等については、幅広い国・地域と戦略的かつ多角的に交渉を進めました。

③ EPA交渉等の場において輸出拡大が期待される品目の市場アクセスの改善を求めていくとともに、GI(地理的表示)保護制度を導入している国との間で相互保護を進め、日本産農林水産物等のブランドの保護を図ることにより、我が国の事業者が積極的に輸出に取り組める環境を整備しました。



## Ⅲ 担い手の確保や投資の充実のための環境整備

### 1 浜の活力再生プランの着実な実施とそれに伴う人材の育成

#### （1）浜の活力再生プラン・浜の活力再生広域プラン

水産業や漁村地域の再生を図るため、各浜が実情に即した形で漁業収入の向上とコスト削減を目指す具体的な行動計画である「浜の活力再生プラン」（以下「浜プラン」という。）及び「浜の活力再生広域プラン」（以下「広域浜プラン」という。）に基づく取組を推進しました。

具体的には、浜プランに基づく共同利用施設の整備、水産資源の管理・維持・増大、漁港・漁場の機能高度化や防災・減災対策等といった取組を支援するとともに、広域浜プランに基づき、中核的漁業者として位置付けられた者の競争力強化のためのリース方式による漁船の導入等を支援しました。

#### （2）国際競争力のある漁業経営体の育成とこれを担う人材の確保

持続可能な収益性の高い操業体制への転換を進め、国際競争力を強化していくことが重要な課題となっていることから、このような取組を実施する者については、今後の漁業生産を担っていく主体として重点的に経営への支援を行いました。また、漁業収入安定対策に加入する担い手が、漁業生産の大宗を担い、多様化する消費者ニーズに即し、安定的に水産物を供給し得る漁業構造の達成を目指しました。

#### （3）新規就業者の育成・確保

① 就職氷河期世代を含む新規漁業就業者を育成・確保し、年齢構成のバランスのとれた就業構造を確立するため、通信教育等を通じたリカレント教育の受講を支援するとともに、道府県等の漁業学校等で漁業への就業に必要な知識の習得を行う者に対して資金を交付しました。

② 全国各地の漁業の就業情報を提供し、希望者が漁業に就業するための基礎知識を学ぶことができる就業準備講習会や、希望者と漁業の担い手を求める漁協・漁業者とのマッチングを図るための就業相談会を開催しました。

③ また、漁業に就業する者に対して、漁業現場における最長3年間の長期研修の実施を支援するとともに、就業後も含めて、収益力向上のための経営管理の知識の習得等を支援しました。

④ 全国の地方運輸局において、若年労働力の確保のため、新規学卒者に対する求人・求職開拓を積極的に行ったほか、船員求人情報ネットワークの活用や海技者セミナーの開催により、雇用機会の拡大を図りました。

### （4）漁業経営安定対策の推進

計画的に資源管理に取り組む漁業者や漁場環境の改善に取り組む養殖業者の経営の安定を図るため、自然条件等による不漁時等の収入減少を補てんする漁業収入安定対策及び燃油や配合飼料の価格高騰に対応するセーフティーネット対策を実施しました。

### （5）海技士等の人材の育成・確保

漁船漁業の乗組員不足に対応するため、水産高校等の関係機関と連携して、計画的・安定的な人員採用を行うなど、継続的な乗組員の確保に努めました。

特に漁船員の海技免状保持者の不足が深刻化していることを踏まえ、関係府省庁が連携し、6か月間の乗船実習を含むコースを履修することで卒業時に海技試験の受験資格が取得でき、口述試験を経て海技資格を取得できる新たな仕組みについてその実践を支援しました。

### （6）水産教育の充実

国立研究開発法人水産研究・教育機構水産大学校において、水産業を担う人材の育成のための水産に関する学理・技術の教授及びこれらに関連する研究を推進しました。

大学における水産学に関する教育研究環境の充実を推進する一方、水産高校等については、地域の水産業界との連携を通じて、将来の地域の水産業を担う専門的職業人の育成を推進しました。

沿岸漁業や養殖業の操業の現場においては、水産業普及指導員を通じた沿岸漁業の意欲ある担い手に対する経営指導等により、漁業技術及び経営管理能力の向上を図るための自発的な取組を促進しました。

### （7）外国人技能実習制度の運用

漁業技能実習事業協議会を適切に運営するなどにより、開発途上地域等への技能等の移転による国際協力の推進を目的として実施されている漁業・養殖業・水産加工業における技能実習の適正化に努めました。

また、新型コロナウイルスの感染拡大に伴い、外国人の入国制限措置等の影響を受けた漁業・水産加工業で作業経験者等の人材を雇用する場合の掛かり増し経費や外国人船員の継続雇用のための経費等について支援しました。

### （8）外国人材の受入れ

漁業、養殖業及び水産加工業の維持発展を図るために、人手不足の状況変化を把握しつつ、一定の専門性・技能を有し即戦力となる外国人（特定技能1号）の適正な受入れを進めるとともに、漁業・水産加工製造活動やコミュニティ活動の核となっている漁協・水産加工業協同組合等が、外国人材を地域社会に円滑に受け入れ、共生を図るために行う環境整備を支援しました。

### （9）水産業における女性の参画の促進

「第5次男女共同参画基本計画～すべての女性が輝く令和の社会へ～」（令和2（2020）年12月25日閣議決定）及び改正された「水産業協同組合法」（昭和23（1948）年法律第242号）に基づき、漁協系統組織における女性役員の登用ゼロからの脱却に向けた普及啓発等の取組を推進しました。

また、漁村地域における女性の活躍を促進するため、漁村の女性等が中心となって取り組む特産品の加工開発、直売所や食堂の経営等をはじめとした意欲的な実践活動を支援するとともに、実践活動に必要な知識・技術等を習得するための研修会や優良事例の成果報告会の開催等を支援しました。

さらに、漁業・水産業の現場で活躍する女性の知恵と民間企業の技術、ノウハウ、アイデア等を結び付け、新たな商品やサービス開発等を行う「海の宝！水産女子の元気プロジェクト」の活動を推進しました。

## 2　持続的な漁業・養殖業のための環境づくり

（1）漁船漁業の構造改革

① 漁船の高船齢化による生産性等の低下や、メンテナンス経費の増大に加え、居住環境等が問題となっており、高性能化・大型化による居住環境の改善や安全性の向上等が必要となっています。造船事業者の供給能力が限られている現状も踏まえ、今後、高船齢船の代船を計画的に進めていくため、漁業者団体による代船のための長期的な計画の策定・実施を支援しました。

② 漁船を含む船舶の居住環境の改善に資する高速通信（高速インターネットや大容量データ通信等）の整備について、関係府省庁が連携して情報交換を行い、高速通信の効率的な普及に向けた取組を検討しました。

（2）沿岸漁業

沿岸漁業については、浜プランによる所得向上の取組や、複数の漁村地域が連携し広域的に浜の機能再編や水産関係施設の再編整備、中核的担い手の育成に取り組むための広域浜プランの取組を支援しました。

また、離島漁業再生支援交付金や水産多面的機能発揮対策交付金等による支援を実施するとともに、漁村地域が有する豊富な観光資源等の活用や、マーケットインによる販路拡大、交流活動の活発化といった取組を推進しました。

「水産政策の改革」により、持続的な漁業の実現のため新たな資源管理を導入することを踏まえ、収益性の向上と適切な資源管理を両立させる浜の構造改革に取り組む漁業者に対し、その取組に必要な漁船・漁具等のリース方式による導入を支援しました。

（3）沖合漁業

沖合漁業については、合理的・効率的な操業体制への移行等、漁船漁業の構造改革を推進するとともに、資源変動に対応した操業・水揚体制及び漁業許可制度を検討しました。

（4）遠洋漁業

遠洋漁業については、国際機関における資源管理においてリーダーシップを発揮し、公海域における資源の持続的利用の確保を図るとともに、海外漁業協力等の推進や入漁国の制度等を踏まえた多様な方式での入漁等を通じ海外漁場での安定的な操業の確保を推進しました。

また、新たな操業・生産体制の導入、収益向上、コスト削減及びVD(隻日数）の有効活用により、競争力強化を目指した漁船漁業の構造改革を推進しました。

さらに、乗組員の安定的な確保・育成に向けて、漁業団体、労働組織等の間での協議を推進しました。

（5）養殖業

ア　養殖業発展のための環境整備

国内外の需要を見据えて戦略的養殖品目を設定するとともに、生産から販売・輸出に至る総合戦略に基づき、養殖業の振興に本格的に取り組みました。

イ　漁場環境や天然資源への負担の少ない養殖

「持続的養殖生産確保法」（平成11（1999）年法律第51号）に基づき策定する漁場改善計画において設定された適正養殖可能数量を遵守して養殖を行う場合には、漁業収入安定対策の対象とすることにより、適正な養殖による漁場環境への負担の軽減と養殖業者の収入の安定等を図りました。

また、天然資源の保存に配慮した安定

的な養殖生産を実現するため、主に天然種苗を利用しているブリ、クロマグロ等について人工種苗の生産技術の開発や人工種苗への転換を促進しました。

ウ　安定的かつ収益性の高い経営の推進

養殖経営の安定を図るため、配合飼料の価格高騰対策や生餌の安定供給対策を適切に実施するとともに、魚の成長や消化吸収特性にあった配合飼料の開発及び配合飼料原料の多様化を推進しました。

また、消費者ニーズの高い養殖魚種の生産、養殖生産の多様化、優れた耐病性や高成長等の望ましい形質を持った人工種苗の導入等により、養殖生産効率の底上げを図り、収益性を重視した養殖生産体制の導入を図りました。

エ　安全・安心な養殖生産物の安定供給及び疾病対策の推進

① 水産用医薬品の適正使用の確保を図り、養殖衛生管理技術者の養成等を行うとともに、養殖水産動物の衛生管理の取組を支援しました。また、養殖魚の食の安全を確保しつつ、魚病対策を迅速化するため、「かかりつけ獣医師」等による遠隔診療の活用促進や現場におけるニーズを踏まえた水産用医薬品等の研究・開発を支援しました。

② 貝毒原因プランクトンの監視体制の整備に対する指導・支援を行うとともに、貝毒やノロウイルスのリスク管理に関する研究を行いました。

また、有害化学物質等の汚染状況を把握するため、ダイオキシン類、メチル水銀、鉛、カドミウム、ノロウイルス等について汚染実態調査を実施しました。

③ 病原体が不明な4疾病（マダイの不明病、ウナギの板状出血症、ニジマスの通称ラッシュ、アユの通称ボケ病）の診断法と防除法の開発、国内に常在する2疾病（海産養殖魚のマダイイリドウイルス病、マス類の伝染性造血器壊死症）の新たな清浄性管理手法の確立に資する養殖管理技術の開発を推進しました。

オ　真珠養殖及び関連産業の振興

「真珠の振興に関する法律」（平成28（2016）年法律第74号）に基づき、幅広い関係業界や研究機関による連携の下、宝飾品のニーズを踏まえた養殖生産、養殖関係技術者の養成及び研究開発等を推進しました。

また、新型コロナウイルス感染症の影響により入札会が中止となったことを受けて生じた保管経費等を支援しました。

（6）内水面漁業・養殖業

「内水面漁業の振興に関する法律」（平成26（2014）年法律第103号）第9条第1項に定める内水面漁業の振興に関する基本的な方針に基づき、各種の施策を推進しました。

ア　内水面漁場の確保と内水面水産資源の増大

① 内水面漁場が有する釣り場機能や多面的機能が将来にわたって適切かつ有効に活用されるよう、内水面漁協等が行うICTの導入等による持続的管理等の手法の検討・実施を支援しました。

② 近年特に被害が広域化・深刻化しているカワウについて、「カワウ被害対策強化の考え方」（平成26（2014）年4月23日環境省・農林水産省公表）に掲げる被害を与えるカワウの個体数を令和5（2023）年度までに半減させる目標の早期達成に向けた取組を推進しました。

③ 外来魚について、効率的な防除手法の技術開発を進めるとともに、電気

ショッカーボート等による防除対策を推進しました。

④　内水面水産資源の増殖技術の研究開発を推進するとともに、得られた成果の普及を図りました。また、浜プラン等の策定及びそれらに基づく内水面水産資源の種苗生産施設等の整備を推進しました。

⑤　水産動植物の生態に配慮した石倉増殖礁の設置や魚道の設置・改良、水田と河川との連続性に配慮した農業水路等の整備、さらに、それらの適切な維持管理を推進しました。また、河川が本来有している生物の生息・生育・繁殖環境等を創出することを全ての川づくりの基本として河川管理を行いました。これらの施策の実施に当たっては、各施策の効果を高められるよう関係者間の情報共有や活動の連携を図りました。

⑥　内水面漁業の有する多面的機能が将来にわたって適切かつ十分に発揮されるよう、内水面漁業の意義に関する広報活動、放流体験等の川辺における漁業体験活動、内水面漁業者と地域住民等が連携して行う生態系の維持・保全のための活動等の取組を支援しました。

#### イ　ウナギ等の内水面養殖業の振興

①　ウナギの持続的利用を確保していくため、国際的な資源管理の取組については、我が国が主導的な役割を果たし、中国、韓国及び台湾との４か国・地域での養殖用種苗の池入れ量制限をはじめとする資源管理を一層推進するとともに、官民一体となって資源管理に取り組みました。

②　河川や海域におけるウナギの生息状況や生態等の調査、効果的な増殖手法の開発に取り組むとともに、シラスウナギ採捕、ウナギ漁業及びウナギ養殖業に係る資源管理を一体として推進しました。

③　ウナギの養殖用種苗の全てを天然採捕に依存していることから、人工種苗の大量生産の早期実用化に向けた研究開発を推進しました。

④　国際商材として輸出拡大が期待されるニシキゴイについて、「農林水産業の輸出力強化戦略」（平成28（2016）年５月農林水産業・地域の活力創造本部決定）に基づき、輸出促進を図りました。

#### ウ　内水面魚種の疾病対策

ニシキゴイ等の伝染性疾病の予防及びまん延防止のため、内水面水産資源に係る伝染性疾病に対する迅速な診断法、予防・治療技術等の開発及びその普及を推進しました。

### （７）栽培漁業及びサケ・マスふ化放流事業

#### ア　種苗放流による資源造成の推進

資源管理や漁場整備と一体となった種苗放流を推進するとともに、種苗放流の効果を高めるため、遺伝的多様性に配慮しつつ、放流した親魚が自然界で卵を産むことにより再生産を確保する「資源造成型栽培漁業」の取組を推進しました。

また、広域に回遊する種について、海域栽培漁業推進協議会が策定した「栽培漁業広域プラン」を踏まえ、関係都道府県が行う種苗放流効果の実証の取組等を推進するとともに、資源管理に取り組む漁業者からのニーズの高い新たな対象種の種苗生産・放流技術の開発を推進しました。

#### イ　対象種の重点化等による効率的かつ効果的な栽培漁業の推進

種苗放流等については、資源管理の一

環として実施するものであることを踏まえ、資源造成効果を検証した上で、資源造成の目的を達成したものや、効果が認められないものについては、当該魚種の漁獲管理等に重点を移し、資源造成効果の高い手法や魚種に重点化する取組を推進しました。

ウ　サケの漁獲量の安定化

近年放流魚の回帰率低下によりサケの漁獲量が減少していることから、ふ化場の種苗生産能力に応じた適正な放流体制への転換を図る取組や河川ごとの増殖戦略を策定する取組等を支援しました。また、放流後の河川や沿岸での減耗を回避するための技術開発や健康性の高い種苗を育成する手法の開発等に取り組みました。

（8）漁業と親水性レクリエーションとの調和

ア　遊漁者の資源管理に対する取組の促進

クロマグロの遊漁について、広域漁業調整委員会指示により、30kg未満の小型魚は採捕禁止、30kg以上の大型魚は採捕した場合の報告の義務付けにより、遊漁における太平洋クロマグロの資源管理を推進しました。

また、遊漁者に対し、資源管理基本方針及び都道府県資源管理方針に基づく資源管理の実施に協力するよう指導するとともに、各地の資源管理の実態を踏まえ、必要に応じて海面利用協議会等の場を活用した漁業と遊漁が協調したルールづくりを推進しました。

イ　漁業と親水性レクリエーションとの調和がとれた海面利用の促進等

漁業と親水性レクリエーションとが協調したルールづくりに向け、都道府県による漁業と遊漁を含む親水性レクリエーションとの円滑な調整に向けた関係者への働きかけを推進しました。

① 遊漁者等に対し、水産資源の適切な管理や漁場環境の保全への理解向上のため、水産庁Webページ、講演会、イベント、釣り関連メディア等を活用した普及・啓発を実施しました。
② 安全講習会や現地指導を通じた遊漁船、遊漁船利用者等による資源管理や安全対策を推進するとともに、漁船とプレジャーボート等の秩序ある漁港の利用を図るため、周辺水域の管理者との連携により、プレジャーボート等の収容施設の整備を推進しました。
③ 「内水面漁業の振興に関する法律」に基づく協議会において、内水面水産資源の回復や親水性レクリエーションとの水面利用に関するトラブル防止等について協議が円滑に行われるよう、関係者との調整に取り組みました。

## 3　漁協系統組織の役割発揮・再編整備等

漁協は、漁業権管理等の公的な役割を担いつつ、漁業所得の増大に向けて販売事業等に取り組むことが期待されており、これに対応できる組織体制の確立に向け、広域合併等を目指す漁協に対し、事業計画の策定等を支援しました。

また、「水産業協同組合法」の改正により公認会計士監査が円滑に導入されるよう漁協等の取組等を支援しました。

併せて、これらの事業改革に必要となる借入金に対し利子助成等を行うとともに、経営改善に取り組んでいる漁協に対し、借換資金に対する利子助成等を行いました。

## 4　融資・信用保証、漁業保険制度等の経営支援の的確な実施

漁業者が融資制度を利用しやすくするとともに、意欲ある漁業者の多様な経営発展

を金融面から支援するため、利子助成等の資金借入れの際の負担軽減や、実質無担保・無保証人による融資に対する信用保証を推進しました。

また、自然環境に左右されやすい漁業の再生産を確保し、漁業経営の安定を図るため、漁業者ニーズへの対応や国による再保険の適切な運用等を通じて、漁船保険制度及び漁業共済制度の安定的な運営を確保しました。

## Ⅳ　漁業・漁村の活性化を支える取組

### 1　漁港・漁場・漁村の総合的整備

#### （1）水産業の競争力強化と輸出促進に向けた漁港等の機能向上

我が国水産業の競争力強化と輸出の促進を図るため、広域浜プランとの連携の下、荷さばき所等の再編・集約を進め、地域全体において漁港機能の強化を進めました。水産物の流通拠点となる漁港における、高度な衛生管理に対応した岸壁、荷さばき所、冷凍及び冷蔵施設等の一体的整備や大型漁船等に対応した岸壁の整備等を推進することにより市場・流通機能の強化を図りました。

また、地域の中核的な生産活動等が行われる地区においては、養殖等による生産機能の強化に資する施設等の整備を行いました。

さらに、漁港施設等の長寿命化対策を推進し、漁港機能の維持・保全を計画的に実施するため、機能保全計画に基づき、ライフサイクルコストの縮減を図りつつ、戦略的に施設の維持管理・更新を推進しました。

#### （2）豊かな生態系の創造と海域の生産力向上に向けた漁場整備

漁場環境の変化への対応や水産生物の生活史に配慮した広域的な水産環境整備の実施により、豊かな生態系の創造による海域全体の生産力の底上げを推進しました。

特に沿岸環境の改善に当たっては、広域的な藻場・干潟の衰退や貧酸素水塊等の底質・水質悪化の要因を把握し、ハード対策とソフト対策を組み合わせた回復対策を推進するとともに、海水温上昇等に対応した漁場整備を推進しました。

また、沖合域においては、漁場整備による効果を把握しつつ、新たな知見や技術を生かし、資源管理と併せて効率的な整備を推進しました。

さらに、令和３（2021）年３月に成立した「有明海及び八代海等を再生するための特別措置に関する法律の一部を改正する法律」（令和３（2021）年法律第18号）に基づき、引き続き有明海等の再生に向けて、海域環境の保全・改善と水産資源の回復等による漁業の振興を図るため、海域環境の調査、魚介類の増養殖対策を行うとともに、漁場改善対策を推進しました。

#### （3）大規模自然災害に備えた対応力強化

南海トラフ地震等の切迫する大規模な地震・津波等の大規模自然災害に備え、主要な漁港施設の耐震・耐津波対策や避難地・避難路等の整備と、災害発生後の水産業の早期回復を図るための事業継続計画の策定といった、ハード対策とソフト対策を組み合わせた対策を推進しました。

また、今後、激甚化が懸念される台風・低気圧災害等に対する防災・減災対策や火災、土砂崩れ等の災害対策に取り組み、災害に強い漁業地域づくりを推進しました。

さらに、「防災・減災、国土強靱化のための５か年加速化対策」（令和２（2020）年12月11日閣議決定）に基づき、漁港施設の耐震化・耐津波化・耐浪化等の対策を推進しました。漁港海岸についても巨大地震による津波やゼロメートル地帯の高潮等に対し沿岸域における安全性向上を図る津波・高潮対策を推進しました。

第2部

### （4）漁港ストックの最大限の活用と漁村のにぎわいの創出

将来を見据えた漁村の活性化を目指し、浜プランの取組を推進するほか、定住・交流の促進に資する漁村環境整備を推進しました。漁業者の減少や高齢化、漁船の減少に対応するため、漁港機能の再編・集約化を図ることにより、漁港水域の増養殖場としての活用等、漁港施設の有効活用・多機能化を推進しました。

また、民間事業者と連携を図りつつ、漁港ストックを活用した水産業の６次産業化や海洋性レクリエーションの振興のほか、再生可能エネルギーの活用による漁港のエコ化を推進しました。

女性・高齢者を含む漁業就業者をはじめとする漁村の人々にとって、住みやすく働きやすい漁村づくりを推進するため、漁村の環境改善対策を推進しました。

### （5）海洋再生可能エネルギー施策への対応

「海洋再生可能エネルギー発電設備の整備に係る海域の利用の促進に関する法律」（平成30（2018）年法律第89号）に基づき、漁業と調和のとれた海洋再生可能エネルギー発電設備の整備が促進されるよう、区域ごとに組織される協議会の場等を通じて、関係府省庁等との連携を図りました。

## 2　多面的機能の発揮の促進

自然環境の保全、国境監視、海難救助による国民の生命・財産の保全、保健休養・交流・教育の場の提供等水産業・漁村の持つ水産物の供給以外の多面的な機能が将来にわたって発揮されるよう、国民の理解の増進及びその効率的・効果的な取組を促進しました。

特に国境監視の機能については、全国に存在する漁村と漁業者による巨大な海の監視ネットワークが形成されていることから、国民の理解を得つつ、漁業者と国や地方公共団体の取締部局との協力体制の構築等その機能を高めるための取組を進めました。

自然環境の保全については、新型コロナウイルス感染症の影響による魚価の低下等により操業ができなくなった現状を踏まえ、漁業者や養殖業者が行う藻場における食害生物の駆除や浅海域での海底耕うん等、漁場の生産性向上等の取組を多面的機能発揮対策と連携して支援しました。

## 3　水産業における調査・研究・技術開発の戦略的推進

### （1）資源管理・資源評価の高度化に資する研究開発

① 観測機器や解析モデルの改良による海洋環境の現況把握と将来予測精度の向上を図り、海況予測等の海洋環境把握を行いました。分布、回遊、再生産等が変化している重要資源に関しては、その生物特性と環境変化との関係について調査研究を進め、その変動メカニズムの分析や、漁況予測等の精度向上を進めました。

② 新たな解析手法の導入等により資源評価の精度向上を進めるとともに、生物学的特性にも配慮した資源管理手法の高度化を進めました。

③ 水産資源の調査・研究及び水産業に関する新技術開発等の基盤となる水産物に含まれる放射性物質の濃度調査を含めた海洋モニタリング調査及び水産動植物の遺伝資源の収集管理を推進しました。

### （2）漁業・養殖業の競争力強化に資する研究開発

① ICT等の新技術を活用して漁業からの情報に基づく７日先までの沿岸の漁場形成予測技術の開発やそれらを漁業者のスマートフォンに表示する技術を開発し、経験や勘に頼る漁業からデー

タに基づく効率的・先進的なスマート水産業への転換を進めました。

② 水産物の安定供給や増養殖の高度化に資するため、産学官連携を図りつつ、ウナギ、クロマグロ等の人工種苗生産技術の開発を推進しました。

ウナギについては、商業ベースでの種苗の大量生産に向けた実証試験を行いました。

また、気候変動の影響に適応した高水温耐性等を有する養殖品種の開発等に取り組みました。

### （3）漁場環境の保全・修復、インフラ施設の防災化・長寿命化等に資する研究開発

藻場の消失の原因究明と修復につながる基礎的知見の増大を図るとともに、干潟の生態系を劣化させる要因を特定し、効果的に生産力を向上させる技術の開発を推進しました。

また、地震・津波等の災害発生後の漁業の継続や早期回復を図るための防災・減災技術の開発を推進するとともに、漁港施設等の既存ストックを最大限に活用するための維持保全技術、ICTの活用による漁港施設や漁場の高度な管理技術の開発を推進しました。

### （4）水産物の安全確保及び加工・流通の効率化に資する研究開発

鮮度を維持しつつ簡便・迅速に長距離輸送する技術や品質評価技術を開発しました。

加工や流通、消費の段階で魚介類の価値を決定する重要な品質（脂肪含有量及び鮮度）を非破壊分析し、品質の高い水産物を選別する技術を開発しました。

水産物の安全・安心に資するため、原料・原産地判別技術の高度化を推進するとともに、低・未利用水産資源の有効利用、水産加工の省力化、輸出の促進等のための技術を開発しました。

## 4 漁船漁業の安全対策の強化

### （1）漁船事故の防止

#### ア AIS（船舶自動識別装置）の普及

関係府省庁と連携してAISの普及促進のための周知啓発活動を行いました。

#### イ 安全対策技術の実証

漁船事故については、小型漁船の事故要因として最も多い衝突、転覆事故への対策が重要であり、小型漁船の安全対策技術の実証試験等を支援し、事故防止に向けて技術面からの支援を図りました。

#### ウ 気象情報等の入手

① 海難情報を早期に把握するため、遭難警報等を24時間体制で聴取するとともに、24時間の当直体制等をとって海難の発生に備えました。

② 気象庁船舶気象無線通報等により、海洋気象情報をはじめとする各種気象情報を提供しました。

また、海上保安庁において、海の安全情報（沿岸域情報提供システム）で、全国各地の灯台等で観測した局地的な気象・海象の現況、海上工事の状況、海上模様が把握できるライブカメラの映像等の情報をインターネットやメール配信により提供しました。

③ 航海用海図をはじめとする水路図誌の刊行及び最新維持に必要な水路通報の発行のほか、航海用電子海図の利便性及び信頼性の向上に取り組むとともに電子水路通報を発行しました。

航海の安全確保のために緊急に周知が必要な情報を航行警報として、無線放送やインターネット等により提供するとともに、水路通報・航行警報については、有効な情報を地図上に表示したビジュアル情報をWebサイトで提

供しました。

さらに、漁業無線を活用し、津波、自衛隊等が行う射撃訓練、人工衛星の打上げ等の情報を漁業者等へ提供しました。

（２）労働災害の減少

ア　安全推進員の養成

漁船での災害発生率の高さを受け、漁船の労働環境の改善や海難の未然防止等について知識を有する安全推進員等を養成し、漁業労働の安全性を向上させるとともに、遊漁船業者等への安全講習会の実施及び安全指導の実施等の取組を支援しました。

イ　ライフジャケットの着用促進

平成30(2018)年２月から、小型船舶におけるライフジャケットの着用義務範囲が拡大され、原則、船室の外にいる全ての乗船者にライフジャケットの着用が義務付けられました。しかしながら、依然として着用が徹底されていない状況が見受けられるため、ライフジャケットの着用率向上を目指し、周知徹底を図りました。

ウ　農林水産業・食品産業の分野を横断した作業安全対策の推進

漁業を含め、農林水産業・食品産業の現場では依然として毎年多くの死傷事故が発生しており、若者が将来を託せるよう、より安全な職場を作っていくことが急務となっていることから、「農林水産業・食品産業の作業安全のための規範」も活用し、関係者の意識啓発の取組など作業安全対策を推進しました。

## Ⅴ　東日本大震災からの復興

### １　着実な復旧・復興

（１）漁港・漁場

被災した漁港や海岸の復旧・復興に向け、工事の完了を図りました。また、本格的な漁業の復興に向けて専門業者が行うがれきの撤去や漁業者が操業中に回収したがれきの処理への支援を行うとともに、藻場・干潟の整備等を推進しました。

（２）漁船

適切な資源管理と漁業経営の中長期的な安定の実現を図る観点から、省エネルギーで事業コストの削減に資する漁船の導入等による収益性の高い操業体制への転換を図るとともに、共同利用漁船等の復旧について支援しました。

また、効率的な漁業の再建を実現すべく、省エネルギー性能に優れた漁業用機器の導入について支援しました。

（３）養殖・栽培漁業

被災地域が我が国の養殖生産の主要な拠点であることを踏まえ、他地域のモデルとなる養殖生産地域の構築を推進しました。

また、被災した養殖施設の整備、被災海域における放流種苗の確保、震災によるサケの来遊数減少に対応した採卵用サケ親魚の確保等について支援しました。

（４）水産加工・水産流通

水産加工業の復興に向け、販路回復のための個別指導、セミナー及び商談会の開催や、安全性や魅力の発信、原料転換や省力化、販路回復に必要な加工機器の整備等を支援しました。また、官民合同チームは、令和３（2021）年６月から浜通り地域等の水産仲買・加工業者への個別訪問・支援を開始しました。

第2部

### （5）漁業経営

① 被災地域における次世代の担い手の定着・確保を推進するため、漁ろう技術の向上のための研修等漁業への新規就業に対する支援を行いました。

② 共同利用漁船・共同利用施設の新規導入を契機とする協業化や加工・流通業との連携等を促進しました。また、省エネルギー化、事業コストの削減、協業化等の取組の実証成果を踏まえて漁船・船団の合理化を促進しました。

③ 被災した漁業者、水産加工業者、漁協等を対象とした災害復旧・復興関係資金について、実質無利子化、実質無担保・無保証人化等に必要な経費について助成しました。

### （6）漁業協同組合

漁協系統組織が地域の漁業を支える役割を果たせるよう、被害を受けた福島県の漁協等を対象として、経営再建のために借り入れる資金について負担軽減のための利子助成を行いました。

### （7）漁村

地方公共団体による土地利用の方針等を踏まえ、災害に強い漁村づくりを推進しました。具体的には、海岸保全施設や避難施設の整備、漁港や漁村における地震・津波による災害の未然防止や被害の拡大防止、被災時の応急対策を執る際に必要となる施設整備を推進しました。また、東日本大震災を踏まえて平成24（2012）年３月に改訂した「災害に強い漁業地域づくりガイドライン」等の普及・啓発を図り、漁村の様態や復興状況に応じた最善の防災力の確保を促進しました。

## 2 原発事故の影響の克服

### （1）安全な水産物の供給と操業再開に向けた支援

① 安全な水産物を供給していくため、関係府省庁、関係都道県及び関係団体と連携して、東京電力福島第一原子力発電所周辺海域において水揚げされた水産物の放射性物質濃度調査を実施しました。

また、水産物への放射性物質の移行過程等生態系における挙動を明らかにするための科学的な調査等を実施しました。

② 操業が再開される際には、漁業者や養殖業者の経営の合理化や再建を支援するとともに、専門業者が行うがれきの撤去、漁業者が操業中に回収したがれきの処理への支援を行いました。

### （2）風評被害の払拭

① 東京電力福島第一原子力発電所における多核種除去設備(ALPS:Advanced Liquid Processing System)等により浄化処理した水（ALPS処理水）の取扱いについて、令和３（2021）年４月13日に「東京電力ホールディングス株式会社福島第一原子力発電所における多核種除去設備等処理水の処分に関する基本方針」を決定したことを踏まえ、地方公共団体や漁業者等との意見交換を重ねた上で、その要望等を踏まえ、同年８月24日に「東京電力ホールディングス株式会社福島第一原子力発電所におけるALPS処理水の処分に伴う当面の対策の取りまとめ」（以下「当面の対策の取りまとめ」という。）を、同年12月28日には、当面の対策の取りまとめに盛り込まれた対策ごとに今後１年間の取組や中長期的な方向性を整理した「ALPS処理水の処分に関する基本方針の着実な実行に向けた行動計

画」を、それぞれ関係閣僚等会議において策定し、今後とも、生産・流通・加工・消費のそれぞれの段階ごとに、徹底した対策を講じていくこととしました。

② 水産物の放射性物質に関する調査結果及びQ&Aについて、水産庁Webサイト等に掲載することにより、正確かつ迅速な情報提供を行うとともに、被災地産水産物の安全性をPRするためのセミナー等の開催を支援しました。

### （3）原発事故による諸外国・地域の輸入規制の緩和・撤廃

日本産農林水産物・食品に対する輸入規制を講じている諸外国・地域に対して、あらゆる機会を活用し、科学的知見に基づいた輸入規制の早期・撤廃に向けた働きかけを継続して実施した結果、シンガポール、米国が輸入規制を撤廃しました。また、「農林水産物及び食品の輸出の促進に関する法律」に基づき、相手国・地域が求める産地証明書等の申請・発行窓口の一元化を進め、証明書を円滑に発行しました。

## Ⅵ　水産に関する施策を総合的かつ計画的に推進するために必要な事項

### 1　関係府省庁等連携による施策の効率的な推進

水産業は、漁業のほか、多様な分野の関連産業により成り立っていることから、関係府省庁等が連携を密にして計画的に施策を実施するとともに、各分野の施策の相乗効果が発揮されるよう施策間の連携の強化を図りました。

### 2　施策の進捗管理と評価

効果的かつ効率的な行政の推進及び行政の説明責任の徹底を図る観点から、施策の実施に当たっては、政策評価も活用しつつ、毎年進捗管理を行うとともに、効果等の検証を実施し、その結果を公表しました。さらに、これを踏まえて施策内容を見直すとともに、政策評価に関する情報の公開を進めました。

### 3　消費者・国民のニーズを踏まえた公益的な観点からの施策の展開

水産業・漁村に対する消費者・国民のニーズを的確に捉えた上で、消費者・国民の視点を踏まえた公益的な観点から施策を展開しました。

また、施策の決定・実行過程の透明性を高める観点から、インターネット等を通じ、国民のニーズに即した情報公開を推進するとともに、SNSやブログ等も活用し、施策内容や水産の魅力等の分かりやすく、親しみやすい広報活動の充実を図りました。



### 4　政策ニーズに対応した統計の作成と利用の推進

我が国漁業の生産構造、就業構造等を明らかにするとともに、水産物流通等の漁業を取り巻く実態と変化を把握し、水産施策の企画・立案・推進に必要な基礎資料を作成するための調査を着実に実施しました。

具体的には、漁業・漁村の６次産業化に向けた取組状況を的確に把握するための調査等を実施しました。

また、市場化テスト（包括的民間委託）を導入した統計調査を実施しました。

### 5　事業者や産地の主体性と創意工夫の発揮の促進

官と民、国と地方の役割分担の明確化と適切な連携の確保を図りつつ、漁業者等の事業者及び産地の主体性・創意工夫の発揮を促進しました。具体的には、事業者や産地の主体的な取組を重点的に支援するとともに、規制の必要性・合理性について検証し、不断の見直しを行いました。

### 6　財政措置の効率的かつ重点的な運用

厳しい財政事情の下で予算を最大限有効に活用するため、財政措置の効率的かつ重点的な運用を推進しました。

また、施策の実施状況や水産業を取り巻く状況の変化に照らし、施策内容を機動的に見直し、翌年度以降の施策の改善に反映させていきました。

# 令和 4 年度
# 水　産　施　策

第208回国会（常会）提出

# 第2部　令和4年度　水産施策

## 令和4年度に講じようとする施策

## 目　次

# 概説

## 1　施策の重点

我が国の水産業は、国民に安定的に水産物を供給する機能を有するとともに、漁村地域の経済活動や国土強靱（きょうじん）化の基礎をなし、その維持発展に寄与するという極めて重要な役割を担っています。しかし、水産資源の減少によって漁業・養殖業生産量は長期的な減少傾向にあり、漁業者数も減少しているという課題を抱えています。

また、近年顕在化してきた海洋環境の変化を背景に、サンマ、スルメイカ、サケ等の我が国の主要な魚種の不漁が継続しています。このような魚種の不漁の継続は、漁業者のみならず、地域の加工業者や流通業者に影響を及ぼし得るものです。

一方、社会経済全体では、少子・高齢化と人口減少による労働力不足等が懸念されることに加え、新型コロナウイルス感染症の影響や持続的な社会の実現に向けた持続可能な開発目標（SDGs）等の様々な環境問題への国際的な取組の広がり、デジタル化の進展が人々の意識や行動を大きく変えつつあります。

こうした水産業をめぐる状況の変化に対応するため、令和４（2022）年３月に新たな「水産基本計画」（令和４（2022）年３月25日閣議決定）を決定しました。新たな水産基本計画では、①海洋環境の変化も踏まえた水産資源管理の着実な実施、②増大するリスクも踏まえた水産業の成長産業化の実現、③地域を支える漁村の活性化の推進の３点を柱と位置付けました。本計画を実行することで、水産資源の適切な管理等を通じた水産業の成長産業化を図り、次世代を担う若い漁業者が安定的な生活が確保されるよう十分な所得を得るとともに、年齢バランスの取れた漁業就労構造の確立を図ります。

## 2　財政措置

水産施策を実施するために必要な関係予算の確保とその効率的な執行を図ることとし、令和４（2022）年度水産関係当初予算として、1,928億円を計上しています。

## 3　税制上の措置

所得税及び法人税については、農林水産物・食品の輸出拡大に向けた課税の特例措置を創設するとともに、法人税、法人住民税及び法人事業税については、漁業協同組合の合併に係る課税の特例措置の適用対象を見直した上でその適用期限を３年延長し、登録免許税については、漁業信用基金協会等が受ける抵当権の設定登記等の税率の軽減措置の適用対象を拡充するなど所要の税制上の措置を講じます。

## 4　金融上の措置

水産施策の総合的な推進を図るため、地域の水産業を支える役割を果たす漁協系統金融機関及び株式会社日本政策金融公庫による制度資金等について、所要の金融上の措置を講じます。

また、都道府県による沿岸漁業改善資金の貸付けを促進し、省エネルギー性能に優れた漁業用機器の導入等を支援します。

さらに、新型コロナウイルス感染症の影響を受けた漁業者の資金繰りに支障が生じないよう、農林漁業セーフティーネット資金等の実質無利子・無担保化等の措置を講じるとともに、新型コロナウイルス感染症の影響による売上げ減少が発生した水産加工業者に対しては、セーフティーネット保証等の中小企業対策等の枠組みの活用も含め、ワンストップ窓口等を通じて周知を図ります。

## 5　政策評価

効果的かつ効率的な行政の推進及び行政の説明責任の徹底を図る観点から、「行政機関が行う政策の評価に関する法律」（平成13（2001）年法律第86号）に基づき、農林水産省政策評価基本計画（5年間計画）及び毎年度定める農林水産省政策評価実施計画により、事前評価（政策を決定する前に行う政策評価）及び事後評価（政策を決定した後に行う政策評価）を推進します。

## I　海洋環境の変化も踏まえた水産資源管理の着実な実施

### 1　資源調査・評価の充実

#### （1）MSYベースの資源評価及び評価対象種の拡大

これまで、令和2（2020）年12月に施行した「漁業法等の一部を改正する等の法律」（平成30年法律第95号）による改正後の漁業法（昭和24年法律第267号。以下「改正漁業法」という。）及び令和2（2020）年9月に策定した「新たな資源管理の推進に向けたロードマップ」（以下「ロードマップ」という。）に基づき、19魚種35系群についてMSY（最大持続生産量）ベースの資源評価を実施してきており、今後も主要魚種については再生産関係その他の必要な情報の収集及び第三者レビュー等を通じて資源評価の高度化を図ります。

改正漁業法では、全ての有用水産資源について資源評価を行うよう努めるものとすることが規定され、都道府県及び国立研究開発法人水産研究・教育機構とともに実施する資源評価の対象魚種を200種程度に拡大しました。このような状況を踏まえて、調査船調査、市場調査、漁船活用調査等に加え、迅速な漁獲データ、海洋環境データの収集・活用や電子的な漁獲報告を可能とする情報システムの構築・運用等のDXを推進します。

#### （2）資源評価への理解の醸成

MSY等の高度な資源評価について、外部機関とも連携して動画の作成等による分かりやすい情報提供・説明を行うとともに、漁船活用調査や漁業データ収集に漁業関係者の協力を得て、漁業現場からの情報を取り入れ、資源評価への理解を促進します。

また、地域性が強い沿岸資源の資源評価について専門性を有する機関等の参加を促進し、さらに、資源調査から得られた科学的知見や資源評価結果については、地域の資源管理協定等の取組に活用できるよう速やかに公表・提供します。

### 2　新たな資源管理の着実な推進

#### （1）資源管理の全体像

新たな資源管理の推進に当たっては、関係する漁業者の理解と協力が重要であり、適切な管理が、収入の安定につながることを漁業者等が実感できるよう配慮しつつ、ロードマップに盛り込まれた行程を着実に実現していきます。その際、ロードマップに従って数量管理の導入を進めるだけでなく、導入後の管理の実施・運用及び漁業の経営状況に関するきめ細かいフォローアップを行うとともに、数量管理のメリットを漁業者に実感してもらうため、資源回復や漁獲増大、所得向上等の成功事例の積み重ねと成果を共有します。

また、「令和12（2030）年度までに、平成22（2010）年当時と同程度（目標444万トン）まで漁獲量を回復」させるという目標に向け、資源評価結果に基づき、必要に応じて、漁獲シナリオ等の管理手法を修正するとともに、資源管理を実施していく上で新たに浮かび上がった課題の解決を図りつつ、資源の回復に取り組みます。

#### （2）TAC魚種の拡大

改正漁業法においては、TAC（漁獲可能量）による管理が基本とされており、令和

3（2021）年漁期から8魚種について、改正漁業法に基づくTAC管理が開始されています。引き続き、ロードマップ及びTAC魚種拡大に向けたスケジュールに従い、令和5（2023）年度までに漁獲量ベースで8割をTAC管理とすべく、TAC魚種の拡大を推進していきます。

また、TAC等の数量管理の導入を円滑に進めるため、定置漁業の管理や混獲への対応を含め、対象となる水産資源の特徴や採捕の実態等を踏まえつつ、数量管理を適切に運用するための具体的な方策を漁業者等の関係者に示していきます。特に、クロマグロの資源管理の着実な実施に向け、混獲回避・放流の支援等を行います。

さらに、TAC管理の導入後、管理の運用面の改善や必要に応じて目標・漁獲シナリオの見直しを実施し、水産資源ごとにMSYの達成・維持を目指していきます。この見直しに当たっては、資源管理方針に関する検討会（ステークホルダー会合）を開催し、漁業者等の関係者の意見を十分かつ丁寧に聴取します。

MSYを算出できない資源については、MSYベースの資源評価が可能な資源と同時に漁獲されるなどの資源の特性や採捕の実態を考慮した上で資源評価レベルの高い水産資源を指標種とした複数魚種グループによる数量管理の導入を検討します。

### （3）IQ管理の導入

IQ（漁獲割当て）による管理については、ロードマップ及びTAC魚種拡大に向けたスケジュールに従い、令和5（2023）年度までに、TAC魚種を主な漁獲対象とする沖合漁業（大臣許可漁業）に原則導入します。その際、IQを有する者の漁獲は他の漁業者の漁獲状況により制限されず、IQの範囲内で漁獲する時期や場所を選択できるということや、IQが遵守される範囲であれば、漁法に関係なく資源に与える漁獲の影響が同等であることなどのIQの基本的利点を踏まえ、沿岸漁業との調整が図られるなどの条件が整った漁業種類について、トン数制限等安全性の向上等に向けた漁船の大型化を阻害する規制を撤廃します。

### （4）資源管理協定

漁業者が、国及び都道府県が策定する資源管理指針に基づき、自ら取り組む休漁、漁獲量の上限設定、漁具の規制等の資源管理措置を記載した資源管理計画を作成する資源管理指針・計画体制は、漁獲量の約9割を占めるなど、全国的に展開しています。

国や都道府県による公的規制と漁業者の自主的取組の組合せによる資源管理推進の枠組みは今後も存続し、自主的な取組を定める資源管理計画は、改正漁業法に基づく資源管理協定に移行することになっており、令和5（2023）年度までに、現行の資源管理計画から、改正漁業法に基づく資源管理協定への移行を完了させます。

特に、沿岸漁業においては、関係漁業者間の話合いにより、実態に即した形で様々な自主的な管理が行われてきており、新たな枠組みにおいても引き続き重要な役割を担うことや、沿岸漁業の振興には非TAC魚種を適切に管理することが重要であるため、資源評価結果のほか、報告された漁業関連データや都道府県の水産試験場等が行う資源調査を含め利用可能な最善の科学情報を用い、資源管理目標を設定し、その目標達成を目指すことにより、資源の維持・回復に効果的な取組の実践を推進します。

### （5）遊漁の資源管理

これまでも遊漁における資源管理は、漁業者が行う資源管理に歩調を合わせて実施するよう求められてきましたが、水産資源管理の観点からは、魚を採捕するという点では、漁業も遊漁も変わりはないため、今後、資源管理の高度化に際しては、遊漁についても漁業と一貫性のある管理を目指します。

遊漁に対する資源管理措置の導入が早急に求められ、令和３（2021年）年６月から小型魚の採捕制限、大型魚の報告義務付けを試行的取組として開始したクロマグロについては、引き続き、この取組を進めるとともに、その運用状況や定着の程度を踏まえつつ、TACによる数量管理の導入に向けた検討を進めます。

また、漁業における数量管理の高度化が進展し、クロマグロ以外の魚種にも遊漁の資源管理、本格的な数量管理の必要性が高まっていくことが予見されることから、アプリや遊漁関係団体の自主的取組等を活用した遊漁における採捕量の情報収集の強化に努め、遊漁者が資源管理の枠組みに参加しやすい環境を整備します。

#### （６）栽培漁業

放流した地先で漁獲されるアワビ等の地先種は、環境要因に適応した受益者負担を伴う種苗放流の継続を図りつつ、資源造成効果や施設維持、受益者負担等に関して将来の見通しが立ち安定的な運営ができる種苗生産施設については、整備を推進します。

都道府県の区域を越えて広域を回遊し漁獲される広域種において、資源造成の目的を達成した魚種や放流量が減少しても資源の維持が可能な魚種については、種苗放流による資源造成から適切な漁獲管理措置への移行を推進します。資源回復の途上の広域種であって適切な漁獲管理措置と併せて種苗放流を実施している魚種については、放流効果の高い手法や適地での放流を実施するとともに、公平な費用負担の仕組みを検討し、種苗生産施設においては、複数県での共同利用や、状況によっては、養殖用種苗生産を行う多目的利用施設への移行を推進します。

### ３　漁業取締・密漁監視体制の強化等

#### （１）漁業取締体制の強化

現有勢力の取締能力を最大限向上させるため、代船建造を計画的に推進するとともに、VMS（衛星船位測定送信機）の活用、訓練等による人員面での取締実践能力の向上、専属通訳の確保、監視オブザーバー等の養成・確保、用船への漁業監督官３名乗船、取締りに有効な装備品の導入等を推進します。また、漁業取締船が係留できる岸壁の整備を進めます。

#### （２）外国漁船等による違法操業への対応

日本海の大和堆周辺水域は、我が国排他的経済水域内にあり、いか釣り漁業、かにかご漁業、底びき網漁業の好漁場となっています。近年、この漁場を狙って、違法操業を目的に我が国排他的経済水域に進入する外国漁船等が後を絶たず、我が国漁船の安全操業の妨げになっていることから重大な問題となっています。このような状況を踏まえ、特に大和堆周辺水域においては、違法操業を行う外国漁船等を我が国排他的経済水域から退去させるなどにより我が国漁船の安全操業を確保するとともに、これら外国漁船等による違法操業について関係国等に対し、繰り返し抗議するなど、関係府省が連携し、厳しい対応を図ります。

また、オホーツク海、山陰、九州周辺海域では、外国漁船等が、かご、刺し網、はえ縄など密漁漁具を違法に設置するなど、我が国の漁船の操業に支障を及ぼすといった問題も発生しています。

外国漁船が許可なく我が国排他的経済水域で操業を行うことのないよう監視・取締りを行うとともに、外国漁船によって違法に設置されたものとみられる漁具に対して、押収等を行います。

#### （３）密漁監視体制の強化

近年、漁業関係法令違反の検挙件数のう

ち、漁業者による違反操業が減少している一方で、漁業者以外による密漁が増加し、特に組織的な密漁が悪質化・巧妙化しているため、改正漁業法による罰則強化等の措置を踏まえ、以下の取組を推進します。

① 密漁を抑止するため、漁業者や一般人に向けた普及啓発、現場における密漁防止看板の設置や監視カメラの導入等。

② 都道府県、警察、海上保安庁、水産庁を含めた関係機関との緊密な連携の強化や合同取締り。

③ 特定水産動植物について、財産上の不正な利益を得る目的で採捕されるおそれが大きく、その採捕が当該水産動植物の生育又は漁業の生産活動に深刻な影響をもたらすおそれが大きいものとして、あわび、なまこ、うなぎの稚魚以外に指定が必要な水産動植物の指定。

### （4）国際連携

サンマ、サバ、スルメイカ等我が国排他的経済水域内に主たる分布域と漁場が存在し、かつ、我が国がTACにより厳しく管理している資源が我が国排他的経済水域のすぐ外側や暫定措置水域等で無秩序に漁獲され、結果的に我が国の資源管理への取組効果が減殺されることを防ぐため、関係国間や関係する地域漁業管理機関（以下「RFMO」という。）における協議や協力を積極的に推進します。特に、我が国周辺資源の適切な管理の取組を損なうIUU（違法、無報告、無規制）漁業対策については、周辺国等との協議のほか、違法漁業防止寄港国措置協定（以下「PSM協定」という。）等のマルチの枠組みを活用した取組を推進します。

## 4　海洋環境の変化への適応

### （1）気候変動の影響と資源管理

気候変動の影響も検証しつつ、新たな資源管理システムによる科学的な資源評価に基づく数量管理の取組を着実に推進します。

このため、MSYに基づく新たな資源評価を着実に進めるとともに、不漁等海洋環境の変化が資源変動に及ぼす影響に関する調査研究を進め、今後、これらに適応した的確なTAC等の資源管理とこれを前提とした漁業構造の構築を図ります。

また、産官学の連携により、人工衛星による気象や海洋の状況の把握、ICTを活用したスマート水産業による海洋環境や漁獲情報の収集等、迅速かつ正確な情報収集とこれに基づく気候変動の的確な把握、これらを漁業現場に情報提供する体制の構築を図るほか、国内外の気象・海洋研究機関との幅広い知見の共有や共同研究も含めた調査研究のプラットフォームの検討、気候変動に伴う分布・回遊の変化等の資源変動等への順応に向けた漁船漁業の構造改革を進めます。

### （2）新たな操業形態への転換

#### ア　複合的な漁業等操業形態の転換

近年の海洋環境の変化等に対する順応性を高める観点から、資源変動に適応できる漁業経営体の育成と資源の有効利用を行っていく必要があります。このため、大臣許可漁業のIQ化の進捗を踏まえ、漁業調整に配慮しながら、漁獲対象種・漁法の複数化、複数経営体の連携による協業化や共同経営化、兼業等による事業の多角化等の複合的な漁業への転換等操業形態の見直しを段階的に推進します。

また、海洋環境の変化の一因である地球温暖化の進行を抑えていくためには、二酸化炭素をはじめとする温室効果ガスの排出量削減を漁業分野においても推進していく必要があり、衛星利用の漁場探索による効率化、グループ操業の取組、省エネ機器の導入等による燃油使用量の削減を図ります。

イ　次世代型漁船への転換推進

複合的な漁業や燃油使用量の削減等、新たな漁業の将来像に合致し、地球環境問題等の中長期的な課題に適応した次世代型の漁船を造ろうとする漁業者による漁業構造改革総合対策事業（以下「もうかる漁業事業」という。）の活用等、多目的漁船や省エネ型漁船の導入を推進します。

これに加え、蓄電池とエンジン等のハイブリッド型の動力構成に関する研究、二酸化炭素排出量の低いエネルギーの活用等、段階に応じた様々な技術実装を推進します。また、漁船の脱炭素化に適応する観点から、必要とする機関出力が少ない小型漁船を念頭に置いた水素燃料電池化、国際商船や作業船等の漁業以外の船舶の技術の転用・活用も視野に入れた漁船の脱炭素化の研究開発を推進します。

（3）サケに関するふ化放流と漁業構造の合理化等

ア　ふ化放流の合理化

サケはふ化放流によって資源造成されていますが、近年の海洋環境の変化により回帰率が低下し、漁獲量が減少傾向にあるため、ふ化放流技術開発について、環境変化への適応や回帰率の良い取組事例の横展開等を進めるほか、活用可能な既存施設において養殖用種苗を生産してサーモン養殖と連携するなど、ふ化放流施設の有効活用や再編・統合も含めた効率化を図ります。また、漁獲量及び漁獲金額が減少している現状を踏まえた持続的なふ化放流体制を検討します。

イ　さけ定置漁業の合理化等

サケを目的とするさけ定置漁業においては、漁獲量が増加している魚種（ブリやサバ類等）の有効活用を進めるとともに、漁具・漁船等や労働力の共有等を通じた協業化、経営体の再編や合併等による共同経営化、操業の効率化・集約化の観点からの定置漁場の移動や再配置、ICT等の最新技術の活用等による経費の削減等、経営の合理化を推進します。さらに、地域振興として新たに養殖業を始める地域における必要な機器等の導入を促進します。

## Ⅱ　増大するリスクも踏まえた水産業の成長産業化の実現

### 1　漁船漁業の構造改革等

（1）沿岸漁業

ア　沿岸漁業の持続性の確保

日々操業する現役世代を中心とした漁業者の生産活動が持続的に行われるよう、操業の効率化・生産性の向上を促進しつつ、このような生産構造を地域ごとの漁業として活かし、持続性の確保を図ります。その際、海洋環境の変化を踏まえ、未利用魚の活用も含め、漁獲量が増加している魚種の有効活用を進めるとともに、地域振興として新たに養殖業を始める地域における必要な機器等の導入を促進します。また、沿岸漁業で漁獲される多種多様な魚については、生産と消費の場が近いなどの地域の特徴を踏まえ、消費者に届ける加工・流通のバリューチェーンの強化による高付加価値化を図ります。

また、養殖をはじめとする漁場の有効活用を推進します。

さらに、様々な業種とのマッチングを促進し、意欲ある漁業者が中心となって

地域漁業の活性化に取り組める環境を整備します。

イ　漁村地域の存続に向けた浜プランの見直し

次世代への漁ろう技術の継承、漁業を生業とし日々操業する現役世代を中心とした効率的な操業・経営、漁業種類の転換や新たな養殖業の導入等による漁業所得の向上に併せ、海業の推進や農業・加工業等の他分野との連携等漁業以外での所得を確保することが、地域の漁業と漁村地域の存続には必要であることから、これまで浜ごとの漁業所得の向上を目標としてきた浜プランにおいて、海業や渚泊等の漁業外所得確保の取組の促進や、関係府省や地方公共団体の施策も活用した漁村外からのUIターンの確保、次世代への漁ろう技術の継承や漁業以外も含めた活躍の場の提供等による地域の将来を支える人材の定着と漁村の活性化についても推進していけるよう検討を行います。

また、漁業や流通・加工等の各分野において、女性も等しく活躍できる環境が各地域で整えられる取組を推進します。

ウ　遊漁の活用

遊漁が秩序を持って、かつ、持続的に発展することは漁村地域の振興・存続にとって有益であり、漁業と一貫性のある資源管理を目指す中で、漁場利用調整に支障のない範囲で水産関連産業の一つとして遊漁を位置付けます。特に、遊漁船業は漁業者にとって地元で収入が得られる有望な兼業業種の一つであり、登録制度を通じた業の管理を適切に行うとともに、地域の実情に応じた秩序ある業の振興を図り、漁村の活性化に活用します。また、陸上からの釣りやプレジャーボート等の遊漁については、関係団体との連携によるマナー向上やルールづくり等を進めます。

エ　海面利用制度の適切な運用

改正漁業法における海面利用制度が適切に運用されるよう制定された「海面利用ガイドライン」を踏まえ、各都道府県で漁場を有効利用し、漁場の生産力を最大限に活用します。

①　都道府県等への助言・指導

漁業・養殖業における新規参入や規模拡大を進めるため、改正漁業法における新たな漁業権を免許する際の手順・スケジュールの十分な周知・理解を図るとともに、漁場の活用に関する調査を行い、漁業権の一斉切替えに向け都道府県に対して必要な助言・指導を行います。

また、国に設置した漁業権に関する相談窓口を通じて、現場からの疑問等に対応します。

②　漁場の有効利用

漁業権等の「見える化」のため、漁場マップの充実を図り、漁場の利用に関する情報の公開を図るほか、改正漁業法に基づき提出される資源管理状況や漁獲情報報告を活用した課題の分析を行い、漁場の有効活用に向けて必要な取組を促進します。

（2）沖合漁業

近年の海洋環境の変化等に対する順応性を高める観点から、資源変動に適応できる弾力性のある漁業経営体の育成と資源の有効利用を行っていく必要があります。このため、漁業調整に配慮しながら、漁獲対象種・漁法の複数化、複数経営体の連携による協業化や共同経営化、兼業等による事業の多角化等の複合的な漁業への転換を段階的に推進します。

この際、TAC/IQ対象魚種の拡大が複合的な漁業において効果的に活用されるよう制度運用を行います。加えて、許可制度についても、魚種や漁法に係る制限が歴史的な経緯で区分されていることを踏まえつつ、TAC/IQ制度の導入、近年の海洋環境の変化への適応や複合的な漁業の導入も見据え、変化への弾力性を備えた生産構造が構築されるよう制度運用を行います。

また、労働人口の減少により、従来どおりの乗組員の確保が困難である状況において、水産物の安定供給や加工・流通等の維持・発展の観点から、沖合漁業の生産活動の継続が重要であり、機械化による省人化やICTを活用した漁場予測システム導入等の生産性向上に資する取組を推進します。

さらに、経営安定にも資するIQ導入の推進と割当量の有効活用、透明性確保等の的確な運用を確保し、あわせて、IQが遵守される範囲であれば漁法等に関係なく資源に与える漁獲の影響が同等であることを踏まえて、関係漁業者との調整を行い、船型や漁法等の見直しを図ります。

このほか、IQの導入に併せて、加工・流通業者との連携強化による付加価値向上、輸出も視野に入れた販売先の多様化等、限られた漁獲物を最大限活用する取組を推進するとともに、新たな資源管理を着実に実行し資源の回復による生産量の増大を図っていくことに併せて、陸側のニーズに沿った水揚げ、未利用魚の活用等の取組を推進し、水産バリューチェーン全体の収益性向上を図ります。

### (3) 遠洋漁業

#### ア　遠洋漁業の構造改革

我が国の遠洋漁業は、近年、主要漁獲物であるまぐろ類の市場の縮小や養殖・畜養品の増加等による価格の低迷、船員の高齢化となり手不足、高船齢化、操業を取り巻く国際規制や監視の強化、入漁コストの増大等、その経営を取り巻く状況は厳しいものとなっており、現行の操業形態・ビジネスモデルのままでは、立ち行かなくなる経営体が多数出る可能性も懸念されます。

こうした状況を踏まえ、業界関係者と危機意識を共有しつつ、将来にわたって収益や乗組員の安定確保ができ、様々な国際規制等にも対応していくことができる経営体の育成・確立が求められます。このような経営体への体質強化を目指し、従来の操業モデルの変革を含め、操業の効率化・省力化、それを実現するための代船建造や海外市場を含めた販路の多様性の確保、さらに必要な場合は集約化も含め様々な改善方策を検討・展開します。

また、入漁先国のニーズやリスクを踏まえ、安定的な入漁を確保するための取組を推進します。

#### イ　国際交渉等

漁業交渉については、カツオ・マグロ等公海域や外国水域に分布する国際資源について、RFMOや二国間協議において、科学的根拠に基づく適切な資源評価と、それを反映した適切な資源管理措置や操業条件等の実現を図りつつ、我が国漁船の持続的な操業を確保するとともに、太平洋島しょ国をはじめとする入漁先国のニーズを踏まえた海外漁業協力の効果的な活用等により海外漁場での安定的な操業の確保を推進します。

また、サンマ、サバ、スルメイカ等我が国排他的経済水域内に主たる分布域と漁場が存在し、かつ、我が国がTACにより厳しく管理している資源が我が国排他的経済水域のすぐ外側や暫定措置水域等で無秩序に漁獲され、結果的に我が国の資源管理への取組効果が減殺されることを防ぐため、関係国間や関係する

RFMOにおける協議や協力を積極的に推進します。特に、我が国周辺資源の適切な管理の取組を損なうIUU漁業対策については、周辺国等との協議のほか、PSM協定等のマルチの枠組みを活用した取組を推進します。

さらに、気候変動の影響への適応については、従来のRFMOによる取組に加え、国内外の研究機関が連携して地球規模の気候変動の水産資源への影響を解明するなど、国際的な連携により資源管理を推進します。

加えて、水産資源の保存及び管理、水産動植物の生育環境の保全及び改善等の必要な措置を講ずるに当たり、海洋環境の保全並びに海洋資源の将来にわたる持続的な開発及び利用を可能とすることに配慮しつつ、海洋資源の積極的な開発及び利用を目指します。

ウ　捕鯨政策

国際的な水産資源の持続的利用の推進において象徴的意義を有する鯨類に関して、我が国の立場に対する理解の拡大を引き続き推進する必要があります。また、大型鯨類及び小型鯨類を対象とする捕鯨業は、科学的根拠に基づいて海洋生物資源を持続的に利用するとの我が国の基本姿勢の下、国際法規に従って、持続的に行います。

このため、「鯨類の持続的な利用の確保のための基本的な方針」にのっとり、科学的根拠に基づき、鯨類の国際的な資源管理とその持続的利用を推進するため、鯨類科学調査を継続的に実施し、精度の高いデータや科学的知見を蓄積・拡大するとともに、それらをIWC(国際捕鯨委員会、オブザーバー参加)等の国際機関に着実に提供しながら、我が国の立場や捕鯨政策の理解と支持の拡大を図ります。

また、鯨類をはじめとする水産資源の持続的利用の推進のため、我が国と立場を共有する国々との連携を強化しつつ、国際社会への適切な主張・発信を行うとともに必要な海外漁業協力を行うことにより、我が国の立場の理解と支持の拡大を推進します。

さらに、捕鯨業の安定的な実施と経営面での自立を図るため、科学的根拠に基づく適切な捕獲枠を設定するとともに、操業形態の見直し等によるコスト削減の取組や、販路開拓・高付加価値化等による売上げ拡大等の取組を推進します。

## 2　養殖業の成長産業化

### （1）需要の拡大

定時・定質・定量・定価格で生産物を提供できる養殖業の特性を最大化し、国内外の市場維持及び需要の拡大を図ります。

また、MEL(Marine Eco-Label Japan)の普及や輸出先国が求める認証等（ASC(Aquaculture Stewardship Council)、BAP(Best Aquaculture Practices)等の水産エコラベル認証、ハラール認証等）の取得を促進します。

ア　国内向けの取組

輸入品が国内のシェアを大きく占めるもの（サーモン）については、国産品の生産の拡大を推進します。

また、マーケットイン型養殖に資する高付加価値化の取組、養殖水産物の商品特性を活かせる市場への販売促進、所得向上に寄与する販路の開拓や流通の見直し、観光等を通じた高い品質をPRしたインバウンド消費等を推進します。加えて、DtoC（ネット直販、ライブコマース等）による販路拡大や量販店における加工品等の新たな需要の掘り起こしの取組を推進します。

イ　海外向けの取組

令和２（2020）年12月に策定された「農林水産物・食品の輸出拡大実行戦略」（以下「輸出戦略」という。）において選定した輸出重点品目（ぶり、たい、ホタテ貝、真珠）や令和２（2020）年７月に制定された「養殖業成長産業化総合戦略」（以下「養殖戦略」という。令和３（2021）年７月改定）において選定した戦略的養殖品目（ブリ類、マダイ、クロマグロ、サケ・マス類、新魚種（ハタ類等）、ホタテガイ、真珠）を中心に、カキ等の今後の輸出拡大が期待される水産物を含め、高鮮度な日本の養殖生産物の強みを活かしたマーケティングに必要な商流構築・プロモーションの実施や輸出産地・事業者の育成（日本ブランドの確立による市場の獲得等）を推進します。

また、輸出戦略を踏まえ、各産地は機能的なバリューチェーンを構築して物流コストの削減に取り組むとともに、品目団体は独立行政法人日本貿易振興機構（以下「JETRO」という。）、日本食品海外プロモーションセンター（以下「JFOODO」という。）と連携し、新たな需要を創出します。

さらに、輸出先国との輸入規制の緩和・撤廃に向けた協議や、輸出先国へのインポートトレランス申請（輸入食品に課せられる薬剤残留基準値の設定に必要な申請）に必要となる試験・分析の取組等を推進します。

特に真珠については、「真珠の振興に関する法律」（平成28（2016）年法律第74号）を踏まえ、幅広い関係業界や研究機関による連携の下で、宝飾品のニーズを踏まえた養殖生産、養殖関係技術者の養成、研究開発の推進、輸出の促進等の施策を推進します。

（２）生産性の向上

ア　漁場改善計画及び収益性の向上

漁場改善計画における過去の養殖実績に基づいた適正養殖可能数量の見直しにより柔軟な養殖生産が可能となるよう検討を進めます。

また、マーケットイン型養殖への転換を更に推進するとともに、養殖業へ転換しようとする地域の漁業者の収益性向上等の取組への支援（もうかる漁業事業等）を行います。

イ　餌・種苗

魚類養殖は、支出に占める餌代の割合が大きいため、価格の不安定な輸入魚粉に依存しない飼料効率が高く魚粉割合の低い配合飼料の開発、魚粉代替原料（大豆、昆虫、水素細菌等）の開発等を推進します。

また、持続可能な養殖業を実現するために必要な養殖用人工種苗の生産拡大に向けて、人工種苗に関する生産技術の実用化、地域の栽培漁業のための種苗生産施設や民間の施設を活用した養殖用種苗を安定的に量産する体制の構築を推進します。さらに、優良系統の保護を図るため、優良種苗等の不正利用の防止方策の検討を進めます。

ウ　安全・安心な養殖生産物の安定供給及び疾病対策の推進

養殖業の生産性向上及び安定供給のため、養殖場における衛生管理の徹底、種苗の検査による疾病の侵入防止、ワクチン接種による疾病の予防等、複数の防疫措置の組合せにより、疾病の発生予防に重点を置いた総合的な対策を推進します。

また、養殖業の成長産業化に資する水産用医薬品について研究・開発と承認申請を促進します。

さらに、普及・啓発活動の実施等によ

り、水産用医薬品の適正使用及び抗菌剤に頼らない養殖生産体制を推進するとともに、貝毒の発生状況を注視し、二枚貝等の安全な流通の促進を図ります。

エ　ICT等の活用

養殖業においても人手不足の問題が生じてきており、省人化・省力化に向けて、AIによる最適な自動給餌システムや餌の配合割合の算出、餌代や人件費等の経費を可視化する経営管理等、スマート技術を活用した養殖管理システムの高度化を推進します。

（3）経営体の強化

ア　事業性評価

持続的な養殖経営の確保に向け、養殖業の経営実態の評価を容易にし、漁協系統・地方金融機関等の関係者からの期待にも応える「養殖業の事業性評価ガイドライン」を通じた養殖経営の「見える化」や経営改善・生産体制改革の実証を支援します。

イ　マーケットイン型養殖業への転換

生産・加工・流通・販売等に至る規模の大小を問わない養殖のバリューチェーンの各機能との連携の仕方を明確にして、マーケットイン型の養殖経営への転換を図ります。

（4）沖合養殖の拡大

漁場環境への負荷や赤潮被害の軽減が可能な沖合の漁場が活用できるよう、静穏水域を創出するなど沖合域を含む養殖適地の確保を進めます。また、台風等による波浪の影響を受けにくい浮沈式いけす等を普及させるとともに、大規模化による省力化や生産性の向上を推進します。

（5）陸上養殖

陸上養殖については、実態把握調査を実施するとともに、都道府県を通じたフォローアップ調査を定期的に実施し、調査結果について公表して実態の「見える化」を促進します。

## 3　経営安定対策

（1）漁業保険制度

漁船保険制度及び漁業共済制度は、自然災害や水産物の需給変動といった漁業経営上のリスクに対応して漁業の再生産を確保し、漁業経営の安定を図る重要な役割を果たしており、漁業者ニーズへの対応や国による再保険の適切な運用等を通じて、事業収支の改善を図りつつ、両制度の持続的かつ安定的な運営を確保します。

資源管理や漁場改善に取り組む漁業者の経営を支える漁業収入安定対策については、海洋環境の変化等に対応した操業形態の見直しや養殖戦略、輸出戦略等を踏まえた養殖業の生産性の向上等、資源管理や漁場改善を取り巻く状況の変化に対応しつつ、漁業者の経営安定を図るためのセーフティーネットとして効果的かつ効率的にその機能を発揮させる必要があります。このため、改正漁業法附則の規定に基づく必要な法制上の措置について、新型コロナウイルス感染症の影響や漁獲量の動向等の漁業者の経営状況に十分配慮しつつ、漁業共済制度の在り方を含めて検討を行います。

（2）漁業経営セーフティーネット構築事業

燃油や養殖用配合飼料の高騰に対応するセーフティーネット対策については、原油価格や配合飼料価格の推移等を踏まえつつ、漁業者や養殖業者の経営の安定が図られるよう適切に運営します。

（3）漁業経営に対する金融支援

漁業者が融資制度を利用しやすくするとともに、意欲ある漁業者の多様な経営発展を金融面から支援するため、利子助成等の資金借入れの際の負担軽減や、実質無担保・無保証人による融資に対する信用保証を推進します。

## 4　輸出の拡大と水産業の成長産業化を支える漁港・漁場整備

（1）輸出拡大

輸出戦略に基づき、令和12（2030）年までに水産物の輸出額を1.2兆円に拡大することを目指し、マーケットインの発想に基づく以下の取組を展開します。

① 大規模沖合養殖の本格的な導入の推進。

② 生産者、加工業者、輸出業者が一体となった輸出拡大の取組の促進。特に、主要な輸出先国・地域において、在外公館、JETRO海外事務所、JFOODO海外駐在員を主な構成員とする輸出支援プラットフォームを形成し、共同での市場調査や展示会の開催、現地やオンライン商談会、現地消費者向けプロモーション等の取組の支援。

③ 輸出に取り組む事業者が、輸出先のニーズや規制に対応した輸出産地を形成するための生産・加工体制の構築や商品開発、生産を拡大していくために必要な設備投資を促進し、輸出商社や現地小売業者等とのマッチング等これらの者へ売り込む機会創出の支援。

④ 新たな輸出先・取引相手の開拓を促進するとともに、事業者や業界団体では対応が困難な、新たな輸出先の規則等への対応は、国が中心となって計画的に撤廃協議等を実施。

（2）水産業の成長産業化を支える漁港・漁場整備

水産物の生産又は流通に一体性を有する圏域において、漁協の経済事業の強化の取組とも連携し、産地市場等の漁港機能の再編・集約を推進するとともに、拠点漁港等における高度衛生管理型荷さばき所、冷凍・冷蔵施設等の整備や漁船の大型化に対応した施設整備を推進します。

また、水産物の輸出拡大を図るため、HACCP対応の市場及び加工場の整備、認定取得の支援等、ハード・ソフト両面からの対策を推進します。

さらに、マーケットイン型養殖業に対応し、需要に応じた安定的な供給体制を構築するため、養殖水産物の生産・流通の核となる地域を「養殖生産拠点地域」として圏域計画に新たに位置付け、養殖適地の拡大のための静穏水域の確保、漁港周辺水域の活用、種苗生産施設から加工・流通施設等に至る一体的な整備を推進します。加えて、漁港の利用状況等に応じた用地の再編・整序による利用適正化や有効活用により、漁港での陸上養殖の展開を図ります。

## 5　内水面漁業・養殖業

（1）内水面漁業

ア　漁業生産の振興

湖沼等で行われている漁業生産については、関係都道府県において、浜の活力再生プラン等を活用した振興が進むよう、地域水産物の付加価値を高め、所得向上に寄与する販路の開拓や流通の見直し等の取組を推進します。また、漁業被害を与える外来魚の低密度管理等に資する技術の開発・実装・普及を推進します。

イ　漁場環境の保全

漁業生産のほか、釣り等の自然に親しむ機会を国民に提供する場として重要な役割を果たす河川等の漁場を良好に保全

し、持続的に管理していくため、電子遊漁券の導入等により漁場管理の主体となっている内水面漁協の運営基盤を強化することに加え、より効果的で持続性が高い管理体制・手法の検討・実践を進めます。

また、カワウ等の野生生物による食害や災害の頻発化・大規模化等により、河川漁場の環境が悪化していることを踏まえ、関係部局と連携した河川環境の改善、カワウ等の野生生物管理の促進を図ります。

（1）内水面養殖業

ア　海面で養殖されるサケ・マス類の種苗生産

海面で養殖されるサケ・マス類の種苗を安定的に供給するため、ふ化放流施設等の民間の施設を活用した生産体制の構築を推進します。

イ　うなぎ養殖業

内水面養殖業の生産量・生産額の大部分を占めるうなぎ養殖業については、シラスウナギの漁獲・流通・池入れから、ウナギの養殖・出荷・販売に至る各事業者が、利用可能な情報の中で順応的にウナギ資源の管理・適正利用をすることが持続的な養殖業につながるとの認識の下、以下の対策を講じていきます。

①　シラスウナギ漁獲の知事許可制の新たな導入による漁業管理体制の強化、水産動植物等の国内流通及び輸出入の適正化を図るため、令和２（2020）年12月11日に公布された「特定水産動植物等の国内流通の適正化等に関する法律」（令和２（2020）年法律第79号。以下「水産流通適正化法」という。）に基づくシラスウナギの流通の透明化、シラスウナギの池入れ数量制限の着実な実施及び数量管理システムの導入による継ぎ目のない資源管理体制の構築。

②　河川・湖沼における天然遡上ウナギの生息環境改善、内水面漁業とうなぎ養殖業の連携による内水面放流用種苗の確保・育成技術開発及び下りウナギ保護によるウナギ資源の豊度を高める取組の推進。

③　国が開発した人工シラスウナギの大量生産システムの現場実証・実装による天然資源に依存しない養殖業の推進。

ウ　錦鯉養殖業

我が国の文化の象徴として海外でも人気が高く、輸出が継続的に増加している錦鯉については、業界団体等が実施する国際会議の開催やプロモーション等、更なる輸出拡大に向けた取組を促進します。また、輸出のために、各養殖場での清浄性を担保する疾病管理体制の構築を図るとともに、外国産錦鯉との差別化に資する規格の策定や認証の取得等に向けた業界団体の取組を支援します。

## 6　人材育成

（1）新規漁業者の確保・育成

他産業並に年齢バランスの取れた活力ある漁業就業構造への転換を図るため、就業フェアや水産高校での漁業ガイダンス、インターンシップ等の取組を通じ、若者に漁業就業の魅力を伝え、就業に結び付ける取組の継続・強化を図ります。

また、新規就業者と受入先とのマッチングの改善等により、地域への定着を促進します。

さらに、漁業に必要な免許・資格の取得に加えて、経営スキルやICTの習得・学び直し等を支援します。

（2）水産教育

水産業の将来を担う人材を育成する水産

に関する課程を備えた高校・大学や国立研究開発法人水産研究・教育機構水産大学校（以下「水産大学校」という。）においては、水産業を担う人材育成のための水産に関する学理・技術の教授及びこれらに関連する研究を推進し、水産業が抱える課題を踏まえ、水産業の現場での実習等実学を重視した教育を引き続き実施するとともに、大規模災害や広域感染症流行時においても柔軟な受講を可能とするオンライン授業等を行うことにより、水産関連分野への高い就職割合の確保に努めます。

また、水産高校においては、文部科学省と連携し、マイスター・ハイスクール事業における水産高校と産業界が一体となった教育課程の開発等により、地域社会で求められる最先端の職業人材の育成を推進します。

さらに、「スマート水産業等の展開に向けたロードマップ」等に基づき、水産大学校及び水産高校における水産新技術の普及を推進します。

（３）海技士等の人材の確保・育成

漁船漁業の乗組員不足が深刻化し、かつ高齢に偏った年齢構成となっている中、年齢バランスの取れた漁業就労構造の確立を図るためには、次世代を担う若手の海技士の確保・育成や漁船乗組員の確保が重要となることから、水産高校や業界団体、関係府省等の関係者の連携を図り、水産高校生等に漁業の魅力を伝え就業を働きかける取組の推進のほか、海技試験の受験に必要となる乗船履歴を早期に取得できる仕組みの拡大・実践等の海技士の計画的な確保・育成の取組を支援します。

あわせて、Wi-Fi環境の確保や居住環境の改善等、若者にとって魅力ある就業環境の整備、漁船乗組員の労働負担の軽減や効率化も推進します。

（４）外国人材の受入れ・確保

生産性向上や国内人材確保のための取組を行ってもなお不足する労働力について、特定技能制度を活用し、円滑な受入れを進めるためには、我が国の若者と同様に、外国人材にとっても日本の漁業を魅力あるものとしていくことが重要であることから、生活支援や相談対応の充実等、外国人材にとって満足度の高い受入環境の整備を進めます。

また、外国人材を安定的かつ長期的に確保するためには、外国人材が日本人と同様に、漁村において幅広く水産関連業務に従事し技能を高めることや、漁業活動に必要な資格を取得し漁業現場で活かすなど、将来を見据えて、キャリアアップしながら就労できる環境の在り方について、関係団体、関係府省とともに検討を進めます。

## ７　安全対策

（１）安全確保に向けた取組

ア　安全推進員・安全責任者の養成

漁船の労働環境改善や安全対策を行う安全推進員及びその取組を指導する安全責任者を養成するとともに、両者が講じた優良な対策事例の情報共有等を図ることで、両者の必要性の認識を広げ、養成人数の増加を促進します。

また、関係機関等と連携し、漁業に特有の事故情報の収集・分析や対策の検討、実施に加え、これらの取組の効果の検証等を行い、関係者全体でPDCAサイクルを回すことにより、漁業労働災害防止を推進します。

イ　ライフジャケットの普及促進

漁業者の命を守るライフジャケットについては、平成30（2018）年２月からその着用が義務化され、令和４（2022）年２月から罰則が適用されていることを踏まえ、より一層効果的な周知徹底を行う

ともに、各種補助事業において安全確保の取組に関する要件を設定するクロスコンプライアンスの導入・拡大を推進します。

（2）安全確保に向けた技術導入

漁業では、見張りの不足や操船ミスなどの人為的要因による衝突事故等が数多く発生しているため、安全意識啓発等の取組に加え、人為的過誤等を防止・回避するための新技術の開発・実装・普及を促進します。

## Ⅲ　地域を支える漁村の活性化の推進

### 1　浜の再生・活性化

（1）浜プラン・広域浜プラン

これまで浜ごとの漁業所得の向上を目標としてきた浜プランにおいて、今後は、海業や渚泊等の漁業外所得確保の取組の促進や、関係府省や地方公共団体の施策も活用した漁村外からのUIターンの確保、次世代への漁ろう技術の継承、漁業以外も含めた活躍の場の提供等による地域の将来を支える人材の定着と漁村の活性化についても推進していけるよう検討を行います。

また、「浜の活力再生広域プラン」（以下「広域浜プラン」という。）に基づき、複数の漁村地域が連携して行う浜の機能再編や担い手育成等の競争力を強化するための取組への支援を通じて、漁業者の所得向上や漁村の活性化を主導する漁協の事業・経営改善を図るとともに、拠点漁港等の流通機能の強化と併せて、関連する海業を含めた地域全体の付加価値の向上を図ります。

（2）海業等の振興

漁村の人口減少や高齢化、漁業所得の減少等、地域の活力が低下する中で、地域の理解と協力の下、地域資源と既存の漁港施設を最大限に活用した海業等の取組を一層推進することで、海や漁村の地域資源の価値や魅力を活用した取組を根付かせて水産業と相互に補完し合う産業を育成し、地域の所得と雇用機会の確保を図ります。このため、地域の漁業実態に合わせ、漁港施設の再編・整理、漁港用地の整序により、漁港を海業等に利活用しやすい環境を整備します。

（3）民間活力の導入

海業等の推進に当たり、民間事業者の資金や創意工夫を活かして新たな事業活動が発展・集積するよう、漁港において長期安定的な事業運営を可能とするため、漁港施設・用地及び水域の利活用に関する新たな仕組みの検討を進めます。

また、防災・防犯等の観点から必要となる環境を整備し、民間事業者の利用促進を図ります。

さらに、漁業所得の向上を目指す浜プランに基づく取組と併せて、漁村の魅力を活かした交流・関係人口の増大に資する取組を推進するとともに、地域活性化を担う人材確保のため、地域おこし協力隊等の地域外の人材を受け入れる仕組みの利用促進を図ります。

（4）漁港・漁村のグリーン化の推進

漁港・漁村においては、環境負荷の低減や脱炭素化に向けて、漁港施設等への再生可能エネルギーの導入促進や省エネ対策の推進、漁港や漁場利用の効率化による燃油使用量の削減、二酸化炭素の吸収源としても期待される藻場の保全・創造等を推進します。

また、洋上風力発電については、漁業等の海域の先行利用者との協調が重要であることから、事業者等による漁業影響調査の実施や漁場の造成、洋上風力発電による電気の地域における活用等を通じた地域漁業との協調的関係の構築を図ります。

（5）水産業等への女性参画等の推進

漁村の活性化のためには、女性が地域の担い手としてこれまで以上に活躍できるようにすべきであり、漁協経営への女性の参画については、漁協系統組織が女性役員の登用を推進するような取組を促進します。

また、企業等との連携や地域活動の推進を通じて女性が活動しやすい環境の整備を図るとともに、女性グループの起業的取組や、経営能力の向上、加工品の開発・販売等の実践的な取組を推進します。

さらに、年齢、性別、国籍等によらず地域の水産業を支える多様な担い手が活躍できるよう、漁港・漁村において、安全で働きやすい環境と快適な生活環境の整備を推進します。

さらに、関係部局や関係府省と連携し、水福連携の優良事例を収集･横展開します。

（6）離島対策

離島地域の漁業集落が共同で行う漁業の再生のための取組を支援するとともに、離島における新規漁業就業者の定着を図るため、漁船・漁具等のリースの取組を推進します。

また、「有人国境離島地域の保全及び特定有人国境離島地域に係る地域社会の維持に関する特別措置法」（平成28（2016）年法律第33号）を踏まえ、特定有人国境離島地域の漁業集落の社会維持を図るため、特定有人国境離島地域において漁業・海業を新たに行う者、漁業・海業の事業拡大により雇用を創出する者の取組を推進します。

## 2　漁協系統組織の経営の健全化・基盤強化

漁業就業者の減少・高齢化、水揚量の減少等、厳しい情勢の中、漁業者の所得向上を図るためには、漁協の経済事業の強化が必要であり、複数漁協間での広域合併や経済事業の連携等の実施、漁協施設の機能再編を進めることにより漁業者の所得向上及び漁協の経営の健全性確保のための取組を推進します。

また、経営不振漁協の収支改善に向けた漁協系統組織の取組を促進するとともに、信用事業実施漁協等の健全性を確保するため、公認会計士監査の円滑な導入及び監査品質の向上等に向けた取組を支援します。

併せて、指導監督指針や各種ガイドライン等に基づく漁協のコンプライアンス確保に向けた自主的な取組を促進します。

## 3　加工・流通・消費に関する施策の展開

（1）加工

ア　環境等の変化に適応可能な産業への転換

特定魚種の不漁や漁獲される魚種の変化に適応するため、資源量が増えている又は資源状況が良い加工原料への転換や多様化を進めることにより、環境等の変化に適応可能な産業に向けた取組を促進します。

また、環境対策としては、環境負荷低減に資する加工機器や冷蔵・冷凍機器の導入等を通じた温室効果ガスの発生抑制及び省エネへの取組を推進します。

イ　国産加工原料の安定供給

漁業経営の安定に資するため、水産物の価格の著しい変動を緩和し、水産加工業への加工原料を安定的に供給する等、水産物供給の平準化の取組を推進します。

ウ　中核的水産加工業者の育成

地域の意欲ある経営者を中核的加工業者として育成し、それぞれの知恵やノウハウを持ち寄り、１社では解決できない新製品開発や新規販路開拓等の経営改善に資する取組を促進することにより、各中核的加工業者の経営体力強化を図ります。

また、後継者不足により廃業が見込まれる小規模な事業者の持つブランドや技術を中核的水産加工業者や次世代に継承する取組を促進します。

### エ　生産性向上と外国人材の活用

外国人材に過度に依存しない生産体制を構築するため、先端技術を活用した省人化･省力化のための機械の導入により、生産性向上を図ります。

また、機械では代替困難な業務を外国人材が担えるよう育成するとともに、外国人材の地域社会での円滑な受入れ及び共生を図るための受入環境整備の取組を行います。

## （2）流通

### ア　水産流通バリューチェーンの構築

沿岸漁業で漁獲される多種多様な魚については、消費地に近い地域では直接届け、消費地から遠い地域では一旦ストックして加工するなど地域の特徴を踏まえ消費者に届ける加工・流通のバリューチェーンの強化を図ります。

加工流通システムの中で健全なバリューチェーンの構築を図るため、マーケットインの発想に基づく「売れるものづくり」を促進し、生産・加工・流通が連携したICT等の活用による低コスト化、高付加価値化等の生産性向上の取組を全国の主要産地等に展開します。

### イ　産地市場の統合・重点化の推進

我が国水産業の競争力強化を図るため、市場機能の集約・効率化を推進し、水揚物を集約すること等により価格形成力の強化を図ります。

また、広域浜プランとの連携の下、水産物の流通拠点となる漁港や産地市場において、高度な衛生管理や省力化に対応した荷さばき所、冷凍・冷蔵施設等の整備を推進します。

水産物の流通については、従来の多段階流通に加え、消費者や需要者のニーズに直接応える形で水産物を提供するなど様々な取組が広がっています。このため、最も高い価値を認める需要者に商品が効率的に届くよう、ICT等の他産業の新たな技術や最新の冷凍技術を活用し、多様な流通ルートの構築により取引の選択肢の拡大等を図ります。

### ウ　水産物等の健全な取引環境の整備

水産物が違法に採捕され、それらが流通することで水産資源の持続的な利用に悪影響を及ぼすおそれがあり、輸出入も含め違法に採捕された水産物の流通を防止する必要があるとともに、水産物の食品表示の適正化やビジネスと人権との関係等、取引環境の整備を図っていく必要があります。

このため、IUU漁業の撲滅に向けて、IUU漁業国際行動計画やPSM協定等に基づく措置を適切に履行します。

また、令和４（2022）年12月の水産流通適正化法の円滑な施行に向けて、国内外の幅広い関係者に対し丁寧な調整を行うとともに、水産流通適正化法の施行後も含め、説明会やポスター・リーフレット等を活用し、漁業者から消費者まで幅広く同制度の周知・普及を推進し、違法漁獲物の国内流通からの排除に向けた意識の醸成を図ります。

さらに、水産物の産地における食品表示の適正化に向けた取組を支援します。

加えて、近年、重要性がより一層増してきている人権問題に関するサプライチェーンの透明性について、サプライチェーンのビジネスと人権に関する透明性の確保を企業に促すための啓発等を行います。

### （3）消費

#### ア　国産水産物の消費拡大

天然魚、養殖魚を問わず国産水産物の活用を促進するための地産地消の取組及び低・未利用魚の有効活用の取組等に併せて、学校給食向け商品の開発や販路開発、若年層・学校栄養士等に対する魚食普及活動等を推進します。

また、内食における簡便化志向、地域ブランドへの関心の高まり等の多様化する消費者ニーズに対応した水産物の提供を促進します。

さらに、水産物の消費機運を向上させるため、民間企業の創意工夫によって行われる消費拡大の取組等と連携し、「さかなの日（仮称）」の制定等、官民が協働して一体的かつ効果的な情報発信を推進します。

#### イ　水産エコラベルの活用の推進

我が国の水産物が持続可能な漁業・養殖業由来であることを示す水産エコラベルの活用に向けて、水産加工業者や小売業者団体への働きかけを通じて、傘下の水産物流通・加工業者による水産エコラベル認証の活用を含めた調達方針等の策定を促進します。

また、インターナショナルシーフードショーをはじめとする国際的なイベント等において、日本産水産物の水産エコラベル認証製品を積極的に紹介し、海外での認知度向上を図るとともに、マスメディアやSNS等の媒体等を通じ、国内消費者に対し取組への理解の促進を図ります。

## 4　水産業・漁村の多面的機能の発揮

水産業・漁村の持つ水産物の供給以外の多面的な機能が将来にわたって発揮されるよう、一層の国民の理解の増進を図りつつ効率的・効果的に取組を促進します。また、NPO・ボランティア・海業に関わる人といった、漁業者や漁村住民以外の多様な主体の参画や、災害時の地方公共団体・災害ボランティアとの連携の強化を推進するとともに、活動組織が存在しない地域において活動組織の立ち上げを図り、環境生態系保全の取組を進めます。

特に国境監視の機能については、全国に存在する漁村と漁業者による海の監視ネットワークが形成されていることから、漁業者と国や地方公共団体の関係部局との協力体制の下で監視活動の取組を推進します。

## 5　漁場環境の保全・生態系の維持

### （1）藻場・干潟等の保全・創造

効果的な藻場・干潟等の保全・創造を図るため、広域的なモニタリング体制を構築し、海域全体を対象とした広域的な藻場・干潟の分布及び衰退要因を把握し、藻場・干潟ビジョンに基づき、海域ごとに有効な対策を図るとともに、漁業者等が行う藻場・干潟の保全等の水産業・漁村の多面的機能の発揮に資する取組を推進します。

また、藻場の二酸化炭素固定効果の評価手法の開発、干潟における砕石敷設等の新技術の開発・活用、サンゴ礁の保全・増殖に関する技術の開発・実証等を推進するほか、藻類・貝類の海洋環境や生態系への影響についても把握します。

### （2）栄養塩類管理

瀬戸内海等の閉鎖性水域において水質浄化が進む中で、ノリの色落ちの発生やイカナゴ、アサリ等の水産資源の減少の問題が発生していることから、瀬戸内海については地方公共団体、学術機関及び漁業関係者等と連携し、水産資源の生産性の確保のため、栄養塩類も含めた水域の状況及び栄養塩類と水産資源との関係に関するデータの収集や共有等を図ることで、地域による栄養塩類管理方策の策定に寄与します。

また、栄養塩類の不足が懸念されている他の水域についても、地方公共団体等と協力・連携して、栄養塩類と水産資源との関係に関する調査・研究を推進します。

さらに、栄養塩類管理と連携した藻場・干潟の創出や保全活動等により、閉鎖性水域における漁場環境改善を推進します。

### （3）赤潮対策

赤潮・貧酸素水塊による漁業被害の軽減対策のためには、早期かつ的確な赤潮等の情報の把握及び提供が重要であることから、従来とは異なる海域で赤潮が発生している状況も踏まえて、地方公共団体及び研究機関等と連携し、赤潮発生のモニタリング、発生メカニズムの解明、発生の予測手法及び防除技術等の開発に取り組みます。

また、ICTブイ等の自動観測装置を活用し、迅速な情報共有によるモニタリングの強化を図るための技術開発を支援します。

### （4）野生生物による漁業被害対策

都道府県の区域を越えて広く分布・回遊し、漁業に被害を与えるトド、ヨーロッパザラボヤ、大型クラゲ等の生物で、広域的な対策により漁業被害の防止・軽減に効果が見通せるなど一定の要件を満たすものについて、国と地方公共団体との役割分担を踏まえ、出現状況に関する調査、漁業関係者への情報提供、被害を効果的・効率的に軽減するための技術の開発・実証、駆除・処理活動への支援等に取り組みます。

特に、トドについては、漁業被害の軽減及び絶滅回避の両立を図ることを目的として平成26（2014）年に水産庁が策定した「トド管理基本方針」に基づく管理を継続するとともに、令和6（2024）年度末までに科学的知見に基づき同方針を見直します。

### （5）生物多様性に配慮した漁業の推進

漁業は、自然の生態系に依存し、その一部の海洋生物資源を採捕することにより成り立つ産業であることから、漁業活動を持続的に行うため、海洋保護区に加えOECM（Other Effective Area-based Conservation Measures：その他の効果的な地域をベースとする保全手段）も活用し、海洋環境や海洋生態系を健全に保ち、生物多様性の保全と漁業の振興との両立を図る取組を推進します。

海洋生態系のバランスを維持しつつ、持続的な漁業を行うため、海鳥、ウミガメ等の混獲の実態把握及び回避技術・措置の検討、普及等を図ります。

### （6）海洋環境の保全（海洋プラスチックごみ、油濁）

環境省や都道府県等と連携し、漁業者による海洋ごみの持ち帰りの取組や廃棄物処理に関する施策の周知及び処理の促進に加え、漁業・養殖業用の漁具や資機材については、漁具等としての実用性を確保しつつ、環境に配慮した生分解性素材を用いた漁具やリサイクルしやすい漁具の製品開発への支援等に取り組みます。

また、マイクロプラスチックが水産生物に与える影響等についての科学的調査を行い、その結果について情報発信を行います。

漁場の油濁被害防止については、海上の船舶等からの油流出による漁業被害が発生しており、国、都道府県及び民間事業者が連携して、引き続き専門家の派遣や防除・清掃活動を支援するほか、災害時に内水面への油流出事故も見られることから、講習会等を通じ、内水面を含む事故対応策の漁業者等への普及を図ります。

### （7）環境変化に適応した漁場生産力の強化

海水温の上昇等、海洋環境の変化による漁場変動や魚種の変化が顕在化してきている中、持続可能な漁業生産を確保するため、環境変化等に伴う漁獲対象魚種の多様化に適応した漁場整備、海域環境を的確に把握するための海域環境モニタリング、都道府県等の研究機関との連携体制の構築、調査・実証の強化等、海洋環境の変化に適応した漁場整備を推進します。

また、新たな資源管理の着実な推進の方針の下、沖合におけるフロンティア漁場整備、水産生物の生活史に配慮した広域的な水産環境整備、資源回復を促進するための種苗生産施設の整備などを推進します。

### 6　防災・減災、国土強靱化への対応

漁業地域において、国土強靱化基本計画（平成30（2018）年12月閣議決定）等を踏まえ、災害発生に備えた事前の防災・減災対策、災害発生後の円滑な初動対応や漁業活動の継続に向けた支援等を推進するとともに、老朽化が進む漁港施設等の機能を確保するため、以下の対策に取り組みます。

#### ア　事前の防災・減災対策

漁業地域の安全・安心の確保のため、今後発生が危惧される大規模地震・津波の被害想定や気候変動による水位上昇の影響等を踏まえた設計条件の点検・見直しを推進し、持続的な水産物の安定供給に資する漁港施設の耐震化・耐津波化・耐浪化や浸水対策を推進します。

また、緊急物資輸送等の災害時の救援活動等の拠点となる漁港や離島等の生活航路を有する漁港の耐震・耐津波対策を推進します。

さらに、漁港の就労者や来訪者、漁村の生活者等の安全確保のため、避難路や避難施設の整備、避難・安全情報伝達体制の構築等の避難対策を推進します。

加えて、漁港海岸について、大規模地震による津波やゼロメートル地帯の高潮等に対し、沿岸域における安全性向上を図る津波・高潮対策を推進します。

#### イ　災害からの早期復旧・復興に向けた対応

災害発生後の迅速な被害状況把握のため、国と地方公共団体、関係団体との情報連絡体制の強化、ドローンをはじめとするICT等の新技術の活用を図るとともに、災害時の円滑な初動対応に向け、漁港管理者と建設関係団体の間、さらには、漁協等漁業関係者も含めた災害協定締結を促進します。

災害復旧要員が不足している市町村をはじめとした地方公共団体を支援するため、災害時のニーズに応じて積極的にMAFF-SAT（農林水産省・サポート・アドバイスチーム）を派遣します。さらに、災害復旧の早期化を図るとともに、改良復旧についても推進します。

また、復旧・復興に当たっては、災害復旧事業等関連事業を幅広く活用し、漁業地域の将来を見据えた復旧・復興を推進します。

さらに、災害時に地域の水産業の早期再開を図るため、漁場から陸揚げ、加工・流通に至る漁業地域を対象とした広域的な事業継続計画の策定を推進します。

加えて、水産業従事者の経営再開支援に向け、災害の発生状況及び地域の被害状況に応じて、支援策の充実や柔軟的な運用を行う等、きめ細かい総合的な支援に努めます。

#### ウ　持続可能なインフラ管理

老朽化により機能低下が懸念される漁港施設等のインフラは、水産業や漁村の振興を図る上で必要不可欠であることから、これら施設の機能の維持・保全が図られるよう、「水産庁インフラ長寿命化計画（令和３（2021）年３月改訂）」に基づき、これまでの事後保全型の老朽化対策から、損傷が軽微である早期段階に予防的な修繕等を実施する予防保全型の

老朽化対策に転換を図るとともに、新技術の積極的な活用等によるライフサイクルコストを縮減する取組を支援する等により、総合的かつ計画的に長寿命化対策を推進します。

## Ⅳ　水産業の持続的な発展に向けて横断的に推進すべき施策

### 1　みどりの食料システム戦略と水産政策

SDGsや環境を重視する国内外の動きが加速していくと見込まれる中、我が国の食料・農林水産業においてもこれらに的確に対応し、持続可能な食料システムの構築に向けて、食料・農林水産業の生産力向上と持続性の両立をイノベーションで実現する「みどりの食料システム戦略」を令和3（2021）年5月に策定しました。

水産関係では、令和12（2030）年までに漁獲量を平成22（2010）年と同程度（444万トン）まで回復させるための施策を講じることや、令和32（2050）年までにニホンウナギ、クロマグロ等の養殖において人工種苗比率100％を実現することに加え、養魚飼料の全量を環境負荷が少なく給餌効率の良い配合飼料に転換し、天然資源に負荷をかけない持続可能な養殖体制を構築します。さらに、令和22（2040）年までに漁船の電化・水素化等に関する技術を確立すべく検討します。

また、水産関係の上場企業における気候関連非財務情報の開示等も含めた気候変動への適応が円滑に行われるよう必要な取組を実施します。

具体的には、これらの取組について、今後の技術開発やロードマップ等を踏まえ、関係者の理解を得ながら、食料・農林水産業の生産力向上と持続性の両立に向けて着実に実行します。

#### （1）調達面での取組

ア　養殖業における持続的な飼料及び種苗

魚類養殖は、支出に占める餌代の割合が大きいため、価格の不安定な輸入魚粉に依存しない飼料効率が高く魚粉割合の低い配合飼料の開発、魚粉代替原料（大豆、昆虫、水素細菌等）の開発等を推進します。

また、持続可能な養殖業を実現するために必要な養殖用人工種苗の生産拡大に向けて、人工種苗に関する生産技術の実用化、地域の栽培漁業のための種苗生産施設や民間の施設を活用した養殖用種苗を安定的に量産する体制の構築を推進します。

さらに、優良系統の保護を図るため、優良種苗等の不正利用の防止方策を検討します。

イ　漁具のリサイクル

漁業・養殖業用の漁具や資機材については、漁具等としての実用性を確保しつつ、環境に配慮した生分解性素材を用いた漁具やリサイクルしやすい漁具の製品開発への支援等に取り組みます。

#### （2）生産面での取組

ア　資源管理の推進

新たな資源管理の推進に当たっては、関係する漁業者の理解と協力が重要であり、適切な管理が収入の安定につながることを漁業者等が実感できることに配慮しつつ、ロードマップに盛り込まれた行程を着実に実現します。その際、ロードマップに従って数量管理の導入を進めるだけでなく、導入後の管理の実施・運用及び漁業の経営状況に関するきめ細かいフォローアップを行うとともに、数量管理のメリットを漁業者に実感してもらうため、資源回復や漁獲増大、所得向上等の成功事例の積み重ねと成果を共有します。

また、「令和12（2030）年度までに、平成22（2010）年当時と同程度（目標444万トン）まで漁獲量を回復」させるという目標に向け、資源評価結果に基づき、必要に応じて、漁獲シナリオ等の管理手法を修正するとともに、資源管理を実施していく上で新たに浮かび上がった課題の解決を図りつつ、資源の回復に取り組みます。

イ　養殖業における環境負荷低減

漁場環境への負荷軽減が可能な沖合の漁場が活用できるよう、静穏水域の創出等沖合域を含む養殖適地の確保を進めるとともに、台風等による波浪の影響を受けにくい浮沈式生簀等を普及させるとともに、大規模化による省力化や生産性の向上を推進します。

（3）加工・流通での取組（IUU漁業の撲滅）

水産物が違法に採捕され、それらが流通することで水産資源の持続的な利用に悪影響を及ぼすおそれがあり、輸出入も含め違法に採捕された水産物の流通を防止する必要があります。

このため、IUU漁業の撲滅に向けて、IUU漁業国際行動計画やPSM協定等に基づく措置を適切に履行します。

また、水産流通適正化法について、各魚種が指定基準の指標に該当するか、定期的な数値の検証を行います。さらに、令和4（2022）年12月の円滑な施行に向けて、国内外の幅広い関係者に対し丁寧な調整を行うとともに、施行後も含め、漁業者から消費者まで幅広く説明会やポスター・パンフレット等を活用して同制度の周知・普及を推進し、違法漁獲物の国内流通からの排除に向けた意識の醸成を図ります。

（4）消費での取組（水産エコラベルの活用の推進）

我が国の水産物が持続可能な漁業・養殖業由来であることを示す水産エコラベルの活用に向けて、水産加工業者や小売業者団体への働きかけを通じて、傘下の水産流通・加工業者による水産エコラベル認証の活用を含めた調達方針等の策定を促進します。

また、インターナショナルシーフードショーをはじめとする国際的なイベント等において、日本産水産物の水産エコラベル認証製品を積極的に紹介し、海外での認知度向上を図るとともに、マスメディアやSNS等の媒体等を通じ、国内消費者に対し取組への理解の促進を図ります。

## 2　スマート水産技術の活用

ICTを活用して漁業活動や漁場環境の情報を収集し、適切な資源評価・管理を促進するとともに、生産活動の省力化や効率化、漁獲物の高付加価値化により、生産性を向上させる「スマート水産技術」を活用するため、以下の施策を推進します。

また、関係府省とも連携を行い、漁村や洋上における通信環境等の充実やデジタル人材の確保・育成等を推進します。

（1）資源評価・管理に資する技術開発と現場実装

従来の調査船調査、市場調査、漁船活用調査等に加え、迅速な漁獲データ、海洋環境データの収集・活用や電子的な漁獲報告を可能とする情報システムの構築・運用等のDXを推進します。この中で、国は、令和5（2023）年度までに主要な漁協・市場の全て（400か所以上）でのデータ収集システムの構築に取り組みます。

また、これらの取組から得られたデータに基づく資源評価の高度化や適切な資源管理の実施等を行います。さらに国が収集したデータや民間が生産現場で収集したデー

タの共有・活用を促進するため、データ活用のポリシーを整備するなどの環境を整備します。

（2）成長産業化に資する技術開発と現場実装

漁ろう作業の省人化、海流や水温分布等の漁場環境データの提供、養殖における成長データや給餌量データの分析・活用といった漁業・養殖業者からのニーズを把握し、開発企業等が共同で新技術の開発・実証・導入に取り組む試験・開発プラットフォームを設けます。

開発プラットフォーム内で企画される各開発プロジェクトは、取り扱う技術の性質に合わせたレベル（全国・地域）で展開することで、民間活力を活用した技術開発・現場実装を推進します。

また、地域レベルで開発された技術や成功事例を広く共有する仕組みを構築し、全国レベルでの現場実装を促進します。

プラットフォームは、プロジェクトの成果や知見の完全共有といった参加企業にとってメリットのある枠組みとすることで、企業参入を促進するとともに、参加企業による相互の知見共有等の相乗効果により、技術開発から現場実装までの流れを加速化します。

（3）水産加工・流通に資する技術開発と現場実装

マーケットインの発想に基づく「売れるものづくり」を促進するため、生産・加工・流通が連携し、ICT等の活用による荷さばき、加工現場の自動化等の低コスト化、鮮度情報の消費者へのPR等の高付加価値化等の生産性向上の取組を全国の主要産地等に展開します。

また、水産流通適正化法の義務履行に当たり、関係事業者の負担軽減を図りつつ、制度の円滑な実施を行うため、漁獲番号等を迅速かつ正確・簡便に伝達するための電子システムを整備するなど電子化を推進します。

## 3　カーボンニュートラルへの対応

（1）漁船の電化・燃料電池化

水産業に影響を及ぼす海洋環境の変化の一因である地球温暖化の進行を抑えていくためには、二酸化炭素をはじめとする温室効果ガス排出量削減を漁業分野においても推進していく必要があり、衛星利用による漁場探索の効率化、グループ操業の取組、省エネ機器の導入等による燃油使用量の削減を図ります。

また、蓄電池とエンジン等のハイブリッド型の動力構成に関する研究、二酸化炭素排出量の少ないエネルギーの活用等、段階に応じた様々な技術実装を推進します。

さらに、漁船の脱炭素化に適応する観点から、必要とする機関出力が少ない小型漁船を念頭に置いた水素燃料電池化、国際商船や作業船等の漁業以外の船舶の技術の転用・活用も視野に入れた漁船の脱炭素化の研究開発を推進します。

（2）漁港・漁村のグリーン化の推進

漁港・漁村における環境負荷の低減や脱炭素化に向けて、漁港施設等への再生可能エネルギーの導入促進や省エネ対策の推進、漁港や漁場利用の効率化による燃油使用量の削減等を推進します。

また、藻場・干潟等は豊かな生態系を育む機能を有し、水産資源の増殖に大きな役割を果たしていることから、藻場・干潟ビジョンに基づき、効果的な藻場・干潟等の保全・創造を図ります。

さらに、近年では、ブルーカーボン（海洋生態系が吸収・貯留する二酸化炭素由来の炭素）の吸収源としても注目が高まっていることから、海藻類を対象として藻場の二酸化炭素固定効果の評価手法の開発を推進します。

### 4　新型コロナウイルス感染症対策

新型コロナウイルス感染症の流行は、外出や密集を避ける生活様式が常態化するなど、我が国の経済・社会に多大な影響を与えました。また、外食から内食へと食の需要が変化する中で、水産物の需要も大きく影響を受けました。特に、インバウンド需要の減退や外出自粛に伴うホテル・飲食店向けの需要の減退により、市場で流通する水産物の取扱金額が、高級魚介類を中心に下落しました。

このため、「新しい生活様式」に合致した水産物の提供体制づくりを進め、新型コロナウイルス感染症の影響に応じた販売促進・消費拡大等（販路開拓、魚食普及活動への支援）の施策や水産物の輸出の維持・促進等の施策を適切に講じます。

さらに、外国人の入国制限により、水産業の人手不足が深刻化したことを踏まえ、人手不足を解消するため引き続き必要な労働力の確保支援を行います。

## V　東日本大震災からの復旧・復興及び原発事故の影響克服

### 1　地震・津波被災地域における着実な復旧・復興

地震・津波被災地域では、漁港施設、水産加工施設等の水産関係インフラの復旧はおおむね完了していますが、サケ、サンマ及びスルメイカといった被災地域において依存度の高い魚種の長期的な不漁もあり、被災地域の中核産業である漁業の水揚げの回復や水産加工業の売上げの回復が今後の課題となっています。

そのため、漁場のがれき撤去等による水揚げの回復や水産加工業における販路の回復・開拓、加工原料の転換等の取組を引き続き支援します。また、官民合同チームは、令和３（2021）年６月から浜通り地域等の水産仲買・加工業者への個別訪問・支援を開始しており、継続的に取組を進めます。

### 2　原子力災害被災地域における原発事故の影響の克服

原子力災害被災地域である福島県では、令和３（2021）年４月から「本格操業への移行期間」という位置付けの下、水揚げの拡大に取り組んでいます。しかし、沿岸漁業及び沖合底びき網漁業の水揚量は、震災前と比較し依然として低水準の状況にあり、水揚量の増加とそのための流通・消費の拡大が課題となっています。

こうした中で、多核種除去設備（ALPS: Advanced Liquid Processing System）等により浄化処理した水（以下「ALPS処理水」という。）に関し、令和３（2021）年４月13日に開催された関係閣僚等会議において、安全性を確保し、政府を挙げて風評対策を徹底することを前提に、海洋放出することとした「東京電力ホールディングス株式会社福島第一原子力発電所における多核種除去設備等処理水の処分に関する基本方針」を決定しました。

その後、風評対策が重要な課題となっていることを受け、自治体や漁業者等との意見交換を重ねた上で、その要望等を踏まえ、同年８月24日に「東京電力ホールディングス株式会社福島第一原子力発電所におけるALPS処理水の処分に伴う当面の対策の取りまとめ」(以下「当面の対策の取りまとめ」という。）を、同年12月28日には、当面の対策の取りまとめに盛り込まれた対策ごとに今後１年間の取組や中長期的な方向性を整理した「ALPS処理水の処分に関する基本方針の着実な実行に向けた行動計画」を、それぞれ関係閣僚等会議において策定しました。これを踏まえ、生産・加工・流通・消費の各段階における徹底した対策等に取

り組みます。

具体的には、風評を生じさせないための取組として、水産物の信頼確保のために新たにトリチウムを対象とする水産物のモニタリング検査を行うほか、食品中の放射性セシウムのモニタリング検査を継続的に行い、これらの調査の結果やQ&Aを日本語及び英語でWebサイトに掲載し、正確で分かりやすい情報提供を実施します。一般消費者向けのなじみやすいパンフレットも作成し、消費者等への説明に活用するとともに、漁業者、加工業者、消費者など様々な関係者に対して、引き続き、説明を実施します。

また、原発事故に伴う我が国の農林水産物・食品に対する輸入規制を14か国・地域が依然として継続しているため、政府一体となって、あらゆる機会を活用し、科学的知見に基づいた輸入規制の早期撤廃に向けて、より一層働きかけを実施します。

さらに、風評に打ち勝ち、安心して事業を継続・拡大するための取組として、生産段階においては、福島県の漁業者等が新船の導入又は既存船の活用により水揚量の回復を図る実証的な取組を支援するほか、福島県の漁業を高収益・環境対応型漁業へ転換させるべく、生産性向上、省力化・省コスト化に資する漁業用機器設備の導入について支援します。そして、不漁の影響を克服するため、複数経営体の連携による協業化や共同経営化又は多目的船の導入等、操業・生産体制の改革により水揚量の回復及び収益性の向上を図っていく取組を福島県の近隣県においても推進します。加工・流通・消費段階では、福島県をはじめとした被災地域の水産物を販売促進する取組や水産加工業の販路回復に必要な取組等を支援し、販売力の強化の取組を推進します。

加えて、当面の対策の取りまとめに基づき、令和３（2021）年度補正予算にて予算措置された基金事業により、ALPS処理水の海洋放出に伴う風評影響を最大限抑制しつつ、仮に風評影響が生じた場合にも、水産物の需要減少への対応を機動的・効率的に実施し、漁業者が安心して漁業を続けていくことができるよう、全国的に取り組みます。

これらの取組を実施しつつ、今後も、対策の進捗や地方公共団体・関係団体等の意見も踏まえ、随時、対策の追加・見直しを行います。

このような対策を含め、所要の対策を政府一体となって講じることで、被災地域の漁業の本格的な復興を目指すとともに、全国の漁業者が漁業を安心して継続できる環境を関係府省が連携を密にして整備します。

## Ⅵ　水産に関する施策を総合的かつ計画的に推進するために必要な事項

### 1　関係府省等の連携による施策の効率的な推進

水産業は、漁業のほか、多様な分野の関連産業により成り立っていることから、関係府省等が連携を密にして計画的に事業を実施するとともに、施策間の連携を強化することにより、各分野の施策の相乗効果の発揮に向け努力します。

### 2　施策の進捗管理と評価

効果的かつ効率的な行政の推進及び行政の説明責任の徹底を図る観点から、施策の実施に当たっては、政策評価も活用しつつ、毎年進捗管理を行うとともに、効果等の検証を実施し、その結果を公表します。さらに、これを踏まえて施策内容を見直すとともに、政策評価に関する情報公開を進めます。

### 3　消費者・国民のニーズを踏まえた公益的な観点からの施策の展開

水産業･漁村に対する消費者･国民のニーズを的確に捉えた上で、消費者・国民の視点を踏まえた公益的な観点から施策を展開します。

また、施策の決定・実行過程の透明性を高める観点から､インターネット等を通じ、国民のニーズに即した情報公開を推進するとともに、施策内容や執行状況に関する分かりやすい広報活動の充実を図ります。

### 4　政策ニーズに対応した統計の作成と利用の推進

我が国漁業の生産構造、就業構造等を明らかにするとともに、水産物流通等の漁業を取り巻く実態と変化を把握し、水産施策の企画・立案・推進に必要な基礎資料を作成するための調査を着実に実施します。

具体的には、漁業・漁村の６次産業化に向けた取組状況を的確に把握するための調査等を実施します。

また、市場化テスト（包括的民間委託）を導入した統計調査を実施します。

### 5　事業者や産地の主体性と創意工夫の発揮の促進

官と民、国と地方の役割分担の明確化と適切な連携の確保を図りつつ、漁業者等の事業者や産地の主体性・創意工夫の発揮をより一層促進します。

このため、事業者や産地の主体的な取組を重点的に支援するとともに、規制の必要性・合理性について検証し、不断の見直しを行います。

### 6　財政措置の効率的かつ重点的な運用

厳しい財政事情の下で予算を最大限有効に活用するため、財政措置の効率的かつ重点的な運用を推進します。

また、施策の実施状況や水産業を取り巻く状況の変化に照らし、施策内容を機動的に見直し、翌年度以降の施策の改善に反映させます。

「水産白書」についてのご意見等は、下記までお願いします。
水産庁 漁政部 企画課 動向分析班
電話：03-6744-2344（直通）

令和４年版 水産白書

令和４年８月８日 印刷
令和４年８月22日 発行

定価は表紙に表示してあります。

編集 水産庁
〒100-8907 東京都千代田区霞が関1-2-1
http://www.jfa.maff.go.jp/

発行 一般財団法人 農林統計協会
〒141-0031 東京都品川区西五反田7-22-17 TOCビル11階34号
http://www.aafs.or.jp/
電話 03-3492-2950（出版事業推進部）
振替 00190-5-70255

ISBN978-4-541-04374-0 C0062